ART&DESIGN

高等院校艺术设计教育『十二五』规划教材

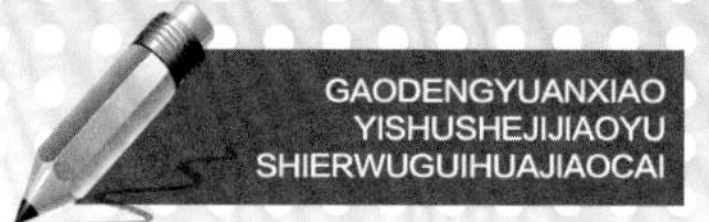

高等院校艺术设计教育『十二五』规划教材

室内装饰材料与施工工艺

主　编：刘延国
副主编：黄　武　蒋聘煌
张淑娥　曾文妮

Shinei Zhuangshi Cailiao Yu Shigong Gongyi

GAODENGYUANXIAO
YISHUSHEJIJIAOYU
SHIERWUGUIHUAJIAOCAI

图书在版编目(CIP)数据

室内装饰材料与施工工艺 / 刘延国主编. —长沙:
中南大学出版社, 2021.2
ISBN 978-7-5487-4368-2

Ⅰ.①室… Ⅱ.①刘… Ⅲ.①室内装饰－建筑材料－
装饰材料－高等职业教育－教材②室内装饰－工程施工－
高等职业教育－教材 Ⅳ.①TU56②TU767

中国版本图书馆 CIP 数据核字(2021)第 029058 号

室内装饰材料与施工工艺

SHINEI ZHUANGSHI CAILIAO YU SHIGONG GONGYI

主编 刘延国

□**责任编辑** 陈应征
□**责任印制** 易红卫
□**出版发行** 中南大学出版社
社址: 长沙市麓山南路 邮编: 410083
发行科电话: 0731-88876770 传真: 0731-88710482
□**印　　装** 湖南鑫成印刷有限公司

□**开　　本** 889 mm×1194 mm 1/16 □**印张** 14 □**字数** 326 千字 □**插页** 2
□**版　　次** 2021 年 2 月第 1 版 □2021 年 2 月第 1 次印刷
□**书　　号** ISBN 978-7-5487-4368-2
□**定　　价** 48.00 元

总 序

人类的设计行为是人的本质力量的体现，它随着人的自身的发展而发展，并显示为人的一种智慧和能力。这种力量是能动的，变化的，而且是在变化中不断发展，在发展中不断变化的。人们的这种创造性行为是自觉的，有意味的，是一种机智的、积极的努力。它可以用任何语言进行阐释，用任何方法进行实践，同时，它又可以不断地进行修正和改良，以臻至真、至善、至美之境界，这就是我们所说的“设计艺术”——人类物质文明和精神文明的结晶。

设计是一种文化，饱含着人为的、主观的因素和人文思想意识。人类的文化，说到底就是设计的过程和积淀，因此，人类的文明就是设计的体现。同时，人类的文化孕育了新的设计，因而，设计也必须为人类文化服务，反映当代人类的观念和意志，反映人文情怀和人本主义精神。

作为人类为了实现某种特定的目的而进行的一项创造性活动，作为人类赖以生存和发展的最基本的行为，设计从它诞生之日起，即负有反映社会的物质文明和精神文化的多方面内涵的功能，并随着时代的进程和社会的演变，其内涵不断地扩展和丰富。设计渗透于人们的生活，显示着时代的物质生产和科学技术的水准，并在社会意识形态领域发生影响。它与社会的政治、经济、文化、艺术等方面有着千丝万缕的联系，从而成为一种文化现象反映着文明的进程和状况。可以认为：从一个特定时代的设计发展状况，就能够看出这一时代的文明程度。

今日之设计，是人类生活方式和生存观念的设计，而不是一种简单的造物活动。设计不仅是为了当下的人类生活，更重要的是为了人类的未来，为了人类更合理的生活和为此而拥有更和谐的环境……时代赋予设计以更为丰富的内涵和更加深刻的意义，从根本上来说，设计的终极目标就是让我们的世界更合情合理，让人类和所有的生灵，以及自然环境之间的关系进一步和谐，不断促进人类生活方式的改良，优化人们的生活环境，进而将人们的生活状态带入极度合理与完善的境界。因此，设计作为创造人类新生活，推进社会时尚文化发展的重要手段，愈来愈显现出其强势的而且是无以替代的价值。

随着全球经济一体化的进程，我国经济也步入了一个高速发展时期。当下，在我们这个世界上，还没有哪一个国家和地区，在设计和设计教育上有如此迅猛的发展速度和这般宏大的发展规模，中国设计事业进入了空前繁盛的阶段。对于一个人口众多的国家，对于一个具有五千年辉煌文明史的国度，现代设计事业的大力发展，无疑将产生不可估量的效应。

然而，方兴未艾的中国现代设计，在大力发展的同时也出现了诸多问题和不良倾向。不尽如人意的设计，甚至是劣质的设计时有面世。背弃优秀的本土传统文化精神，盲目地追捧西方设计风格；拒绝简约、平实和功能明确的设计，追求极度豪华、奢侈的装饰之风；忽视广大民众和弱势群体的需求，强调精英主义的设计；缺乏绿色设计理念和环境保护意识，破坏生态平衡，不利于可持续性发展的设计；丧失设计伦理和社会责任，极端商业主义的设计大行其道。在此情形下，我们的设计实践、设计教育和设计研究如何解决这些现实问题，如何摆正设计的发展方向，如何设计中国的设计未来，当是我们每一个设计教育和理论工作者关注和思考的问题，也是我们进行设计教育和研究的重要课题。

目前，在我国提倡构建和谐社会的背景之下，设计将发挥其独特的作用。“和谐”，作为一个重要的哲学范畴，反映的是事物在其发展过程中所表现出来的协调、完整和合乎规律的存在状态。这种和谐的状态是时代进步和社会发展的重要标志。我们必须面对现实、面向未来，对我们和所有生灵存在的环

总 序

境和生活方式，以及人、物、境之间的关系，进行全方位的、立体的、综合性的设计，以期真正实现中国现代设计的人文化、伦理化、和谐化。

本套大型高等院校艺术设计教育"十一五"规划教材的隆重推出，反映了全国高校设计教育及其理论研究的面貌和水准，同时也折射出中国现代设计在研究和教育上积极探索的精神及其特质。我想，这是中南大学出版社为全国设计教育和研究界做出的积极努力和重大贡献，必将得到全国学界的认同和赞许。

本系列教材的作者，皆为我国高等院校中坚守在艺术设计教育、教学第一线的骨干教师、专家和知名学者，既有丰富的艺术设计教育、教学经验，又有较深的理论功底，更重要的是，他们对目前我国艺术设计教育、教学中存在的问题和弊端有切实的体会和深入的思考，这使得本系列教材具有了强势的可应用性和实在性。

本系列教材在编写和编排上，力求体现这样一些特色：一是具有创新性，反映高等艺术设计类专业人才的特点和知识经济时代对创新人才的要求，注意创新思维能力和动手实践能力的培养。二是具有相当的针对性，反映高等院校艺术设计类专业教学计划和课程教学大纲的基本要求，教材内容贴近艺术设计教育、教学实际，有的放矢。三是具有较强的前瞻性，反映高等艺术设计教育、教材建设和世界科学技术的发展动态，反映这一领域的最新研究成果，汲取国内外同类教材的优点，做到兼收并蓄，自成体系。四是具有一定的启发性。较充分地反映了高等院校艺术设计类专业教学特点和基本规律，构架新颖，逻辑严密，符合学生学习和接受的思维规律，注重教材内容的思辨性和启发式、开放式的教学特色。五是具有相当的可读性，能够反映读者阅读的视觉生理及心理特点，注重教材编排的科学性和合理性，图文并茂，可视感强。

总之，本系列教材具有鲜明的专业性和时代性，是高校艺术设计专业十分理想的教材。对于广大设计专业人士和设计爱好者来说，亦不失为一套实用的参考读物。相信本系列教材的问世，对促进我国设计教育的发展和推进高等艺术设计教学的改革，对构建文明而和谐的社会发挥其积极而重要的作用。

是为序。

张夫也

2006年圣诞前夕于清华园

张夫也　博士 清华大学美术学院史论学部主任、教授、博士研究生导师
中国美术家协会理论委员会委员

前言

建筑装饰行业的飞速发展带来装饰材料行业的欣欣向荣，装饰材料的更新换代和新材料的研发及使用也在促使装饰行业不断进步和完善。目前我国已经成为世界建筑装饰材料生产、消费和出口大国，材料的主导产品无论是在数量还是人均消费指数上均位于世界前列。同时整个建筑工程中，室内装饰材料占有相当大的比重和十分重要的地位。室内装饰材料是通过其性能、造型、色彩等方面特点在室内环境中发挥作用的，其发展速度的快慢、品种的多少、质量的优劣、款式的新旧、配套水平的高低，决定着室内装饰档次的高低，对美化和改善人们居住环境和工作环境有着非常重要的意义。

随着国民经济的快速发展和科学的不断进步，人们对室内生活和工作环境质量提出了更高的要求，新型材料、环保材料、节能材料的开发和利用以及对传统工艺的传承和对新型工艺的掌握等都是时代对这一领域的工作者提出的新要求。

本书根据装饰工程特点分别从隐蔽工程、吊顶工程、墙柱面工程、楼地面工程等方面对相关材料和工艺进行解析，并对施工及验收规范进行详细的介绍。内容全面且通俗易懂，适合高职和应用型本科类相关专业的学生使用。同时也可以作为企业和从事这一领域工作者的参考和学习用书。

本书自发行以来受到业界好评与欢迎，于2015年9月再次印刷，为了更加便于读者阅读和理解，此次再版前又做了精心的修订，从文字、图片到结构都进行了切合实际需求的改进。

本书在编撰过程中得到了中南大学出版社和长沙鸿扬家庭装饰设计工程有限公司益阳分公司的鼎力支持，尤其是陈应征编辑和向赟赟经理在本书编撰过程中提出的宝贵建议；同时还要感谢湖南工艺美术职业学院尚美工作室成员为本书搜集和整理了大量资料。还要说明的是：由于装饰材料种类繁多并且装修领域施工工艺大致相同，本书中引用的部分图片未联系上作者，恕未一一注明，在此一并表示感谢。

刘延国

2016年12月25日

目录

材料与工艺篇

规范与标准篇

材料与工艺篇

第一章　室内水电改造工程材料与施工工艺

水电改造工程是现代居室室内装饰装修最先进场的施工工程。在新建住房的装饰装修或者旧房的改造中，房子往往因为其住房水电管网布局的不合理或者因原有管网系统材料陈旧、老化、锈蚀而存在安全隐患需要对水电进行改造。

在进行室内装饰装修时首先要进行水电改造，这项工程属于室内装饰装修的隐蔽工程，所使用的管材及线材在装修时一般隐藏于墙体之中，一经安装到位，在以后的正常使用中通常不会再更换，所以对管材及线材等材料的选择要求相当严格。施工人员要根据各类管材和线材的使用特性，以安全性、实用性和耐久性等为参考标准，合理选择材料，按照水电改造的规范化施工工艺进行施工，杜绝装修可能带来的质量安全隐患。

一、室内水路改造常用材料与施工工艺

在中国20世纪90年代以前修建的建筑物，其室内所使用的生活用水管材基本都是镀锌铸铁管材。随着人们生活水平的提高和环保意识的增强，人们逐渐开始注意与我们生活质量息息相关的周围事物，其中生活饮用水的质量问题引起人们的极大关注。按照国家最新饮用水检测标准，对过去在建筑施工中大范围使用的镀锌水管中放出的自来水进行检测，发现因为管道在使用过程中受锈蚀，有害物质超标，对自来水造成二次污染，危害人体健康，所以自20世纪90年代中后期开始，镀锌水管逐渐被新型管材硬质PVC、PP-R塑料管和铝塑管所取代。因此以下主要介绍这两种管材及其施工工艺。

（一）室内水路改造常用材料

1. 铝塑复合管

铝塑复合管是当前市面上比较受欢迎的一种管材，由于它质轻、耐用、可弯曲、且施工方便，所以更适合在家装中使用。它的最大缺点是在用作热水管时，因为长期的热胀冷缩可能会导致管壁错位以致造成渗漏。（图1-1）

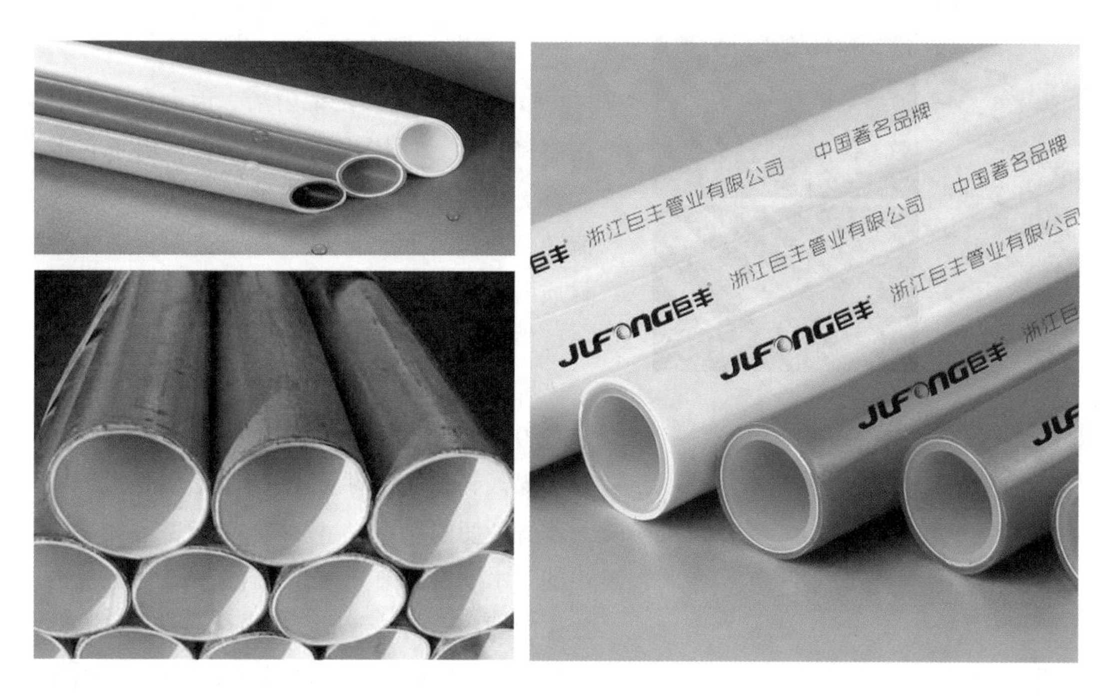

图1–1　铝塑复合管

2. PVC管

PVC（聚氯乙烯）塑料管是一种现代合成材料管材。但是近年来科技界发现能使PVC变得更加柔软的化学添加剂酞，对人体肾、肝、睾丸影响非常大，会造成癌症、肾功能损坏，破坏人体功能再造系统，影响发育。一般来说，因为它的强度远远不能适用于水管的承压要求，所以不用于自来水管。大多数情况下，PVC管适用于电线管道、排污和排水管道。（图1–2 ）

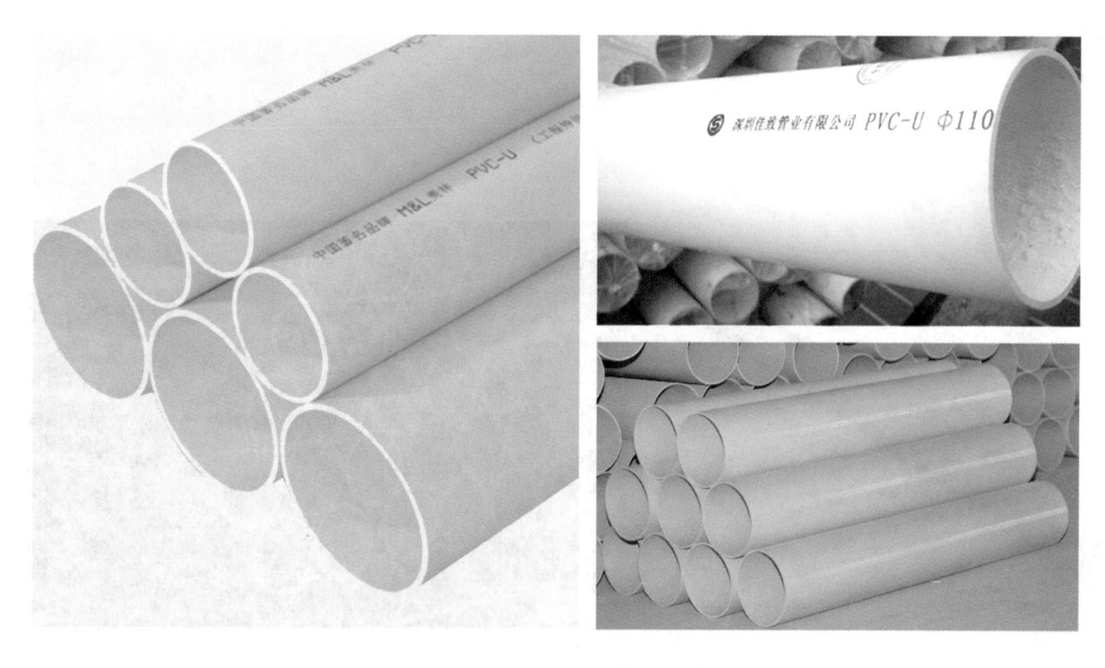

图1–2　PVC管

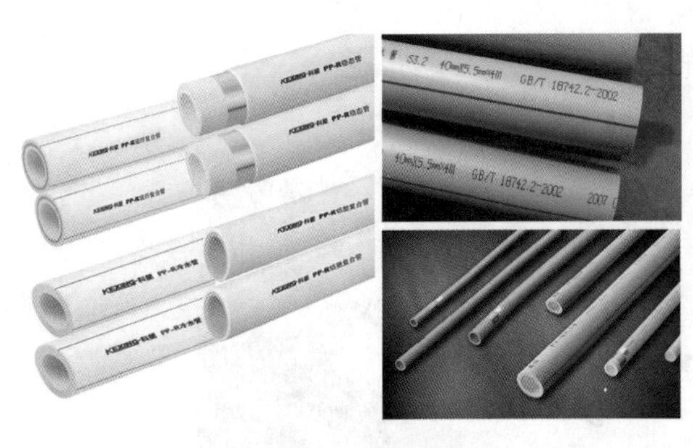

图1-3　PP-R管

3. PP-R管

PP-R（无规共聚聚丙烯）因为在施工中采用熔接技术，所以也俗称热熔管。由于它本身无毒、质轻、耐压、耐腐蚀，已经成为一种主流装修材料。目前装修工程中选用较多，这种材质既适合于冷水管道，也适合于热水管道，还可作为纯净饮用水管道。（图1-3）

4. 镀锌管

20世纪的旧房子铁管大多用的都是镀锌管，现在煤气、暖气用的铁管也是镀锌管，镀锌管作为水管，使用几年后，管内会产生大量锈垢。流出的黄水不仅污染洁具，而且夹杂着不光滑内壁滋生的细菌，锈蚀造成水中重金属含量过高，大大地危害人体健康。20世纪六七十年代，国际上发达国家开始开发新型管材，并且陆续禁用镀锌管。我国建设部等四部委也明文规定从2000年起禁用镀锌管。现在新建小区的冷水管已经不再使用镀锌管，但消防水管使用的是镀锌管。一般情况下煤气管道、暖气管、消防水管可以使用该类管材，供水用的冷水管和热水管不可以使用。（图1-4）

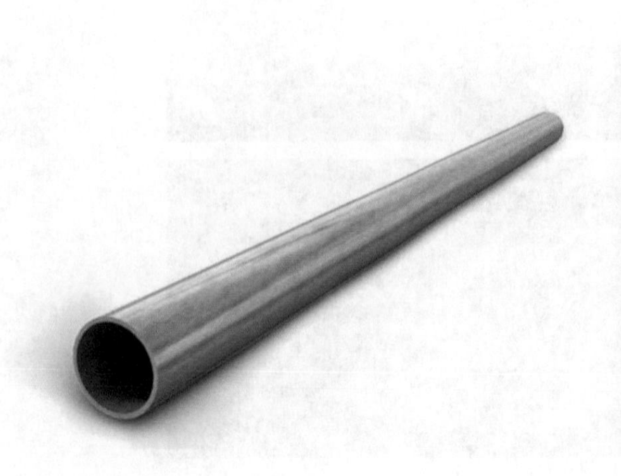

图1-4　镀锌管

5. 铜管

铜管具备耐腐蚀、消菌等优点，是水管中的高等品。铜管接口的方式有卡套和焊接两种。卡套跟铝塑管一样，长时间使用存在老化漏水这些问题，所以在上海等地，安装铜管的用户大部分采用焊接式。焊接就是把接口处通过氧焊接到一起，这样就能够跟PP–R水管一样，永远不渗漏。铜管的一个缺点是导热快，所以有名的上海三净、宝洋等铜管厂商生产的热水管外面都覆盖有防止热量散发的塑料和发泡剂。铜管的另一个缺点就是价格贵，所以很少有小区的供水系统是铜管的。（图1–5）

6. 不锈钢管

不锈钢管属于非常贵的水管，施工困难，很少被采用，性能与铜管相似。（图1–6 ）

7. 水管配件（图1–7 ）

（1）直接

又叫作套管、管套接头，当一根水管不够长的时候可以用来延伸管子。在使用的时候，要注意和水管的尺寸相匹配。当管道不够长时，也可用于连接两根管道。

（2）弯头

用来让水管转弯，由于水管本身是笔直的，不能弯折，要改变水管的走向，只能通过

图1–5　铜管

图1-6　不锈钢管

图1-7　水管配件

弯头来实现，通常分为45°和90°弯头。

（3）内丝和外丝

两者多配套使用，在连接龙头、水表以及其他类型水管时会用到。但家装中大多用到的都是内丝件。

（4）三通

分别为同径三通和异径三通。顾名思义，就是连接三个不同方向的水管使用，当要从一根水管中引出一条水路来的时候使用。

（5）大小头

连接管径不同的两根管材时使用，直接、弯头和三通都有大小头之分。

（6）堵头

水管安装好后，用来短时间封闭出水口，在安装龙头的时候会取下，在使用堵头时要注意大小对应的管件匹配。

（7）绕曲弯

也叫作过桥，当两根水管在同一平面相交而不对接时，为了保证水管的正常使用，我们用绕曲弯过渡，就好像拱桥一样，通过平面的避让来避过水管的直接相交。

（8）截止阀

其作用是启闭水流，管卡的作用是固定水管位置，防止水管移位。

（9）S弯和P弯

通常用于水斗和下水管的连接，具有防臭的功能，S弯通常用于错位连接，而P弯则属于除臭连接。它们的作用是防堵、防臭。

8. 辅材（图1–8）

（1）三角阀

三角阀的阀体有进水口、水量控制口和出水口三个口，因此叫作三角阀。

（2）生料带

生料带是一种新型理想的密封材料，因为它本身无毒、无味，具有优良的密封性、绝缘性、耐腐性，所以被大范围应用于水处理、天然气、

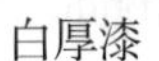
白厚漆

三角阀

生料带

图1–8　辅材

化工、塑料、电子工程等领域。

（3）白厚漆

白厚漆又叫作铅油，由干性植物油、白色颜料和体质颜料研磨而成。白厚漆膜较软，遮盖力一般，专门用于管子接头处涂敷螺纹。

（二）室内水路改造施工工艺（以PP-R管为例）

1. 一般要求

（1）安装人员应该熟悉热熔式插接连接PP-R（无规共聚聚丙烯）管的一般性能，掌握其基本的操作要点。

（2）安装人员要熟悉设计图纸，了解建筑物的结构工艺布置情况及其他工种相互配合的关系。

（3）施工前应该对材料和外观及配件等进行仔细检查，禁止将交联聚丙烯管长时间暴露于阳光下。

（4）管道穿越墙和板处应该设套管，套管内径应该比穿管外径大20mm，套管内填柔性不燃材料。

（5）检查提供的管材和管件是否符合设计规定，并且附有产品说明书和质量合格证明书，不可以使用有破坏迹象的材料。材料进场后要核对规格与数量，检验管材是不是有弯扁、劈裂现象。

2. 施工要点

（1）管子的切割应该采用专门的切割剪，剪切管子时应该保证切口平整，剪切时断面应该与管轴方向垂直。

（2）在熔焊之前，焊接部分最好用酒精清洁，然后用清洁的布或纸擦干，并在管子上画出需要熔焊的长度。

（3）将专用熔焊机打开加温至260℃，当控制指示灯变为绿灯时，开始焊接。

（4）将需要连接的管子和配件放进焊接机头，加热管子的外表面和配件接口的内表面。然后同时从机头处拔出并且快速将管子加热的端头插入已加热的配件接口，插入时不可以旋转管子，插入后应该静置冷却数分钟不动。

（5）熔焊机用完之后，需要清洁一下机头以备下次使用。

（6）将已经熔焊连接好的管子安装就位。

3. 给排水隐蔽工程

（1）水管线是否漏水

PP-R管安装布局应合理，横平竖直，并且注意管线不可以靠近电源，与电源间距的最短直线距离为20cm，管线与卫生器具的连接一定要紧密，经过通水试验无渗漏才可以使用。

（2）地面排水是否顺畅

卫生间、厨房是排水的主要地方，所以地面找平应该有一定的坡度（2%），确保水在地面汇集成自然水流并最后流向地漏。但应该要注意，不可以单纯为了水流顺畅而过于强调坡度，因为坡度过大，会影响美观与防滑。

（3）防水层防水性是否良好

厨卫及背墙面在防水要求方面要比其他的房间高，防水涂料要刷到1.8m高，其他的房间也应该在0.3m高以上。

4. 施工规范

（1）PP-R水管铺设流程

①定位：根据洞口大小决定冷热水管之间的距离，洞口直径通常为8cm。用铅笔定上下金属管卡的位置，两点之间的对角线大约有45°角。

②打眼：用电锤在定位点上打眼。配电箱上方因为有电线所以不可以打眼，不然会发生触电。

③定金属管卡的螺丝：在孔眼内钉上木楔子之后，再在木楔上定金属管卡的螺丝，一定要将螺丝紧密钉入木楔子，以防松动。

④测量尺寸：用卷尺测量所需PP-R管的每一分段的长度。通常来说，一面墙的宽度就是一个分段的水管长度。

⑤热熔：把切割好的PP-R水管及弯头放在热熔机上，温度控制在260℃，温度太高容易使管壁烫变形。

⑥接合：热熔后5～6秒快速将PP-R管与管头结合。这个动作要快速敏捷，保障接头处熔结圈的均匀。

⑦上架：将结合好的PP-R管上架，调整好墙的转角位置，初步固定。

⑧固定：将金属管卡逐个用螺刀拧紧，注意转角处是受力点，管口一定要拧得牢固。

⑨测压：用测压泵测水压8～10MPa，半小时后看压力表，正常的情况是水压回落0.05 MPa，这样才算合格。

⑩堵塞头：在堵头丝口缠上生料带，以防漏水，再把堵头拧到管口上，对准丝牙拧紧。

（2）PP-R管在安装施工中应该注意哪些问题

①PP-R管和金属管相比硬度低、刚性差，在搬运、施工中应该加以保护，以免不适当外力造成机械损伤。在暗敷后要标出管道位置，以免二次装修破坏管道。

②PP-R管5℃以下存在一定低温脆性，冬季施工要当心，切管时要用锋利刀具缓慢切割。对已安装的管道不可以重压、敲击，必要时应对易受外力部位覆盖保护物。

③PP-R管长时间受紫外线照射容易老化降解，安装在户外或者阳光直射处必须包扎深色防护层。

④PP-R管除了与金属管或者用水器连接使用带螺纹嵌件或法兰等机械连接方式外，其他地方均应采用热熔连接，使管道一体化，没有渗漏点。

⑤PP-R管的线膨胀系数比较大〔0.15 mm/（m·℃）〕，在明装或非直埋暗敷布管时必须采取防止管道膨胀变形的技术措施。

⑥管道安装后在封管（直埋）以及复盖装饰层（非直埋暗敷）前必须试压。冷水管试压压力为系统工作压力的1.5倍，但是不可以小于10MPa；热水管试验压力为工作压力的2倍，但不可以小于1.5MPa。试压时间与方法必须符合相应技术规程规定。

⑦PP-R管明敷或者非直埋暗敷布管时，必须按照规定安装支、吊架。

（3）给排水管道、卫生洁具施工的注意事项

①管道的安装必须做到横平竖直，管道内畅通无阻，各类阀门的安装位置合理、方便日后维护以及更换。

②如果做暗管的话，结束工程后要先通水、加压，检查所有的接头、阀门和各连接点是不是有渗水、漏水现象，检查没有问题后才能封闭处理。

③洁具需要在吊顶结束后再安装（如需要吊顶的话），浴缸、坐厕、水箱、脸盆等给排水管安装要合理，要通水、加压后仔细检查是不是有漏水现象。如草率的话，一旦发生漏水（一般都会直接影响到楼下邻居），后果不堪设想（等于重新装修一次）。

④其他用具如镜箱、纸缸、皂缸、口杯架、毛巾杆、浴帘杆、浴缸拉手等必须安装牢固（最好用膨胀螺栓），没有松动现象，位置以及高度适当，镀膜光洁没有损伤、无污染。另外，水龙头的遮罩要紧贴墙面，不可以留有任何缝隙。

按照室内供水管道的布管图，沿墙体水平或者垂直开槽布管。布管时，管道通过配件相连（硬质PVC管道的连接通常用无毒的黏结剂进行黏结，PP-R管材的连接，采用热熔机进行焊接），布管完成后进行管道密封性能测试（布管完成后需要进行空管道的加压气密性试验测试和热水耐热渗漏试验测试），水泥砂浆封闭墙体中的管材，填平布管管槽。对于硬质PVC生活供水管道与水表的连接处应布明线，为了防止使用中管道遭受冲击或影响室内装饰的美观，可以设计出水表柜，并且将其设计到壁柜、橱柜中隐蔽保护起来，同时又方便日后查表或者检修。

（三）室内水路改造施工的工程验收

（1）核查施工布管图是不是与实际施工布局一致，并且查看墙体开槽中的管道铺设是不是达到横平竖直。

（2）查看施工记录，核实有没有材料的使用记录、空管道的加压气密性测试报告以及热水渗漏测试报告。

（3）查看铝塑管布管是不是留有检修口，塑料管道布管的明管部分是不是有保护设施。

（4）查看水泥砂浆回补后，墙体是不是平整。

二、室内电路改造常用材料与施工工艺

（一）室内电路改造常用材料

家用电源线宜采用BVV2×2.5和BVV2×1.5型号的电线。BVV是国家标准代号，为铜质护套线，2×2.5和2×1.5分别代表2芯2.5mm^{2}和2芯1.5mm^2。通常情况下，2×2.5做主线、干线，2×1.5做单个电器支线、开关线。单相空调专线用BVV2×4，另配专用的地线。

购买电线时，先看成卷的电线包装上有无中国电工产品认证委员会的“长城标志”和生产许可证号；再看电线外层塑料皮是不是色泽鲜亮、质地细密，用打火机点燃是否无明火（非正规产品使用再生塑料，色泽暗淡，质地疏松，能点燃明火）；然后再看长度、比价格，BVV2×2.5每卷的长度是100±5m，市场售价280元左右。不是正规产品，长度60~80m不等，有的厂家把E绝缘外皮做厚，使内行也很难看出来问题，通常可以数一下电线的圈数，再乘以整卷的半径，从而大致推算出长度来，这类产品价格为100~130元；其次可以要求商家剪一断头，看铜芯材质。2×2.5铜芯直径1.784mm，可以用千分尺量一下，正规产品电线使用精红紫铜，外层光亮而稍软，不是正规产品铜质偏黑而发硬，属再生杂铜，电阻率高，导电性能差，用电时会导致升温而产生安全隐患。

图1-9　电缆材料

1. 强电改造常用材料

（1）电缆材料

铜质护套线，照明或者支线电缆线用BVV2.5mm^2×2的铜质护套线，大功率家电或者电缆主干线应使用BVV4mm^2×2的铜质护套线。（图1-9）

（2）主要配件

难燃管敷设材料主要有接线盒、管接头、有盖三通、管码、圆四通接线盒、圆三通接线盒、角弯、圆双通接线盒、难燃管、可挠管、管卡、黄蜡管、绝缘胶黏带、开关、插座。基本工具：平口钳、尖嘴钳、美工刀、镙丝刀、钻子、榔头（铁锤）等。（图1-10）

开关

插座

接线盒

图1-10　主要强电配件

2. 弱电改造常用材料

（1）电缆材料（图1-11）

①电话线：电话线是给电话用的，由铜芯线构成，芯数可以决定可接电话分机的数量，常见的规格有二芯、四芯。家庭装修中用二芯的一般

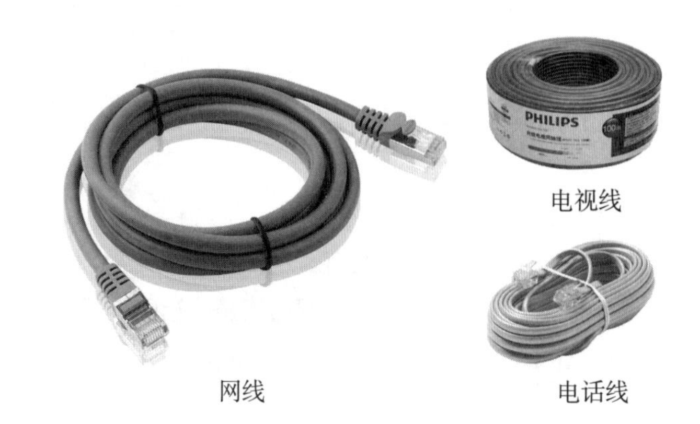

图1-11　常用弱电线材

就够了，不过如果还需连接传真机或者电脑拨号上网，最好选用四芯电话线。电话线可用网线来替代，现在就有一些家庭的电话是通过网线连接的。

②电视线：电视线是用来传输电视信号的线。当前主要有有线电视同轴电缆和数字电视同轴电缆两种。有线电视同轴电缆采用双屏蔽，用于传输数字电视信号时会有一定的损耗；数字电视同轴电缆采用的是四屏蔽，不仅可以传输数字电视信号，而且还可以传输有线电视信号。在抗干扰性方面，四屏蔽电缆优于双屏蔽电缆，用美工刀把它们解破开就能比较出来。新居装修建议采用数字电视同轴电缆。

③网线：网线主要有双绞线、同轴电缆、光缆三种。

④影音线：用于实现音乐、视频传输的线路，主要有音响线、音频线和音视频线。音响线通俗的叫法是喇叭线，主要用于客厅里家庭影院中功率放大器和音箱之间的连接；音频线，用于把客厅里家庭影院中激光CD机、DVD等的输出信号送到背景音乐功率放大器的信号输入端子的连接，音视频线主要用于家庭视听系统的应用。

（2）主要配件

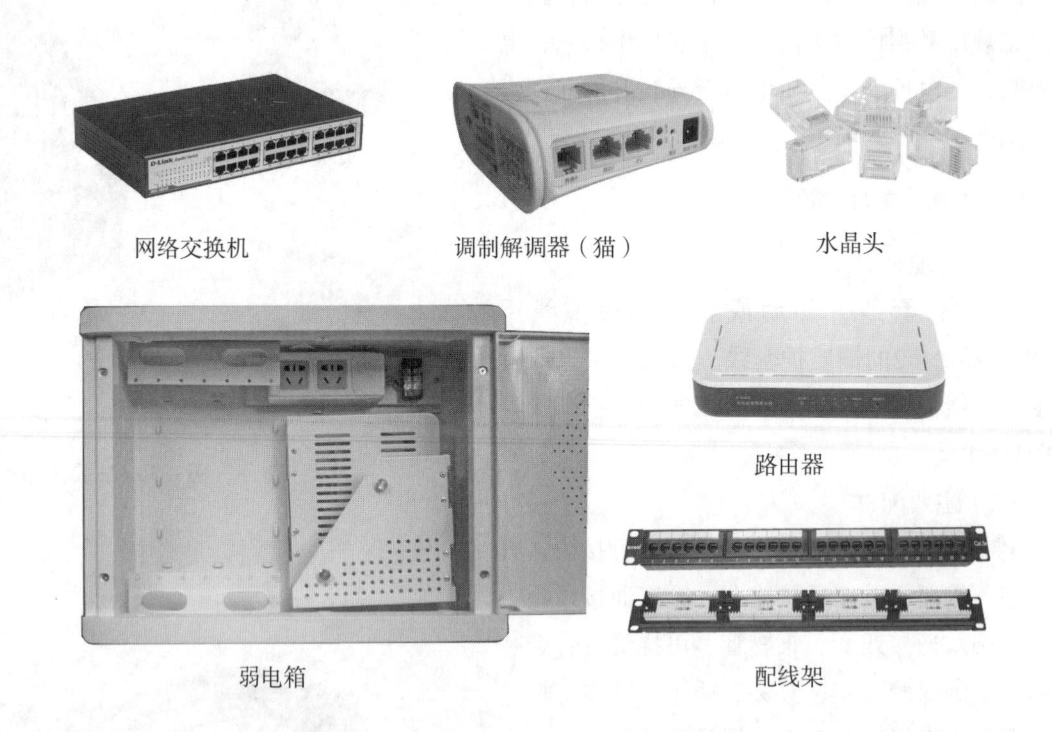

图1-12　主要配件

弱电箱、水晶头、配线架、调制解调器（猫）、路由器、网络交换机等等。（图1-12）

（二）室内电路改造的施工工艺

1.开槽配管及定位

电路设计要多路化，做到空调、厨房、卫生间、客厅、卧室、电脑及大功率电器分路布线；插座、开关分开，除一般照明、挂壁空调外各回路应该独立使用漏电保护器；强、弱分开，音响、电话、多媒体、宽带网等弱电线路设计应合理规范。

（1）墙身、地面开线槽之前用墨盒弹线，以便于定位。管面与墙面应留15mm左右粉灰层，以防墙面开裂。

（2）未经允许不可以随意破坏和更改公共电气设施，如避雷地线、保护接地等等。

（3）电源线管暗埋时，应该考虑与弱电管线等保持500mm以上距离，电线管与热水管、煤气管之间的平行距离不小于300mm。

（4）墙面线管走向尽可能减少转弯，并且要绕开壁镜、家具等物的安装位置，以防被电锤、钉子弄伤。

（5）如果没有特殊要求，在同一套房内，开关离地1200~1500mm，距门边150~200mm处，插座离地300mm左右，插座开关各在同一水平线上，高度差小于8mm，并列安装时高度差小于1mm，并且不被推拉门、家具等物遮挡。

（6）各种强弱电插座接口宁愿多也不要缺，床头两侧应设置电源插座及一个电话插座，电脑桌附近，客厅电视柜背景墙上都应设置三个以上的电源插座，并且设置相应的电视、电话、多媒体、宽带网等插座。

（7）音响、电视、电话、多媒体、宽带网等弱电线路的铺设方法以及要求要与电源线的铺设方法一样，这个插座或线盒与电源插座并列安装，但是强弱电线路不允许共用一套管。

（8）所有入墙电线采用16mm以上的PVC阻燃管埋设，导线占管径空间小于40%，与盒底连接使用专用接口件。

（9）电源使用导线管时线管从地面穿出应做合理的转弯半径，特别注意在地面下必须使用套管并加胶连接紧密，地面没有封闭之前，必须保护好PVC管套，不允许有破裂损伤；铺地板砖时PVC套管应被水泥砂浆完全覆盖。

2.电气安装

（1）配线时，相线与零线的颜色应该不同；同一住宅相线（L）颜色应统一。零线（N）适合用蓝色，保护线（PE）适合用黄绿双色线。

（2）线管穿线之前应该将直接头打上PVC胶水，避免进水。电源线穿管时，应该将导线取直再穿管，不可以中途拔、拉管接头；弱电线中穿线用力时不可以过猛，避免导线断芯。

（3）电源分支接头应该接在插座盒、开关盒、灯头盒内，每个接头接线不适合超过两根，线在盒内应有适当的余量。

（4）音响线出入墙面应做底盒。多芯电话线的接头处，护套管口用胶带包扎紧，避免电话线受潮，发生串音等故障。

（5）电视天线接线必须采用分支器并留检查口。

（6）管中电源线不可以有接头、不可以将电源线裸露在吊顶上或直接抹入墙中，这样才可以保证电源线可以拉动或者更换。

（7）导线连接坚固，接头不受拉力，包扎严密，采用螺钉（螺帽）连接时，电线无绝缘距离不能大于3mm，铜线间连接应该用压接或绞接法，绞接长度不能小于5圈，裸露电线必须先用防水胶带包扎后再用黑胶布，无绝缘层破损等缺陷经检验认可。

（8）穿管的电线、信号线、电话线等都要进行检测，以确认是不是线间短路、对地短路、断线等，确认没有问题后再埋管线。

（9）单相两孔插座的接线，面对插座左零右相，单相三孔，正上方为地线，插座接地单独敷设，不可以与工作零线混同。所有单相插座应该“左零右相，接地在上”。

（10）插座、开关安装要牢固，四周没有缝隙，厨房、卫生间内以及室内和室外安装的开关应该采用带防溅盒的开关。

（11）空调供电用16A三孔插座，高度在1500mm以下的所有插座应该安装具有保护挡板的插座，避免儿童触摸，卫生间适合做局部等电位连接端子，插座采用防水防溅型，并且远离水源。照明开关应该设在门外，镜前灯、浴霸适合选用防水开关设在卫生间内。

（12）为生活舒适，卧室应该采用双控开关，厨房电源插座应该并列设置开关，控制电源通断。

（13）插座、开关、面板固定时，应该用配套的螺钉，不可以使用木螺钉或石膏板螺丝替代，以免损坏底盒，开关安装方向一致。

（14）配电箱应该根据室内用电设备的不同功率分别配线供电，大功率家电设备应该独立配线安装插座。配电箱内的电线排列要整齐，插座照明各路开关要分清，压接配件齐全，压接导线的回转方向要正确，断路器接线牢固，在断路器接线端子上不可以将不同线径的导线在同一端压接，标明各个配电箱分路要平衡，要回路。

（15）竣工后，提交一份标准详细的电路布置图。

3.电气检测

（1）所有接线完毕后，必须对配电箱、插座、开关进行线路仔细检查测试。

（2）弱电需采用短路一端，在另一端测量通断的方法检测。

（3）所有电气完工后进行通电检测，漏电开关动作正常，插座开关试电优良。

（三）强电敷设施工工程质量验收

（1）通过施工材料记录，核实工程中所使用的电缆线及管材和配件是不是符合国家标准生产的产品。随机抽查5～8处接线盒和电器开关盒及插座盒，检查所用材料是不是与记录一致。

（2）在通电状况下，检查上述5~8处接线盒和电器开关盒及插座盒内火线、零线、地线所使用的线材颜色标志是不是一致，其连接方法是不是正确，接线盒和电器开关盒及插座盒的导电性能是否良好。

（3）查看电缆线的整个布局是不是合理，线路的敷设、开关盒、插座盒、分线盒等的实际位置是否与施工布局设计图一致。家用电器的插座盒必须要有接地的地线。

（4）检查置于天棚顶上的电缆线穿管后是不是在骨架上作相应的固定。

（5）布线核查完成后，才可以用水泥砂浆回补线槽，并且查看回补后的整个室内墙体是不是平整。

第二章　室内吊顶工程材料与施工工艺

室内吊顶装饰工程的材料按照其结构组成和所处位置的形状可规划为骨架材料、基层材料、基层加饰面材料和饰面材料四大种类。骨架的材料最主要的用途是吊顶造型的成形、固定、支撑以及连接。骨架与饰面材料的过渡为基层的材料，起着维护与护理以及连接、支撑骨架和饰面材料的作用。饰面材料则起着外围点缀和全方位的维护造型整体的作用，而基层兼面层装饰材料则包含了基层和饰面两方面的用途。

一、室内吊顶装饰材料

1. 石膏板

装修中最常见的一种吊板——石膏板（又称纸面石膏板），主要是以建筑石膏为主原料加工制成的一种材料。它是一种重量较轻、强度较高、厚度较薄、加工方便及隔音绝热性能和防火等性能较好的建筑材料，被誉为当前着重发展的新型轻质的板材之一。正是因为石膏板的重量较轻巧便捷、厚度较薄，所以它才得到装修工人的青睐与认同。同时也因为石膏板的质地较软，才有利于造型的出板。（图2–1）

2. 龙骨

所谓的龙骨并不是真正意义上的龙骨，只是因为它被寓意为能像龙的骨头一样坚硬。龙骨含有以下几种分类材料：（图2–2）

（1）轻钢龙骨：是一种以优质的连续热镀锌板带制成的原材料，经过冷弯工艺轧制而成的轻钢龙骨，通常用于建筑金属的骨架。原因在于它的材质是金属制成品，硬度非常高，而且较轻盈，所以多被运用于需要承重的吊顶之中。

（2）木龙骨：木龙骨有木方之称，主要组成部分为松木、椴木、杉木等树木加工而形成的截面长方形或者正方形的木条，在吊顶的外层上，承受装饰油漆，为吊顶上色是木龙骨的主要用途。

（3）铝合金龙骨：材质一般是铝合金，性能超高、质地轻盈而坚固，常用于重要场合的吊顶装修。

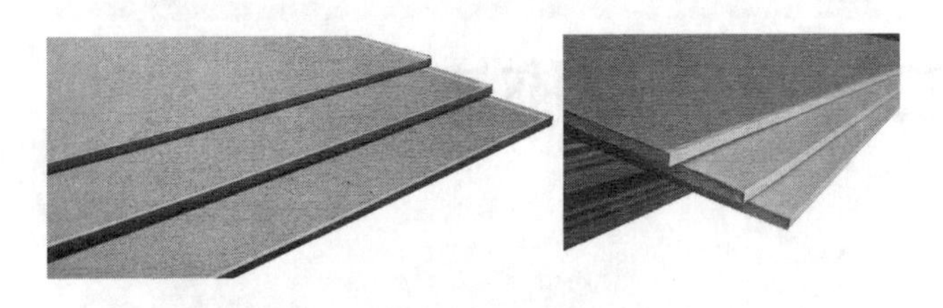

图2-1　石膏板

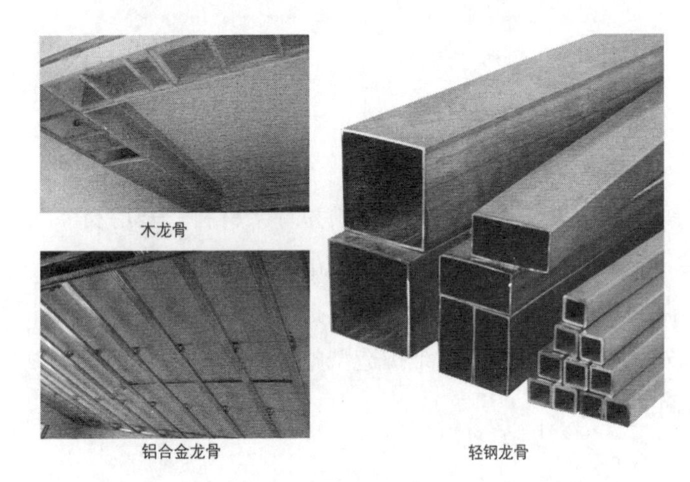

图2-2　龙骨

（4）钢龙骨：因为钢管的材质和较坚强的质地，所以质量较重，能够支撑起重量较大的物体，这也是它常被运用于有承重需要的吊顶中的原因。

3. 矿棉板

矿棉板是一种以矿物纤维棉制成饰面板的原料，其最大的特征是具有良好的吸声效果与隔热功能，则通常被运用在温度较高、需要隔音介质的一些场所的吊顶装修上面。因为矿棉板的表面可以进行图案的绘制和艺术雕刻，所以在种类及外观上也会有很多选择的余地。由于矿棉板在制作过程中是矿棉经过高速离心甩出的，所以它是最好不过的绿色环保材料，也是很好的饰面板。（图2-3）

4. 硅钙板

硅钙板又被称为石膏复合板，是一种集多元材料为一体的材料，由天然的石膏粉、白色的水泥、胶水、玻璃纤维等材料加工复合而成。它既拥有防火、防潮和隔音等特点，又可以吸收室内多余的水分子。一般在空气干燥的夏天，释放出保存的水分子，增加室内的舒适度，通常被运用于高档的装修之中。（图2-4）

5. PVC板

是一种空心加工精巧的塑料板材，质地较轻盈且坚固，所以适合于各类面板的表层包装。PVC板也是常用吊顶材料的一种。（图2-5）

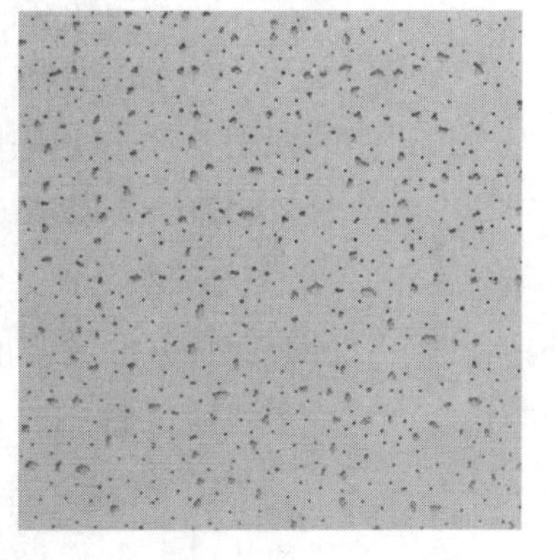

图2-3　矿棉板

6. 铝扣板

铝扣板的质地较轻、安装方便、价格便宜、防水性能好，这是它被用于办公室、厨房、卫生间等的吊顶装修中的原因所在。（图2-6）

7. 桑拿板

桑拿板作为特种吊顶材料的一种，专用于桑拿房的原木的制作，常以插接式来连接，易于安装。桑拿板在高温脱脂上处理恰当，而且能耐高温、不易变形。所以常常被运用于卫生间、阳台等地方，属较为高档材料的一种。（图2-7）

8. 集成吊顶

集成吊顶一般属于一体化的吊顶，在厨房、卫生间、办公室等一般场合可见。（图2-8）

9. 其他吊顶

除以上介绍的常用吊顶材料外，还有格栅、挂片、网络体、金属花片、玻璃等多种材料和安装形式，在此不一一赘述。

图2-4 硅钙板

图2-5 PVC板

图2-6 铝扣板

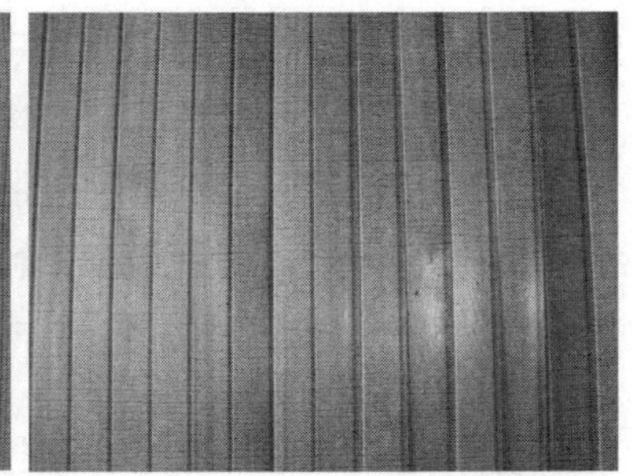

图2-7 桑拿板

图2-8　集成吊顶

二、铝合金板吊顶工程的施工工艺

（一）材料选择标准

卫生间、厨房这些潮湿房间内的吊顶装饰材料主要是铝合金天花板（铝扣板），它包括一些金属龙骨与铝合金面板等原材料。

（1）金属龙骨：制作金属龙骨的铝材厚度要求为≥3mm。

（2）铝扣板：在制作铝天花的面板（铝扣板）时，铝材厚度通常要求为≥0.8mm，并且须经过防火、防静电、防氧化、喷塑等特殊方式的处理；卫生间通常应该选用有孔的面板，便于通风换气；厨房则应该选用无孔的面板，便于进行一些常规清洁卫生。目前，我国家庭装修中广泛使用的金属装饰材料的品牌、款式和规格非常多。它们的花色、肌理、形状各异，不同规格的扣板不仅可以满足不同消费者的需求，而且安装与拆卸也非常方便。

（二）弹线

弹标高线和龙骨的布置线通常利用放线。标高线一般都会弹到墙面或柱面上，然后再将角铝固定在墙或柱面上。角铝常用的规格是25mm×25mm，色彩同板的色彩。角铝的作用一般是吊顶边缘的封口，使其边角部位可以更加完整和顺直。

如果吊顶有一些不同的标高，那么应该将变截面的位置弹到楼板上。对于龙骨的布置，如果必须将板条卡在龙骨上，就需要龙骨与板面成垂直。如果用钉固定，那必须要看板条的形状，以及设计上的基本要求，具体情况具体掌握。

龙骨的间距一般根据不同断面会有一些差别。较大的方块，在板背加肢的时候，刚度较好，尽管龙骨间距较大，也不会发生变形；对于龙骨卡具的形式，龙骨间距大的，板的固定点相对减少，对于很薄的板条，这样做是不合适的。所以，在这种情况下，其间距通常不宜超过1.2m，吊点必须控制在1m左右。

（三）固定吊杆

吊杆的固定方法有很多种，要根据使用的吊杆和上部吊点构造而定：用木方吊杆与吊点木方以木螺钉相连接；用角铁（角钢）吊杆与吊点角铁（角钢）以金属螺栓相连接；用扁铁（扁钢）吊杆与吊点角铁（角钢）焊接；用钢丝吊杆与吊点膨胀螺栓（钩）相连接等；对于人能上去检修的吊顶，一般会用到角钢或圆钢较多。至于选用何种材料，从悬挂的角度上看，只要安全、方便即可。如果不需要上人，仅仅是板条自身的重量，每平方米重量必须控制在3kg以下。（图2-9）

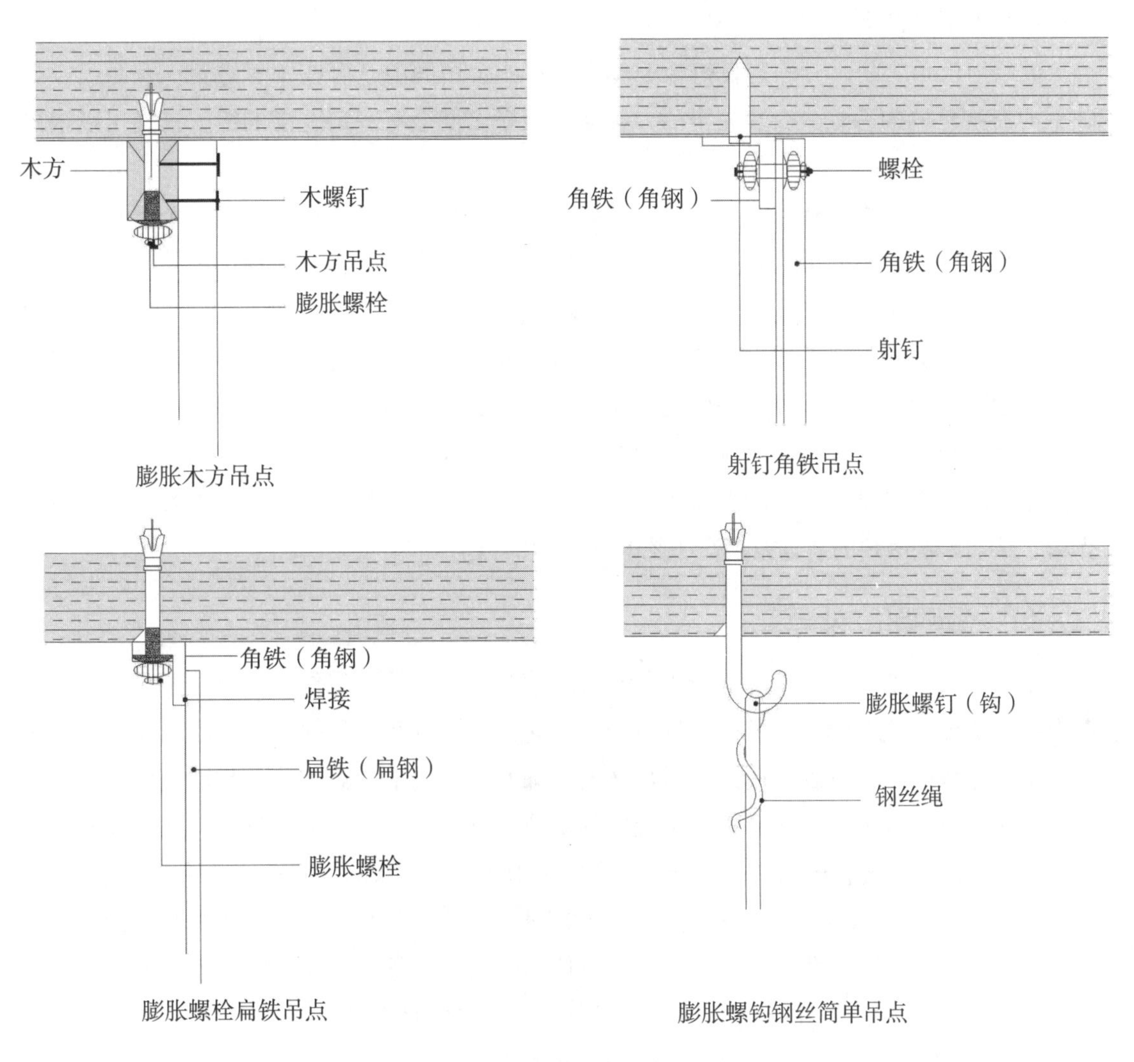

图2-9　固定吊杆示意图

（四）安装与调平龙骨

调平龙骨是整个铝合金板吊顶中比较麻烦的一道工序。龙骨是否被调平也是控制板条吊顶质量的关键。因为只有龙骨被调平，才能使板条饰面达到理想中的装饰效果。控制龙骨部分的平整，首先应该拉纵横标高控制线。一般从一端开始，一边安装，一边细心调整，最后再用心精调整一次。

（五）安装板条

安装板条的时候必须在龙骨调平的基础上才能进行。安装板条时应该从一个方向开始，依次地安装。如果龙骨本身被兼作为卡具，那么在安装板条时，因为板条通常都比较薄，并且有一定的弹性，扩张较容易，只需将板条轻轻用力向上压一下，板条便会自动卡到龙骨上去。卡好后再用自攻螺钉固定板条，对于有些板条或方板也会很方便，有些板条在断面设计时需要隐蔽钉头，可以在安装时用一条压一条的办法将钉头遮盖住，这样安装后便可以做到看不见钉头。

板条与板条之间，有一些是拼板，基本上都不会留间隙，有些则有意留一定距离，打破平面有些单调的感觉。安装完毕后，板条与板条之间会有一定宽度的缝，这样可以增加吊顶的纵深感觉。

铝合金板的吊顶，易于同室内的声学处理相互结合，是铝合金吊顶的一个优势点。在铝合金板上穿孔，不仅可以解决房屋的吸音问题，同时也是铝合金吊顶饰面处理的一种艺术形式。为了增强吸音效果，可以在板上安放吸音材料。放置吸音材料的方法一般有两种：一种是将吸音材料平铺在板条内，使吸音材料紧贴面板；另一种是将吸音材料放置在板条上面，像铺放毡片一样，一般是将龙骨与龙骨之间的距离作为一个单元，满铺之后满放。吸音材料的这两种放法，从吸音效果上来分析，其实并没有太大差别。但是第一种做法由于玻璃丝棉紧贴板上，所以时间久后特别是受到外力的时候，一些纤维绒毛会从板孔露出，从而影响吊顶的装饰效果。（图2-10、图2-11）

（六）细部调整与处理

（1）关于灯饰、通风口、检查孔同吊顶配合的一些问题。灯饰与风口篦子是照明与空调设备的必要组成部分，但在吊顶的装饰中，它们除了具有本身的专业功能之外，也是吊顶装饰的组成部分。所以，选择合适得体的灯饰及风口篦子，对于吊顶装饰效果影响也较大，特别是有些灯饰，更是有着举足轻重的地位。这一点首先应该从设计和施工方面加以考虑。至于设计上会怎样选择，可以从吊顶的艺术风格和扩张的使用功能方面多加考虑。

（2）大型灯饰或风口篦子的悬吊系统与轻质铝合金吊顶悬吊系统应该分开。特别是龙骨兼卡具的这种吊顶，两者混在一起更不合适。因为龙骨兼卡具的轻质吊顶，设计上只考虑了铝合金板及龙骨自身的重量，所以其他荷载再加到龙骨上是很不合适的。

（3）自动喷淋、烟感器、风口等设备的安置与吊顶表面衔接得要紧密，安装必须要吻合。

（4）铝合金板的断面类型比较多，不同的断面，可以采用不同的安装方法。前面介绍了龙骨兼卡具及自攻螺钉固定的这两种方法。其实，在板面的安装方面，除上述两种用得比较多的方法之外，还有一些其他类型的安装方法。

铝合金板的吊顶，从大量已用的工程效果上看，的确有一些独特的风格。对于大型公共建筑的吊顶和比较高档次的居室吊顶，如果是从艺术、吸音、防火、维修、使用年限等方面来对各种材质的吊顶进行综合评价，铝合金的吊顶能较好地满足上述的要求，是一种比较理想的吊顶形式。

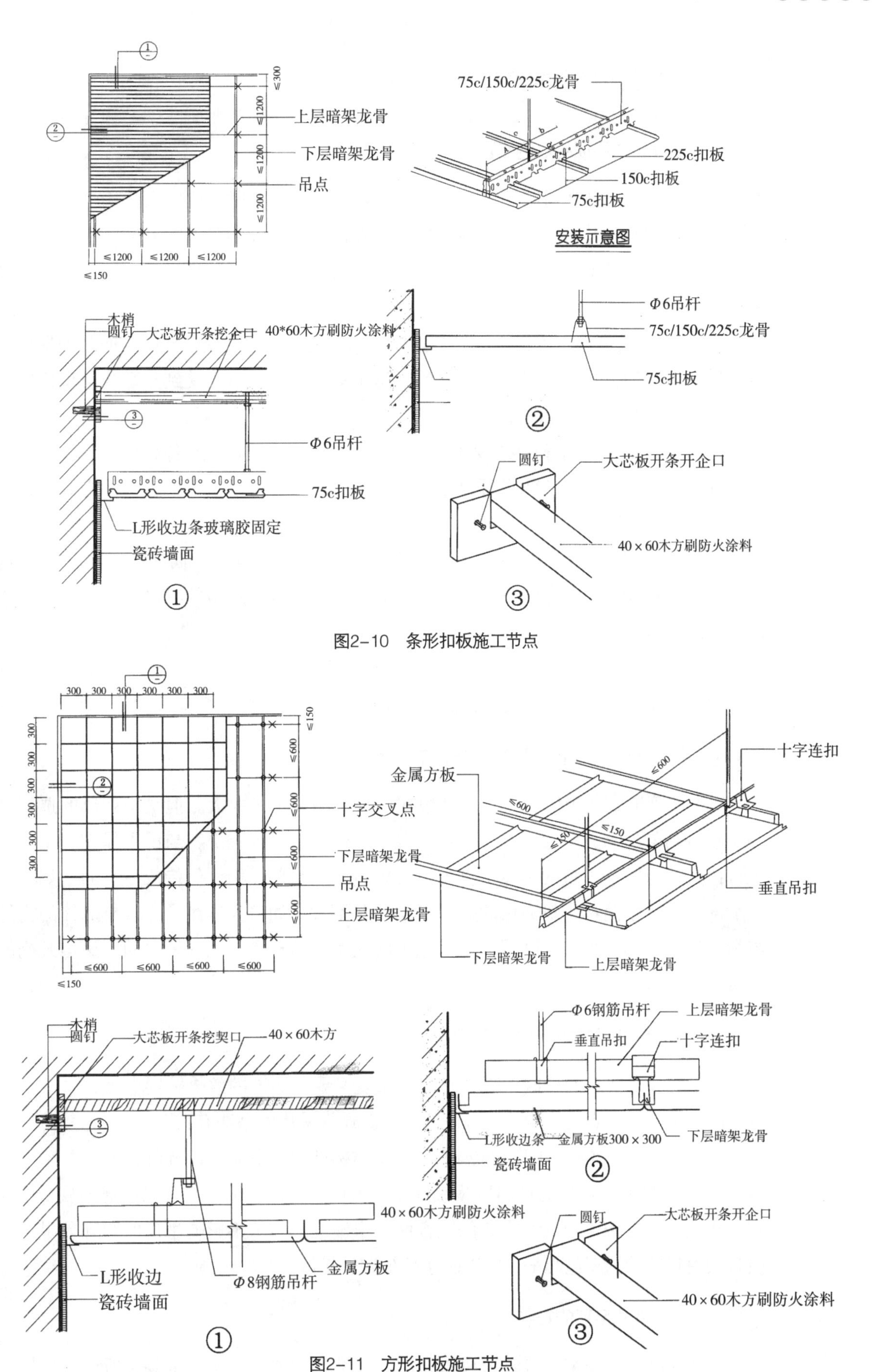

图2-10　条形扣板施工节点

图2-11　方形扣板施工节点

三、开敞式吊顶的施工工艺

（一）开敞式吊顶吊灯的布置

开敞式吊顶同灯光照明的结合，对于吊顶的装饰效果影响比较大。用灯具来组成的开敞式吊顶，实际是让灯具担当单体的构件。然而，在满铺的格栅式开敞式的吊顶中，灯具的布置往往同灯具的本身是单体构件的吊顶有较大的区别。其灯具的布置，常常是以下四种形式。

（1）顶部式灯具布置：将灯具布置在吊顶的上部，同吊顶格栅的表面必须保持一定距离。这种做法的特点是：可造成灯光的光源不集中照射，由于受到开敞式吊顶格栅单体构件所遮挡，而形成漫射光的照射效果。

（2）嵌入式灯具布置：这种布置一般是将灯具嵌入到吊顶单体构件内，让灯具同吊顶保持在同一平面。灯光的效果可以是直筒式的光源，也可以是其他形式的光源，主要取决于灯具。

（3）吸顶式灯具布置：通常是由一组日光灯组成的灯具，固定在吊顶的下面。这种布置可将一些行列式灯具布置在吊顶面的下面，在选择灯具规格的时候，就不会受到单体构件尺寸的限制。

（4）吊挂式灯具布置：既可以是吊链式的直吊式灯具，也可以是斜杆式的悬挂灯具。在光源的组成上，组合的方式也有很多，比如单筒式的吊灯，多头式的工艺吊灯，等等。

（二）开敞式吊顶空调管道口的布置

空调的管道如何走向，其实对开敞式吊顶影响并不是太大。但是空调口的选型以及一些布置，则与吊顶关系较为密切。可以置于开敞式的吊顶上部，与吊顶保持一定的距离；也可以将风口嵌入吊顶的单体构件内，使风口篦子与单体构件保持成一平面。如将风口置于上部，安装很简单，对通风的效果影响却并不大；如将风口篦子嵌入单晶体的构件内，与吊顶保持在同一平面，则要求风口篦子的造型以及材质、色彩等方面应该与开棚的装饰效果一同考虑。

（三）开敞式吊顶吸音材料的布置

对于有吸音要求的房间，吸音材料的布置又要与装饰的效果一同考虑，既要满足声学方面的要求，又要满足建筑装饰方面的要求。通常采用的办法有：

（1）填入式：将可以吸音的材料装在单体构件内，组成吸音吊顶。

（2）平铺式：将吸音的材料平铺在吊顶上面。可以满铺，也可以局部铺放，铺放的面积大小应该根据声学设计所需要的吸音面积来确定。为了不影响吊顶的装饰效果，一般将吸音的材料用砂网布包起来，用以防止纤维四处扩散。

（四）开敞式吊顶的安装

开敞式吊顶的安装，应该采用预先加工成型的标准单体构件拼装，所以，悬吊与就位比其他类型的吊顶相对要简单一些。大多数开敞式吊顶不用龙骨，单体构件既是装饰的构件，同时也要能承受本身的重量。所以，可以直接将单体的构件同结构固定，减少了龙骨的施工工序，工艺也简单一些。

单体构件的固定，大致可分为两种类型：一种是将单体的构件固定在骨架上；另一种是将单体的构件直接用吊杆与结构相连，不用骨架支撑，本身具有一定刚度。用较轻质地、较高强度一类材料制成的单体构件，由于其本身的重量较轻，组成的单体构件往往集骨架、装饰为一体。所以，安装也较简单，只要将单体的构件直接固定即可。也有的将单体的构件先用卡具连成一个整体，然后再通过通长钢管与吊杆相连，这样做就可以减少吊杆的数量。

开敞式吊顶安装简单，固定办法也比较灵活，具体到底采用何种办法，关键在于单体构件。所以在设计单体构件的同时，也需将单体构件如何安装需作统筹考虑。因为有一些安装的孔洞及卡具，需要在制作单体构件时一同完成，否则会影响到装饰效果及工程进度。

单体构件的安装，重点是控制整齐的问题。因为开敞式的吊顶，就是通过单体构件的有规律组合，从而取得一定的装饰效果。如单体构件安装不整齐、不顺，这种韵律感也将会受到破坏。

吊顶上部的空间处理方法，对装饰的效果影响也比较大。因为吊顶是敞口的，上部空间的设备、管道及结构情况，对于一些层高不是很高的房间来说，是清晰可见的。目前比较常用的处理方法是用灯光的反射，使其上部发暗，使空间的设备、管道变得较模糊，同时用明亮的地面来吸引人的注意力。也可以在顶板的混凝土以及设备管道上刷一层灰暗的色彩，借以模糊人的视线。至于如何处理，视具体情况有所区别。所以，不论采用什么手段，模糊上部空间，都是为突出吊顶做对比。

1.条形金属板开敞吊顶

常用金属条形吊顶装饰板的长度一般为3.0~6.0m，宽度为100~300mm，厚度一般在0.5~1.2mm。在施工过程中，板材需要加长时，可采用配套条板接长连接件或板缝嵌条。饰面板的安装一般是指选用配套的金属龙骨和条形金属饰面板。

长条形金属板沿边分为“卡边”和“扣边”两种。卡边式长条形金属板安装时，只要直接将板的边缘按顺序利用板的弹性卡入带夹齿状的龙骨卡口内，调平调直即可，不需要任何的连接件。此板形有板缝，故又称“开敞式”（敞缝式）吊顶顶棚。板缝有利于顶棚通风，可不封闭，也可按设计要求加设配套的嵌条予以封闭。扣边式长条金属板，亦可按卡边型金属板那样安装在带夹齿状的龙骨卡口内，利用板本身的弹性相互卡紧。因为此种板有一平伸出的板肢，正好把板缝给封闭，所以又称之为封闭式吊顶顶棚。另一种扣边式长条形金属（就是通常称的扣板），则采用C形或U形金属龙骨，用自攻螺钉将第一块板的扣边固定在龙骨上，将此扣边调平调直后，再将下一块的扣边压入先固定好的前一块板槽内，按顺序相互扣接即可。（图2-12、图2-13）

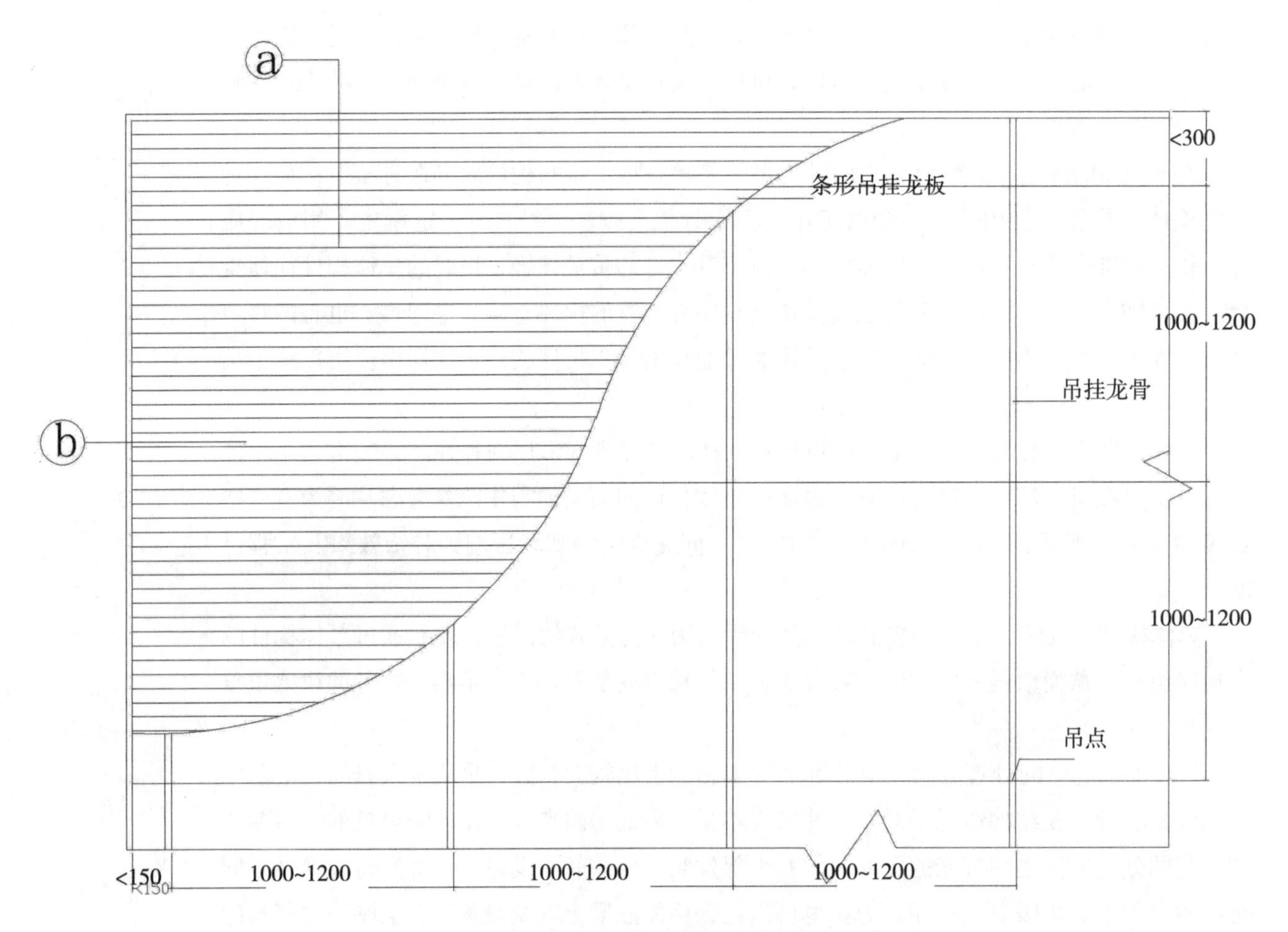

图2-12　条形金属板开敞吊顶平面布置（单位：mm）

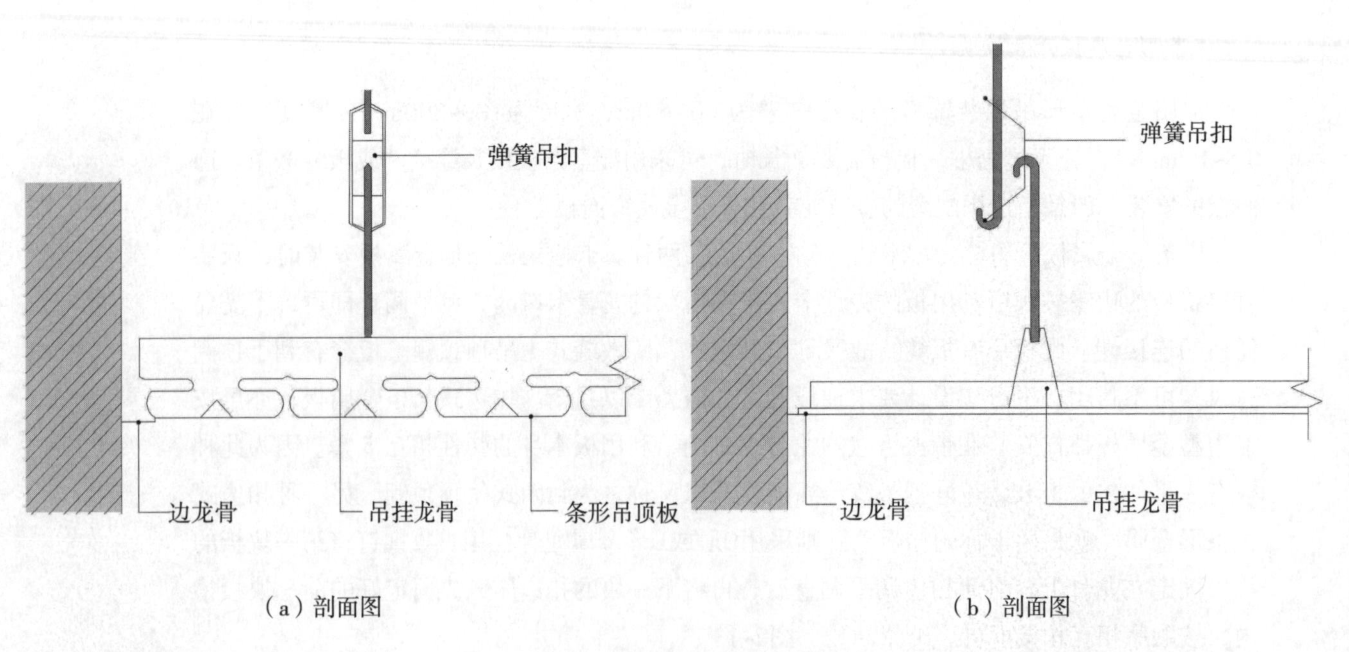

图2-13　条形金属板开敞吊顶节点图

2.金属格栅开敞吊顶

格栅形金属板吊顶由格栅形金属吊顶板与吊顶龙骨及其配套材料组装而成。格栅形金属吊顶的吊顶板平面与地面相垂直，但不同的是格栅形金属板吊顶的表面形成的是一个个“井”字方格，所以吊顶表面的稳固性要更好一些。格栅形金属板吊顶有利于室内通风，有良好的保温、吸声、防火功能和装饰性，并且造价适中，组装简便、快速，检修、清洗也较为方便。

格栅形金属吊顶板的材质分为铝合金板与彩色镀锌钢板两种。其中，格栅形铝合金吊顶板是由铝合金经过数道辊轧、裁边、切割、表面处理（氧化镀膜）而成的；格栅形镀锌钢板吊顶板是由镀锌钢板经过数道辊轧、裁边、切割、表面处理（氧化镀膜）而成的。格栅形金属板吊顶适用于大型体育场、停车场、车站、室内花园等公共设施。

格栅形金属板吊顶施工简便，只需要先将主板与副板相互插装，然后再将主板与已经吊好的承载龙骨用钢丝相连接，最后找平调正即可。格栅形单体构件主要的拼装方式有两种：一是采用其配套的固定单板材料，如夹片龙骨、托架龙骨、网络支架等；二是采用十字连接件。（图2-14至图2-16）

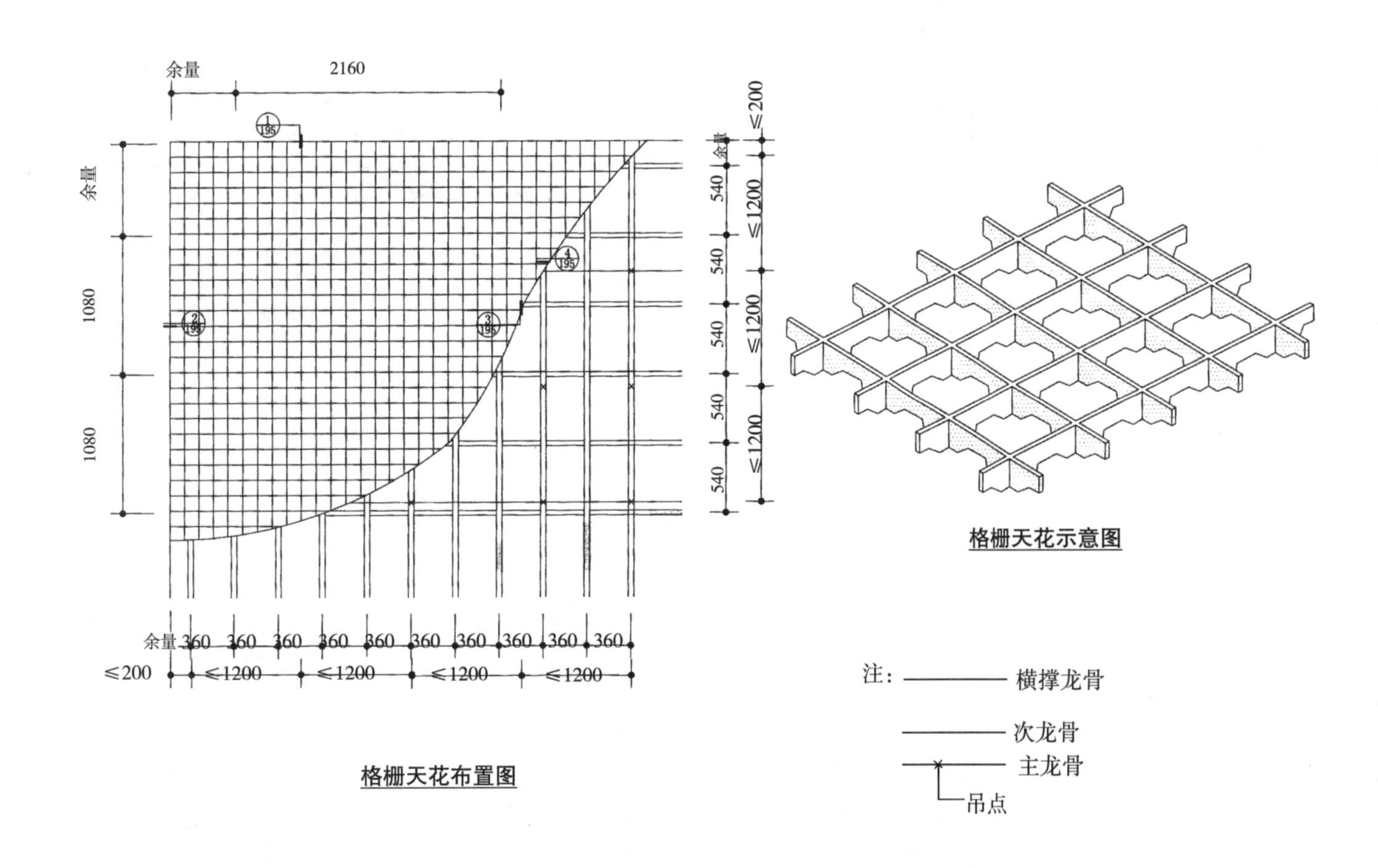

图2-14 金属格栅吊顶示意图（单位：mm）

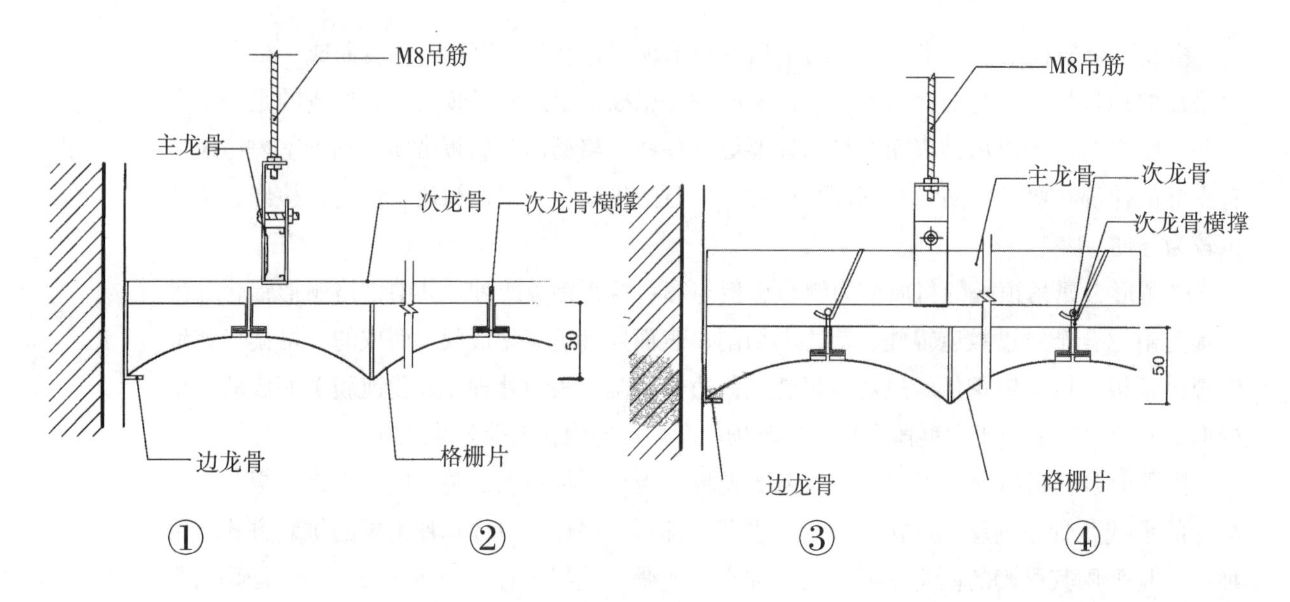

图2-15　金属格栅开敞吊顶节点

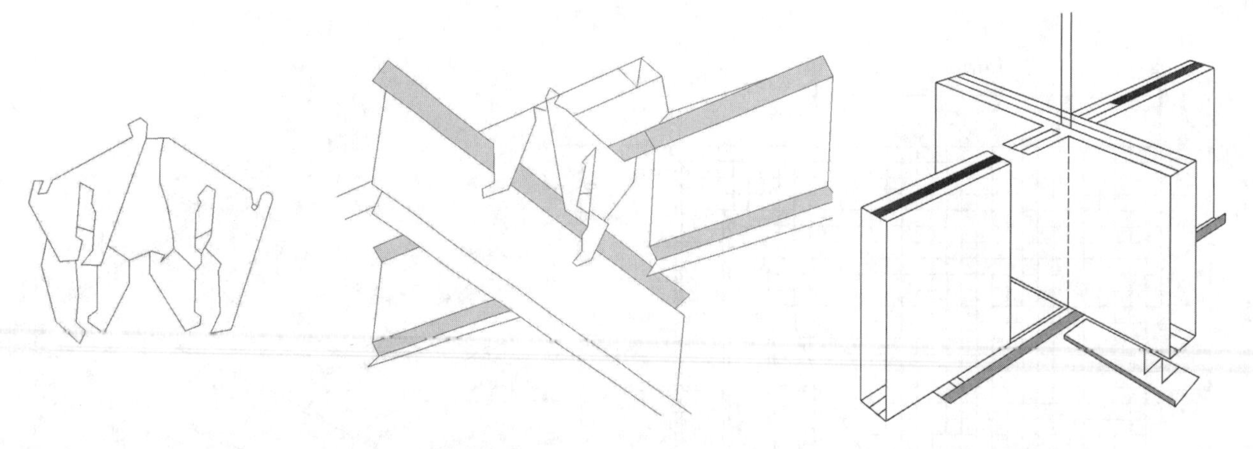

图2-16　格栅金属板开敞吊顶连接示意图

3.金属挂片开敞吊顶

挂片形金属吊顶，即将一个个金属小片悬挂在与其配套的龙骨上。挂片形金属板吊顶是我国近年来出现的新型金属吊顶之一。金属挂片通常由铝合金板经氧化镀膜（或喷塑）制成，也可以是不锈钢或彩色不锈钢板。采用不锈钢材料的装饰效果更佳，这是由于其有金属光泽。挂片形金属板吊顶风格很独特，可以烘托出室内特有的装饰效果，该吊顶方式适于一些要求具有独特装饰特点的场所，如酒吧、舞厅等。

挂片形金属板吊顶的施工步骤如下：测量、画线→确定吊点→安装吊杆→安装承载龙骨→安装挂片大龙骨→安装挂片小龙骨→校正、调整→验收。（图2-17、图2-18）

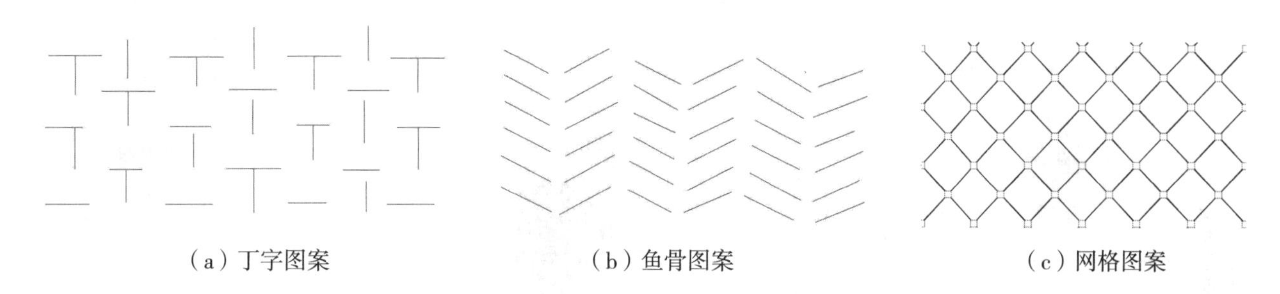

（a）丁字图案　　（b）鱼骨图案　　（c）网格图案

图2-17　金属挂片开敞吊顶图案举例

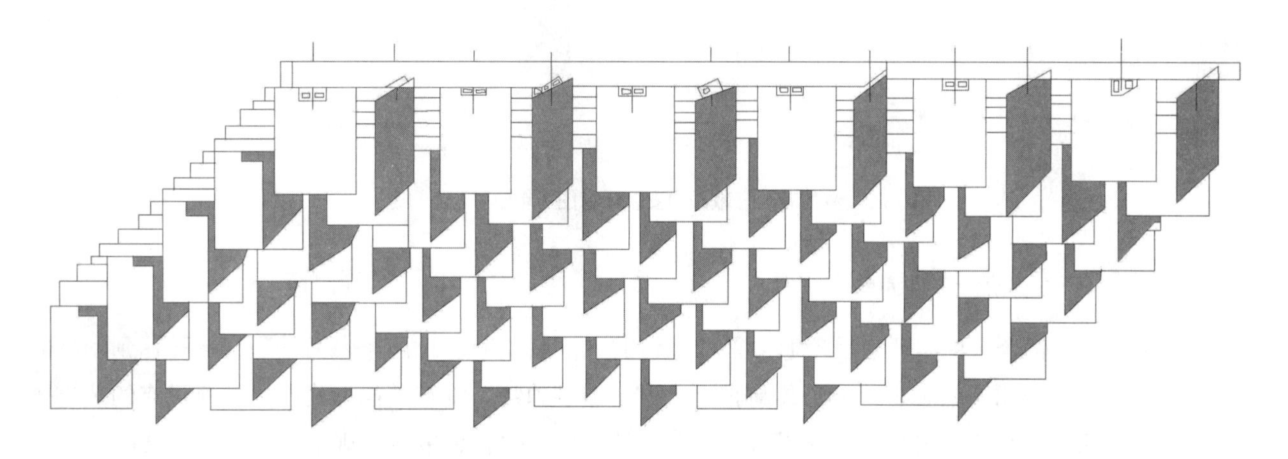

图2-18　金属挂片开敞吊顶安装示意图

4.花片金属板开敞吊顶

花片形金属板吊顶是一种立体型的金属板吊顶，花片形金属板吊顶是以金属花片与T形龙骨及配套材料组装而成的。该种吊顶由一个个金属花片组成，而花片是立体的，因此该类吊顶的风格很独特。花片形金属板吊顶是我国近年来出现的新型金属吊顶之一。花片形金属板的材质有两种：铝合金板和色彩镀锌板，其制作方法是，金属卷材辊压后，进行表面处理。它适用于大型场馆、车站、候机厅、室内花园，或其他湿度较大的公用建筑。安装非常简单，直接搁置在T形龙骨上即可。（图2-19、图2-20）

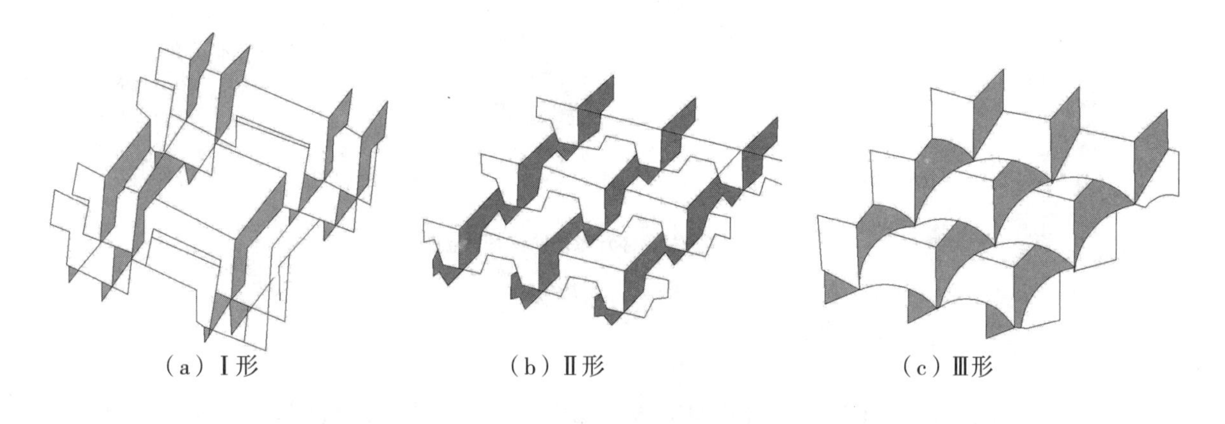

（a）Ⅰ形　　（b）Ⅱ形　　（c）Ⅲ形

图2-19　金属花片开敞吊顶示意图

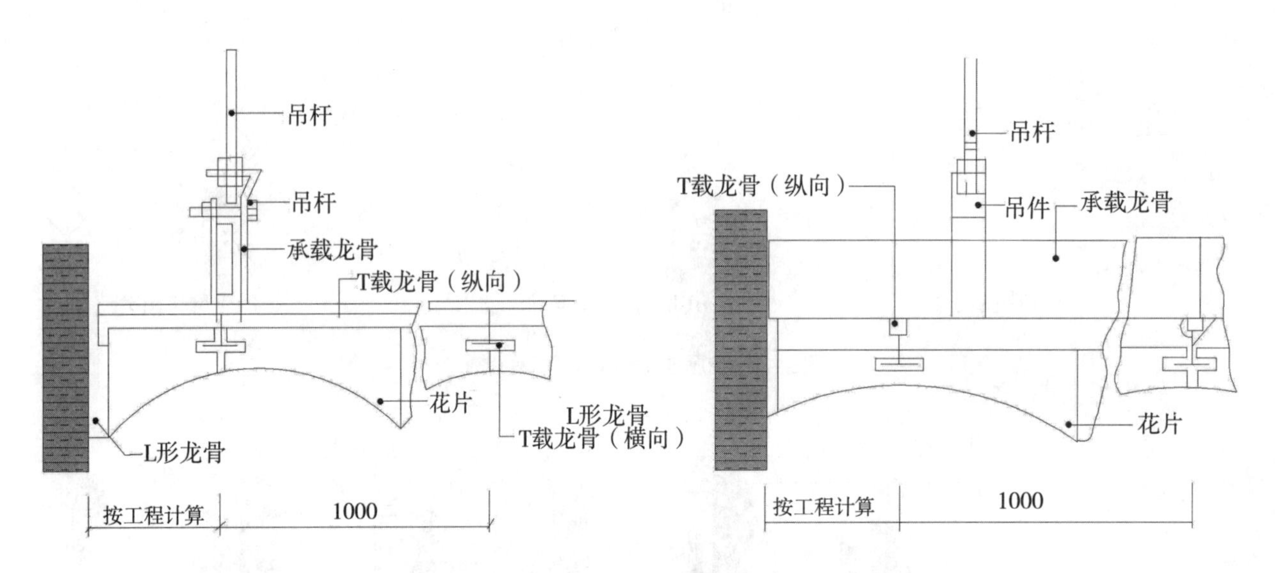

图2-20 金属花片开敞吊顶安装示意图（单位：mm）

5.铝合金单体开敞吊顶

铝合金单体开敞吊顶通常采取浇铸的方法制成毛坯，再经表面处理，从而达到制品的质量要求。铝合金单体吊顶高雅、大方、造型独特，具有其他形式的吊顶所没有的装饰效果，可用于对吊顶装修效果有特定要求的室内。铝合金单体的规格一般为600-800mm，也有较大的规格，用户也可根据需要，与厂家商定所需的图案与尺寸。

铝合金单体既可以单独的单体挂件、单体吊件和吊杆与屋顶直接相连接，也可以将吊杆与其他龙骨（如承接龙骨）相连接，承接龙骨再与屋顶相连接，这样做的好处是可以避免屋顶上吊点过多。其工艺流程为：测量、画线→确定吊点→安装吊杆→安装承载龙骨→安装单体吊杆→安装单体吊件→校正、调整→验收。（图2-21）

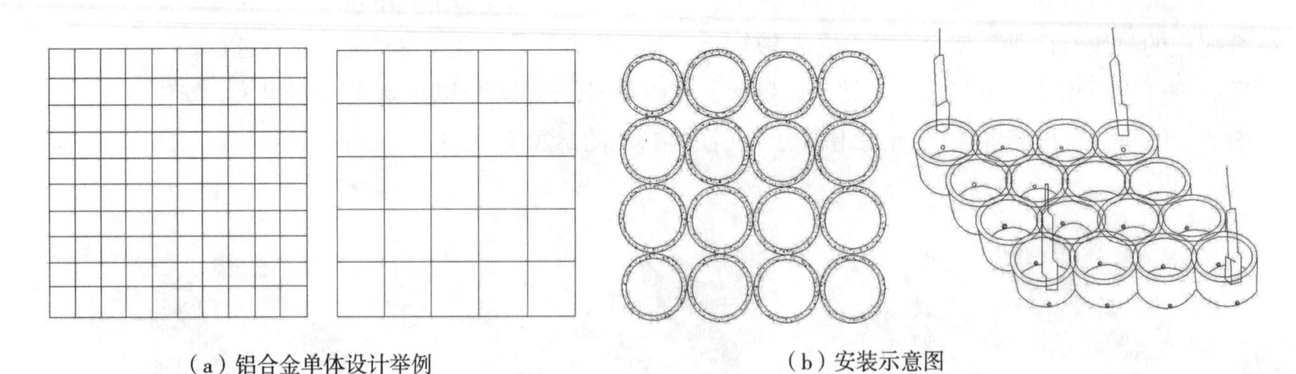

（a）铝合金单体设计举例　　（b）安装示意图

图2-21 铝合金单体开敞吊顶安装示意图

6.网络体金属开敞吊顶

网络体金属吊顶是一种将具有吸声功能的吸声板组件通过网络支架组装成的金属吊顶。该种吊顶造型独特，具有优异的吸声功能，能形成不同的几何图案，而且有利于吊顶上部的灯光设置，以取得良好的照明效果，从而烘托出高雅的气氛，是一种集装饰和吸声功能为一体的新型吊顶。它广泛地应用于大型的公用建筑设施，如车站、体育馆、图书馆和噪声较大的工业建筑的室内。其工艺流程为：测量、画线→确定吊点→安装吊杆→组装网络单元→网络单元与吊杆连接→网络单元之间的相互连接→校正、调整→拧上网络支架的下封盖→验收。

（1）确定吊点。确定吊点时要注意的是，由于所组成几何图案的各吊点之间的距离都不尽相同，所以事先一定要通过计算来确定各吊点之间不同方向上的间距，并据此来确定吊点间的相互距离。

（2）组装网络单元。为了加快施工进度，或先将吸声板组件组装成一个个网络单元。其具体做法是使用联片将几个网络支架与吸声板组件相连接，并用螺钉固定，然后套上封盖。

（3）安装网络单元。将网络单元依次地分别穿过吊杆，并用螺母在吊杆的下端将其固定，然后根据标高线调整每个网络单元的上、下位置，然后再用联片将各个网络单元相连接。（图2-22至图2-24）

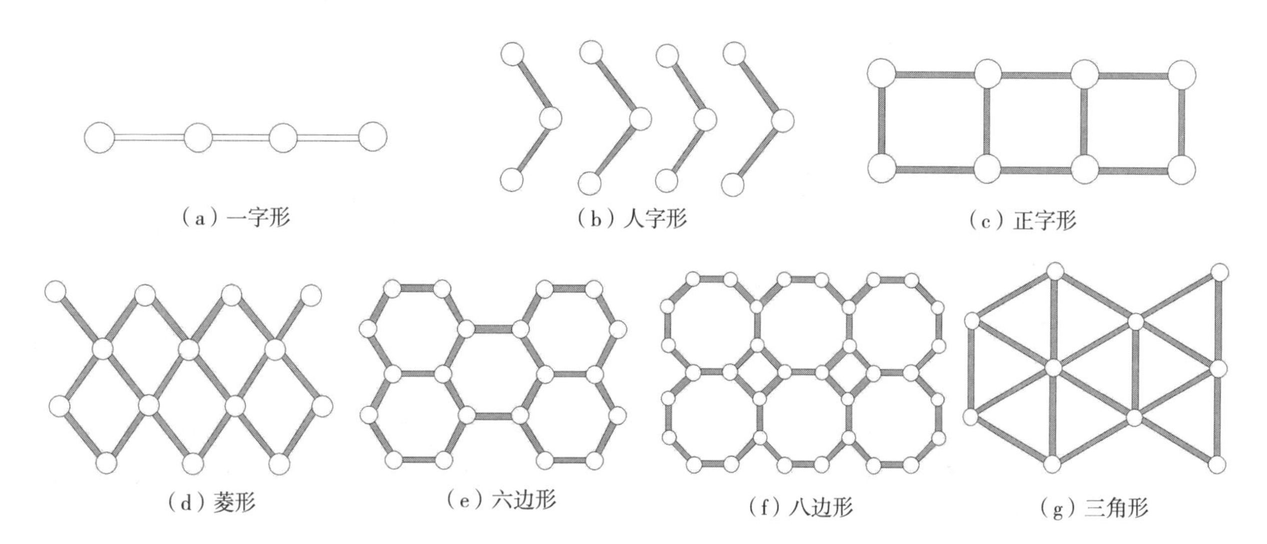

图2-22　网络体属开敞吊顶的图案举例

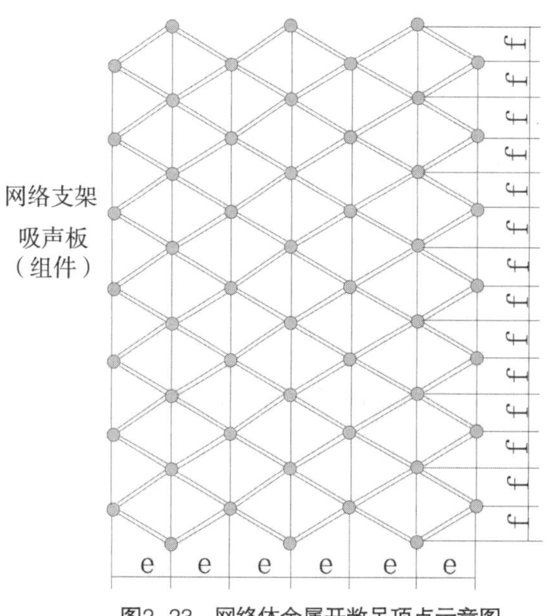

图2-23　网络体金属开敞吊顶点示意图

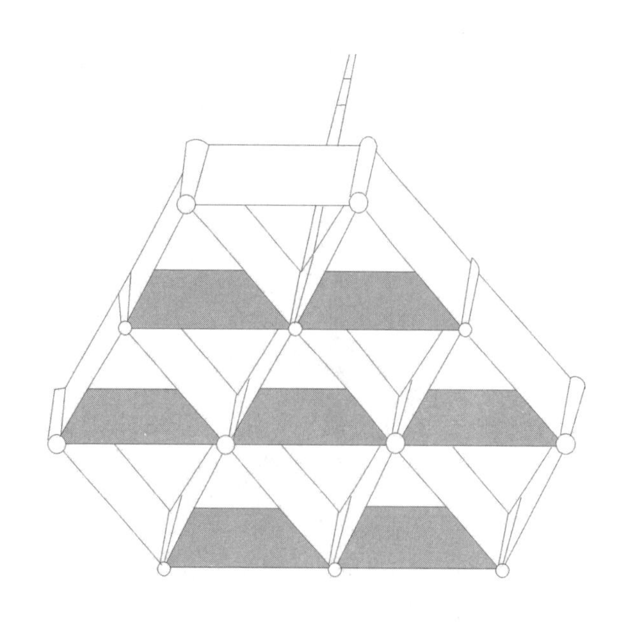

图2-24　网络体金属开敞吊顶装示意图

四、玻璃吊顶的施工工艺

以玻璃作为采光屋面的主要材料，是我国目前采光屋面设计和制作的主要方式。其主要优点是采光率比较高，布置较灵活，照度比较均匀，造价比较经济，但也存在着一些问题，比如阳光直射会使室内产生强烈眩光及热辐射，吊顶玻璃破碎后易下坠伤人，等等。

（一）玻璃镜吊顶的施工工艺

玻璃镜吊顶安装通常会用嵌压式、玻璃钉式、黏结式这三种方法。

（1）对基面的要求：基面应该为板面结构，通常是用木夹板作基面；如果采用嵌压式来安装基面，可以是纸面石膏板的基面。对于基面的总体要求是平整、无鼓肚等现象。

（2）嵌压式固定安装：嵌压式安装常用的压条为木压条、铝合金压条、不锈钢压条。顶面嵌压式固定前，需要根据吊顶骨架的布置来进行弹线，因为压条需要固定在吊顶的骨架上，并根据骨架来安排压条的位置和数量。

（3）玻璃钉固定安装：玻璃钉需要固定在木骨架上，安装之前应该按木骨架的间隔尺寸在玻璃上打孔，每块玻璃板上需要钻出来四个孔，孔位均匀布置，并不能太靠近镜面的边缘，以防开裂。根据玻璃的镜面和木骨架的尺寸，在顶面基板上来弹线，确定镜面的排列方式。玻璃镜面应该尽量按每块尺寸相同来排列。镜面就位后，先用直径2mm的钻头，通过玻璃镜上的孔位，在吊顶的骨架上钻孔，然后再拧入玻璃钉。拧入玻璃钉后应该对角拧紧，以玻璃不晃动作为标准，最后在玻璃钉上拧入装饰帽。

（4）黏结加玻璃钉双重固定安装：在一些重要的场所或玻璃面积大于1m^{2}的吊顶面安装时，常用黏结后加玻璃钉的固定方法，以保证玻璃镜开裂时也不致于下落伤人。玻璃镜黏结的方法如下：

将玻璃镜的背面清扫干净，除去尘土和砂粒；刷一层白乳胶，粘贴一张薄的牛皮纸，并用塑料片刮平整；在镜背面的牛皮纸上和顶面木夹板面涂刷一些万能胶，当胶面不黏手的时候，把玻璃镜按弹线位置粘贴到吊顶的木夹板上；用手抹压玻璃镜，使其与顶面黏合紧密，并注意这些边角处的粘贴严密情况；用玻璃钉将镜面再固定四个点，固定的方法同前。注意在粘贴玻璃镜的时候，不得直接用万能胶涂在玻璃镜的背面，以防对镜面涂层的损伤。

（二）有机玻璃采光件的施工工艺

1.有机玻璃采光件

有机玻璃采光件是指以有机玻璃板材为主要原材料的建筑物用于自然光采光系统的全套结构装置。用有机玻璃采光件作建筑物的采光构件，具有以下特点：

（1）透光率高：透光率可达91%以上；

（2）抗冲击性能好：机械强度和韧性均较为良好，在外力作用下，裂而不碎，安全性也极好；

（3）防水性好：具有良好的防水性能，其防水渗漏性能经测试属于第一级；

（4）气密性好：抗风压的能力较强；

（5）安装维修方便：采用整体装配式的结构；

（6）自重轻：在所有采光元件中的重量是最轻的；

（7）外形变化多样：外观华丽。

目前国内生产的有机玻璃采光件由罩体和连接件两部分组成。罩体可分上罩和下罩这两层，在上、下罩之间是封闭的气体，其作用是保温隔热。从采光罩的外形结构上来分，有机采光罩有金字塔形的（如正四棱锥、梯形、长方形及五棱锥等等）和球面形的（由圆弧球面组成，其外形不仅美观华丽，而且机械强度和耐冲击性能都很高）。

有机采光件所用的连接件，从材质角度也可分为两大类，即钢结构和玻璃钢结构，少数用铝结构。一般玻璃钢结构的连接件只适用于上罩自带防水卷边的整体结构的有机用光罩，而钢质的连接件则还可以用于不带防水卷边、需外加围框式防水结构的罩体。

在选用连接件时应注意对采光件开闭功能的要求，采用玻璃钢连接件的采光罩一般不能开启，而一些采用钢及铝合金连接件的采光罩体，根据设计的需要，可设计成开启式；这种采光罩除了有采光作用之外，还具有通风、排烟等作用，这类采光罩尤其需要注意防水性能的好坏。

2.有机玻璃采光件的安装

有机玻璃采光件可以用于任何形式的建筑物中，但所采用的有机玻璃采光件结构形式应根据建筑物的具体情况而定，关键是连接件，与采光罩的外形结构没有关系。一般来说，钢结构连接件可以用于混凝土的屋面、钢结构的屋面和木结构的屋面，而玻璃钢连接件则只适用于混凝土的屋面。

有机玻璃采光件是通过连接件将光罩与其结构相连的，并且在采光口和屋面之间都必须做一个防水层。有机玻璃的采光件直接将采光罩体与连接件相连，与锥形体安装固定的方法类似。另外，由于是采用了整体式的采光罩，就可以不再使用椽子和做滴水槽。雨水可以从罩体直接泄落到屋面的防水层上，然后通过一些有组织的排水系统排出。

第三章　室内墙、柱面工程材料与施工工艺

一、大理石、花岗石墙柱面施工工艺

大理石作为室内装饰材料已经越来越普遍，但这类贴面装饰材料的粘贴目前大部分仍沿用传统的粘贴方法，即需要打孔、穿铜线、扎钢筋骨架、灌水泥浆、用石膏临时固定等繁多工序。也有采用掺107胶或聚醋酸乙烯酯乳液的水泥砂浆进行粘贴的方法，虽然提高了水泥的保水性和粘贴强度，但因为这类胶黏剂本身耐水性、耐久性差，所以容易出现大片脱落和空鼓等现象。目前，采用胶黏剂来粘贴大理石板材的工艺已经越来越多，本节介绍了一种采用AH-03大理石胶黏剂黏贴大理石石板的工艺。

（一）天然大理石材料（图3-1）

1.定义

天然大理石指的是可以磨平、抛光的各种碳酸盐岩石及含有少量碳酸盐的硅酸盐类的岩石，包括有变质岩和沉积岩类的各种大理岩、大理化灰岩、致密灰岩、砂岩、石英岩、蛇纹岩、石膏岩和白云岩等。

2.大理石板材规格和技术要求

大理石板材有大块和小块两种之分，边长大于或等于40cm的板材为大块料，边长小于40cm的板材则称为小块料。规格和技术上的要求为：

（1）长度、宽度。正负1mm为优等品和一等品，正负1.5mm为合格品。

（2）厚度为12mm，板正负0.5mm为优等品，正负0.8mm为一等品，正负1mm为合格品。板厚大于12mm的板，正负1mm为优等品，正负1.5mm为一等品，正负2mm为合格品。

图3-1　天然大理石

（3）弧形板壁厚最小值应大于等于20mm，规格尺寸偏差弦长正负1mm为优等品及一等品，弦长正负1.5mm为一等品。高度正负1mm为优等品及一等品，正负1.5mm为合格品。

（4）平面度允许公差，以800mm板长为例：

优等品正负0.7mm，一等品正负0.8mm，合格品正负1mm。

（5）圆弧直线度与轮廓度允许公差。按板高度800mm允许公差正负0.8mm，线轮廓度允许公差0.8mm为优等品，1mm的为一等品，1.2mm的则为合格品。

（6）角度400mm列，允许公差0.3mm为优等品，允许公差0.4mm为一等品，允许公差0.5mm为合格品。

（7）圆弧端面角度允许公差：优等品为0.4mm，一等品为0.6mm，合格品为0.8mm。

（8）普通板拼缝板材正面跟侧面的夹角不能大于90°。

（9）圆弧板侧面角应大于等于90°。

3.外观质量要求

（1）同一批次的石材色调基本调和，花纹基本一致。

（2）板面正面的外观缺陷的要求应符合以下规定：

裂纹长度不能超过10mm，缺棱长度不能超过8mm，宽度不能超过1.5mm；缺角长度不能超过3mm，宽度不能超过3mm；色斑面积不能超过6cm^2；砂眼直径不能超过2mm。

（3）大理石板材可以黏接和修补，黏接和修补后应不影响板材的物理性能。

4.特点

大理石板颜色、花纹多样，色泽鲜艳，材质密实，抗压性强，吸水率低，耐磨、耐酸碱、耐腐蚀，不变形。淡色大理石板装饰效果庄重而高雅，浓艳色大理石板装饰效果华丽又高贵。但大理石板材的硬度较低，不宜在地面上使用，其抛光面容易损坏，耐用年限为30~80年。

5.用途

天然大理石板由于抗风化能力较差，大部分用于建筑物室内饰面，如墙面、柱面、造型面、柜台侧立面及台面。另外大理石板还被广泛用于高档卫生间、洗手间的洗漱台面以及各种家具的台面。

（二）天然花岗石材料（图3-2）

1. 定义

花岗石是以从火成岩中开采出的花岗岩、安山岩、辉长岩、片麻岩为原料，经过切片、加工磨光、修边后而成的不同规格的石板。

2. 特点

花岗石板内部结构物质为长石和石英，具有质地坚硬、耐酸碱、耐腐蚀、耐高温、耐日晒、耐冰冻、耐摩擦、耐久性好等特点，一般使用寿命为75~200年。

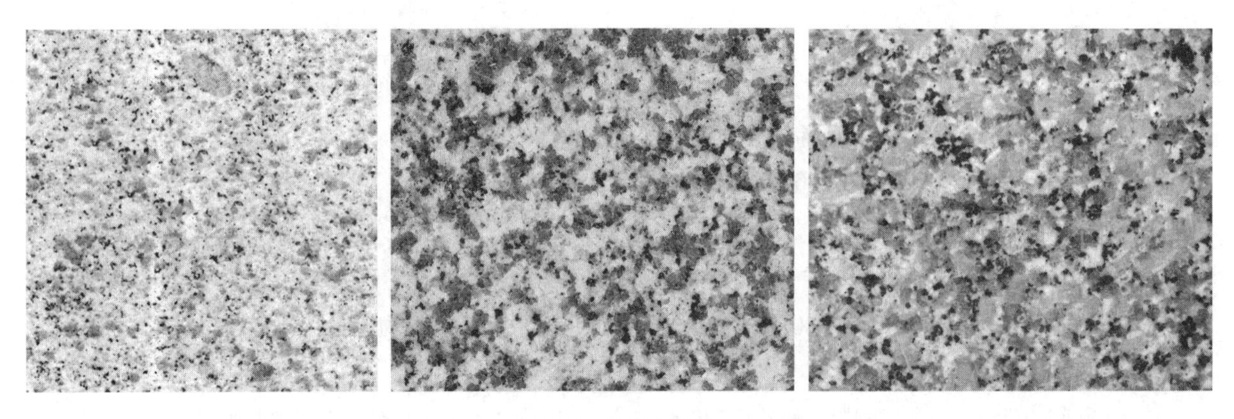

图3-2　天然花岗石

3. 分类

天然花岗石板品种繁多、产地广博，质地花色也众多。常见的分类方法有两种：

（1）按其加工生产方法可分为剁斧板、机刨板、粗磨板材。

（2）按其颜色则分为红色系列、黄色系列、黄红色系列、青绿系列、青白色系列、白底黑点系列、花色黑底系列、纯黑色系列等。

4. 用途

花岗石常使用于宾馆、饭店、商场、银行、影剧院等公共建筑物内部装饰以及门面装饰。在现代高档居室室内装饰装修工程中，这类材料用于装饰室内地面、墙面、台面、墙裙、楼梯、台阶、踏步及造型面等部位。

（三）大理石、花岗石面材胶黏施工工艺

1.材料要求

（1）水泥：采用不低于425号普通水泥或矿渣硅酸盐水泥，并应需准备少量擦缝用的白水泥。

（2）砂：砂最好使用粗砂，使用时，需过5mm筛子，且含泥量应少于3%。

（3）胶黏剂：AH-03大理石胶黏剂（由环氧树脂等多种高分子合成材料组成基材，配制成单组分膏状胶黏剂，具有黏结强度高、耐水、耐气候、使用方便等特点，适用于大理石、花岗石、马赛克等面砖与水泥基层之间的黏结）。

（4）矿物性颜料：（根据大理石的颜色而定）与白水泥配成色浆嵌缝使用。

2. 施工前的准备

（1）墙面平整：墙面必须平整，需用净胶黏贴，平整度用2m靠尺检查，其允许偏差值应小于2mm，墙面要坚实、无浮灰（可用1：2～1：2.5的水泥砂浆作底层）。在墙面弹好50cm水平线。

（2）大理石、花岗石需按照不同规格、颜色、数量、厚薄，清点进场，分类堆放。

（3）有门框、窗框的部位必须立好（位置准确、垂直、牢固。考虑安装石材时，尺寸要有足够的余量）。

（4）墙体上的预埋管件安装验收工作完毕。

（5）预铺与编号：按照设计要求、房间墙面实际尺寸和板材的规格放出大样，特别是在地面上铺同样石材时，墙面与地面必须保持一致。如果需要利用大理石板材的自然花纹拼花，必须在施工之前与有关人员一起在地平面上进行拼花，然后再对大理石板材进行编号。

3. 施工程序

（1）根据大理石板材的厚度，用线坠从上至下找准垂直度，沿墙弹出板材外廓尺寸线（柱面类同），并弹出最低水平基准线，以备第一层板材就位用。施工粘贴时须先贴厚板，后贴薄板。

（2）编好号的大理石板，在弹好的基准线上，画出就位线，每块留1mm缝隙，然后沿水平基准线放一块长板（作为托底板），防止石板粘贴后下滑。

（3）按编号的顺序粘贴大理石，然后用锯齿形刮板或腻子刀把胶黏剂刮在大理石板上（或涂刮在墙面上），再轻轻地将石板的下沿与水平基准线对齐黏合。大理石应由下至上逐层粘贴。每层粘贴时，用水平靠尺靠平，每贴三层，垂直方向也需用靠尺靠平。（图3-3至图3-6）

（4）安装完毕后，要用清洁的布擦洗干净板面上的余胶。按石板的颜色调制色浆嵌缝，使缝隙密实、均匀、干净、颜色一致。在柱子或墙面的阳角部位，可用大理石根据阳角不同角度磨出倒角，使两个侧面的石板咬合。

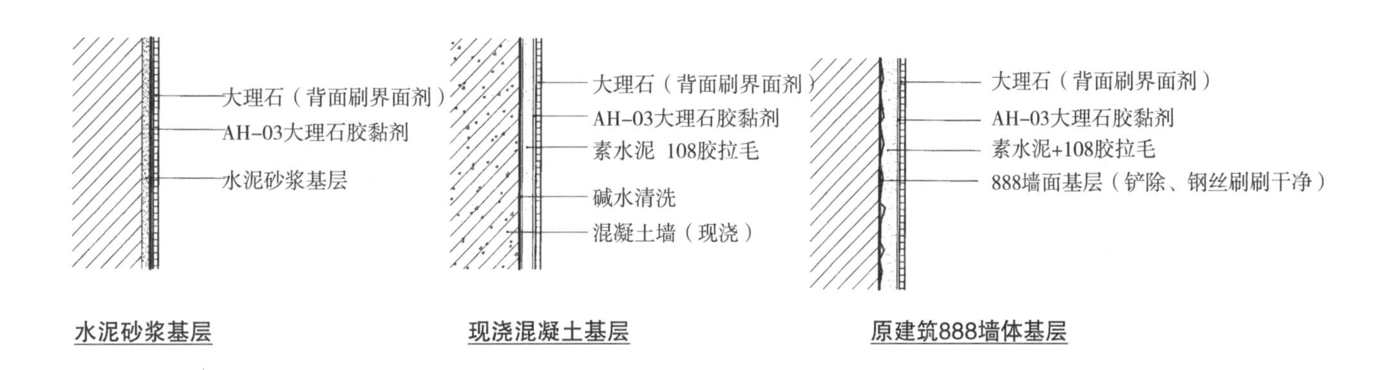

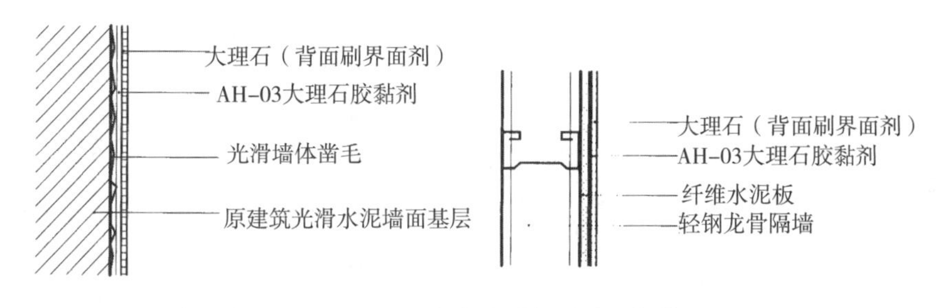

图3-3　大理石墙面铺贴工艺（更换材料）

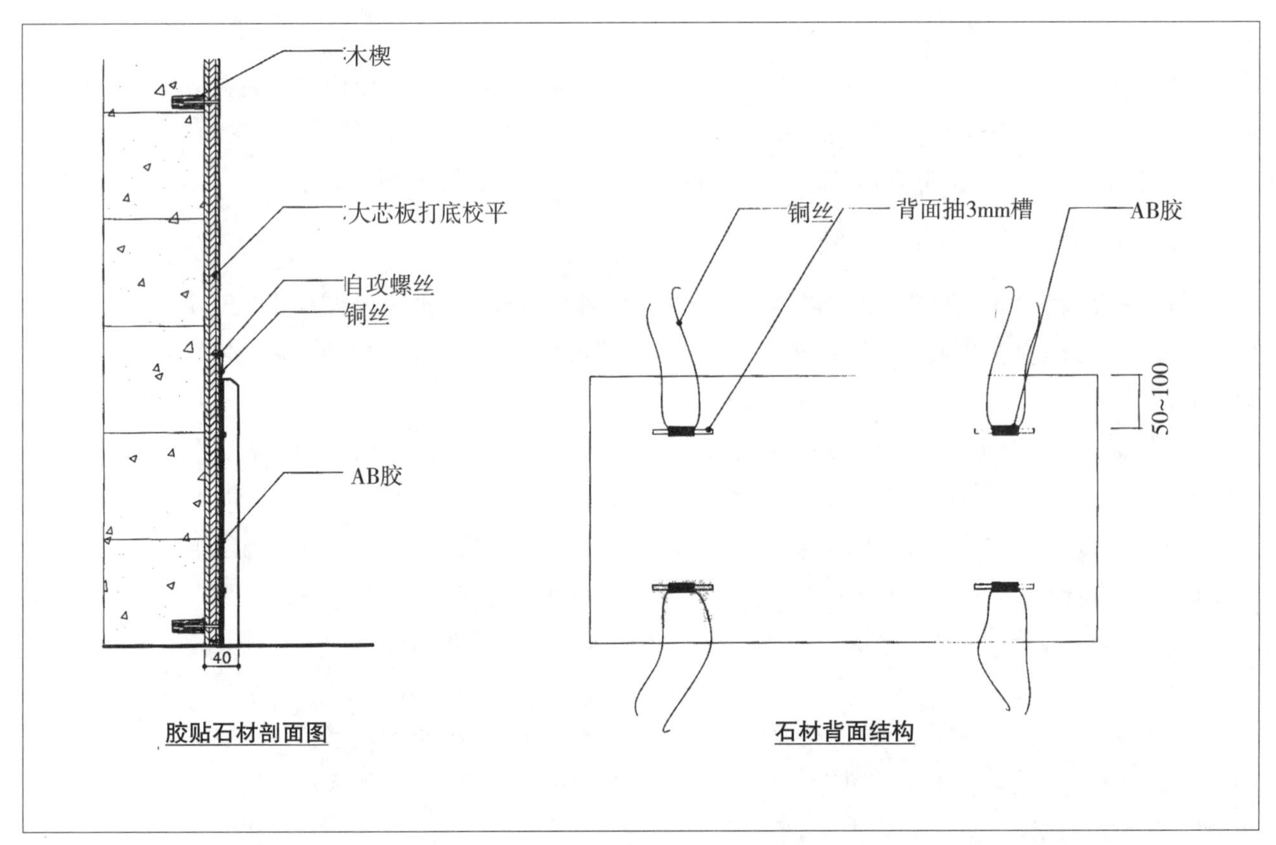

图3-4　大理石墙面铺贴工艺（材料更换）

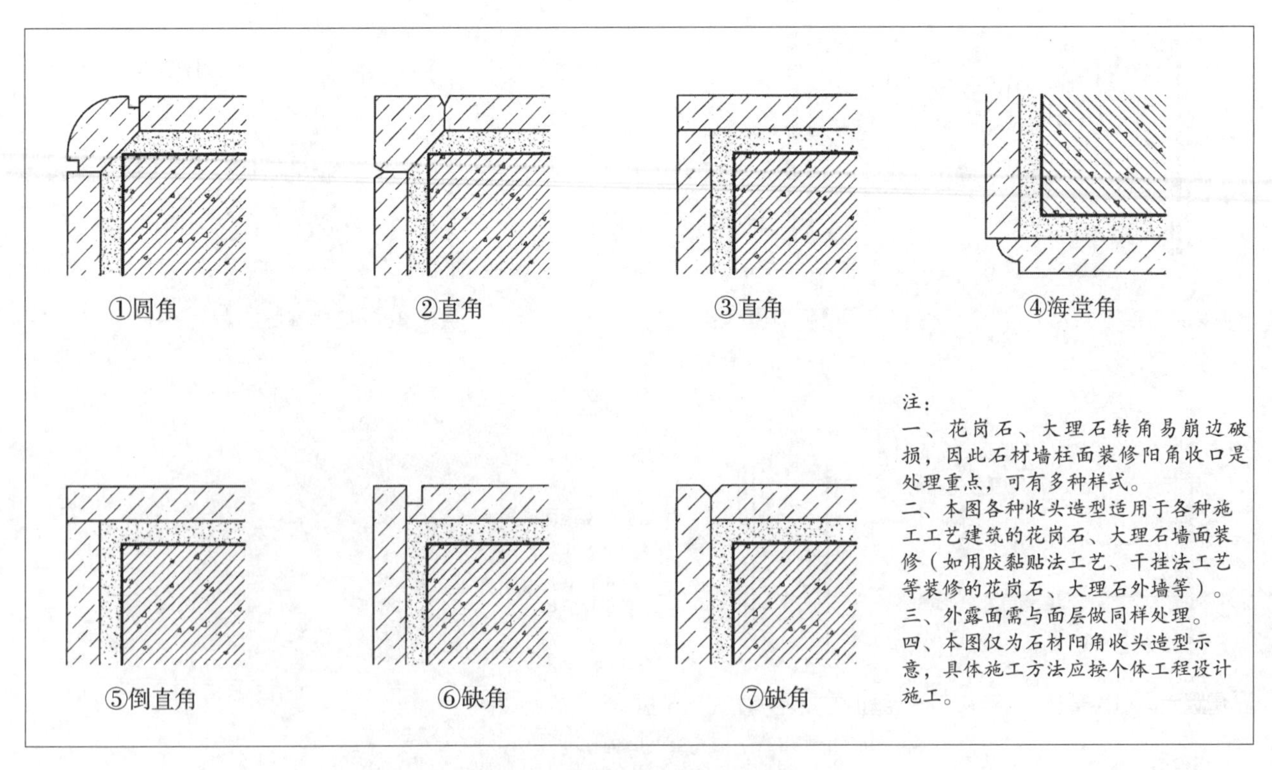

图3-5　大理石墙面阳角处理示意

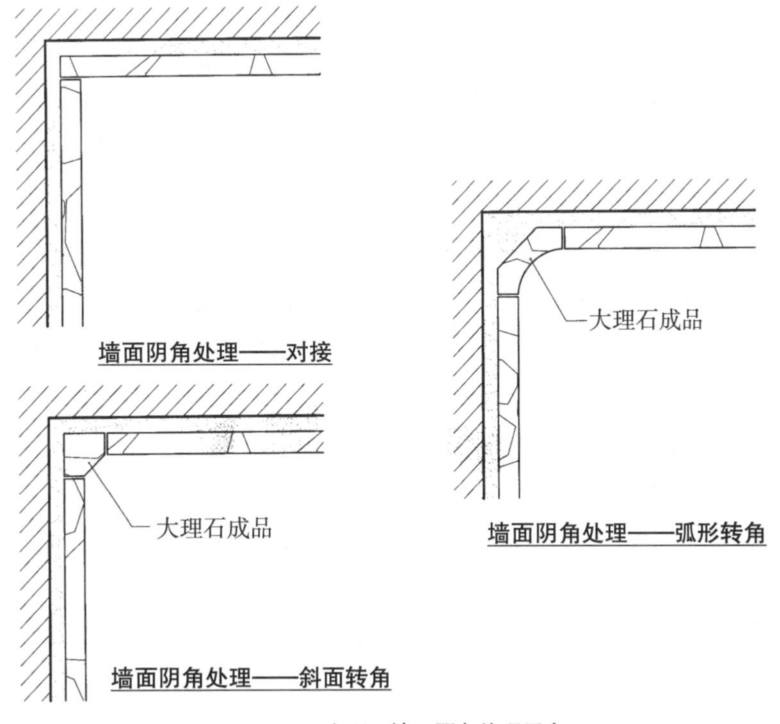

图3-6　大理石墙面阴角处理示意

（四）大理石、花岗石面材干挂施工工艺

1.材料要求

（1）金属骨架采用的钢材的技术要求和性能要符合现行国家标准，其规格、型号也要符合设计图纸要求。室外如采用型钢，最好选用热浸镀锌产品。

（2）石板：按设计图纸准备备料，例如花岗石应经过见证取样，其放射性指标必须符合有关规定。

（3）石板加工应符合下列规定：

石板连接部位要求无崩坏、暗裂等缺陷。石板的品种、几何尺寸、形状、花纹图案造型、色泽也应符合设计要求。石板厚度不能小于25mm。

（4）其他材料：不锈钢垫片、泡沫棒、膨胀螺栓，按照设计规格、型号并应选用不锈钢制品；挂件应该选用不锈钢或铝合金质地，其大小、规格、厚度、形状应该符合设计要求；螺栓需选用不锈钢制品，其规格、型号也应符合设计要求并与挂件配套；另外有平垫、弹簧垫、云石胶、环氧胶黏剂、嵌缝膏（耐候胶）、水泥、颜料等由设计选定。

2.施工机具

主要机具包括：云石机、台钻、电锤、电焊机、扳手、靠尺、水平尺、盒尺、墨斗、锤子等。

3.作业条件

（1）结构经过验收合格，水、电、通风、设备等工作应提前完成，并准备好现场加工饰面板时所需的水、电源等。

（2）脚手架或操作平台要提前支搭好，适合选用双排架子，脚手架距墙间隙应该满足安全规范的要求，同时最好留出施工操作空间，架子的步高要符合施工的要求。

（3）有门窗套的必须要把门框、窗框立好（位置准确、垂直、牢固、并考虑安装石板时尺寸的余量）。同时需要用1：3水泥砂浆将缝隙堵塞严实。铝合金门窗框边缝所用嵌缝材料要符合设计要求，塞堵密实并事先粘贴好保护膜。

（4）大理石或花岗石等材料进场后应堆放于室内，下方垫方木，核对数量、规格，并预铺对花、编号备正式铺贴时按号取用。

（5）大面积施工前要放出施工大样，并做出样板，经质检部门鉴定合格后才可按样板工艺操作施工。

（6）对进场的石料要进行验收，颜色不均匀时需进行挑选，必要时要进行试拼编号。

4.操作工艺

（1）工艺流程：吊垂直、套方找规矩→龙骨固定和连接→石板黏背板→挂件安装→石板安装→打胶或擦缝。

（2）操作工艺：

①吊垂直、套方找规矩：

a.在建筑物的四大角和门窗洞口边处用经纬仪打出垂直线；如果建筑物为多层，可以从顶层开始使用特制的大线坠，绷铁丝吊垂直；然后根据门窗、楼层水平基线交圈找到控制点。

b.弹线：按照设计分块的大样图，在地面、墙面上分别弹出底层石材位置线和墙面石材的分块线。

②龙骨固定和连接：

a.在墙面上，根据石材的分块线和石板开槽（打孔）位置弹出纵横向龙骨位置线。

b.埋件：干挂石材最好采用墙面预埋铁件的办法，如果采用后置埋件应符合设计图纸要求。

c.焊接将钢型材龙骨焊接在埋件上。最好先焊接竖向龙骨，焊接的焊缝高度、长度应该符合设计要求，经过检查合格后按照分块线位置焊接水平龙骨。水平龙骨焊接前应该根据石板尺寸、挂件位置提前进行打孔，孔径一般要大于固定挂件的螺栓1~2mm，左右方向最好打成椭圆形，以便挂件时进行左右调整。

d.经检查水平高度和焊缝符合设计要求后要将焊渣敲干净。

e.涂刷防腐材料。一般情况下，室内钢材涂刷两遍防锈漆、室外焊缝先涂刷一遍富锌底漆，干燥后再涂刷防锈漆1～2遍，要求涂刷要均匀，不能漏刷。

③石板黏背板：

将石板背面用于云石胶黏结预制好的背板楞条，背板与石板不能满黏，短平槽长度应大于100mm，在有效长度内槽深不宜小于15mm；开槽宽度宜为6～7mm（挂件：不锈钢支撑板厚度不宜小于3mm、铝合金支撑板厚度不宜小于4mm）。弧形槽的有效长度不应小于80mm。两挂件间的距离一般不应大于600mm。设计没有要求时，两短槽边距离石板两端部的距离不应小于石板厚度的3倍且不应小于85mm，也不应大于180mm。石板开槽后不能有损坏或崩边现象，槽口应打磨成45°倒角，槽内应光滑、洁净。开槽后要将槽内的石屑吹干净或冲洗干净。

④挂件安装：

将挂件用螺栓临时固定在横龙骨的打眼地方，安装时螺栓的螺帽应朝上，同时应将平垫、弹簧垫安放齐全并且适当拧紧。将首层石板逐块进行试挂，位置不相符时应调整挂件的左右使其相符。

⑤石板安装：

a.短槽式：

首层石板安装，进行检查沿地面层的挂件，如平垫、弹簧垫安放齐全则拧紧螺帽。将石板下的槽内抹满环氧树脂专用胶，然后将石板插入；调整石板的左右位置找完水平、垂直、方正后将石板上槽内抹满环氧树脂专用胶。

将上部的挂件支撑板插入抹胶后的石板槽并拧紧固定挂件的螺帽，再用靠尺板检查有无变形。环氧树脂胶凝固后依同样方法按石板的编号依次进行石板块的安装。首层板安装完毕后再用靠尺板找垂直、水平尺找平整、方尺找阴阳角方正、用游标卡尺检查板缝，发现石板安装不符合要求应及时修正。按上述方法的第2、3步进行第二层及各层的石板安装。（图3-7至图3-11）

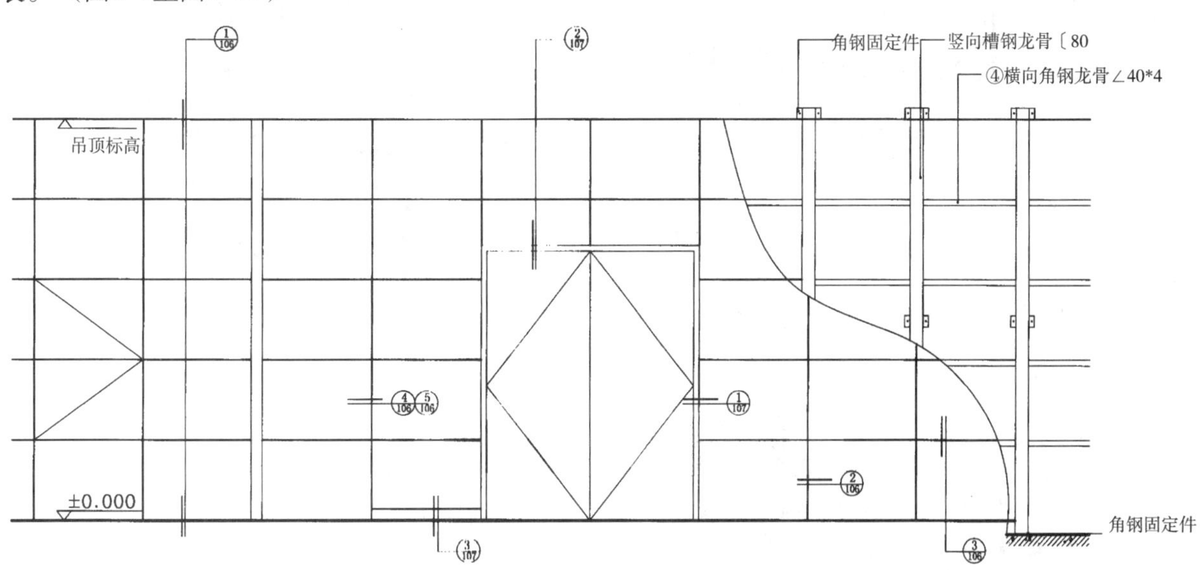

图3-7　干挂大理石墙面示意图（单位：mm）

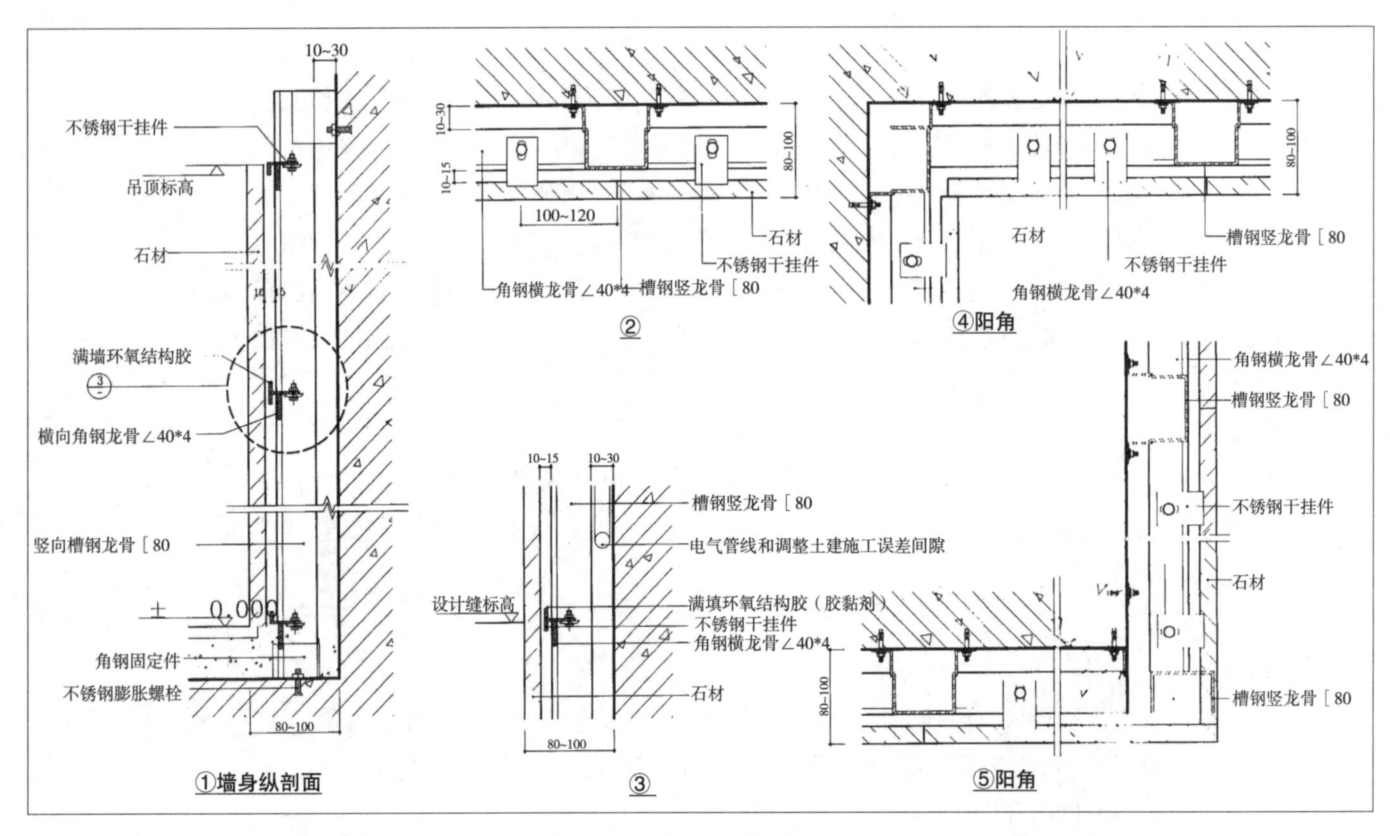

图3-8　干挂大理石墙面节点

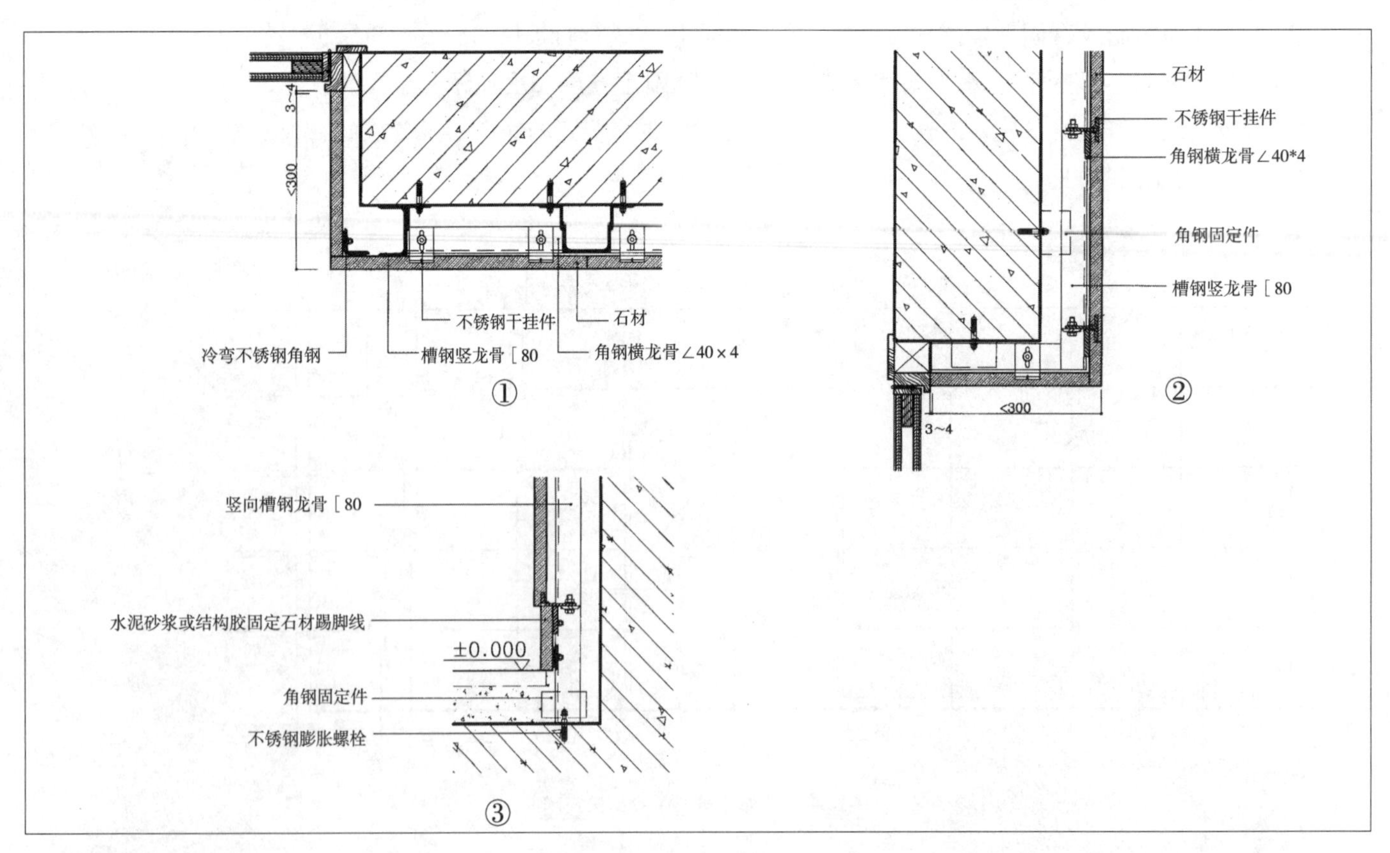

图3-9　干挂大理石墙面节点（单位：mm）

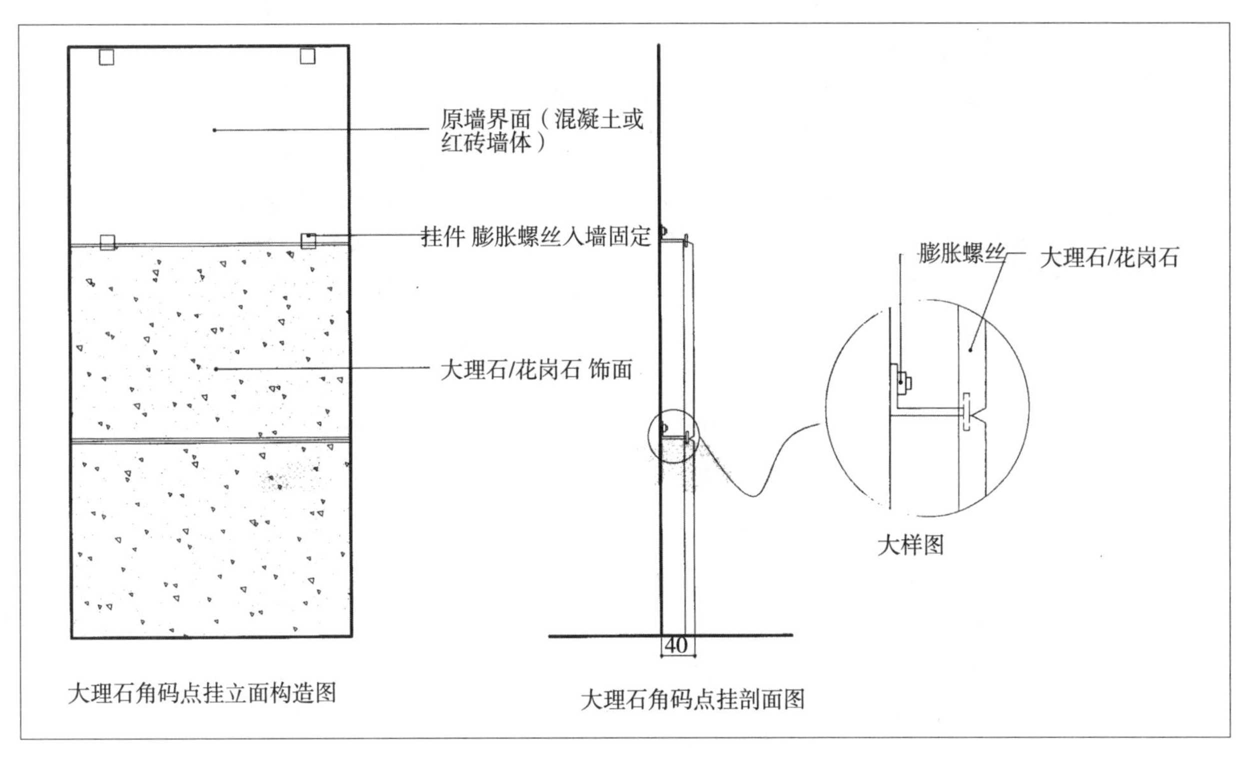

图3-10　干挂大理石墙面节点

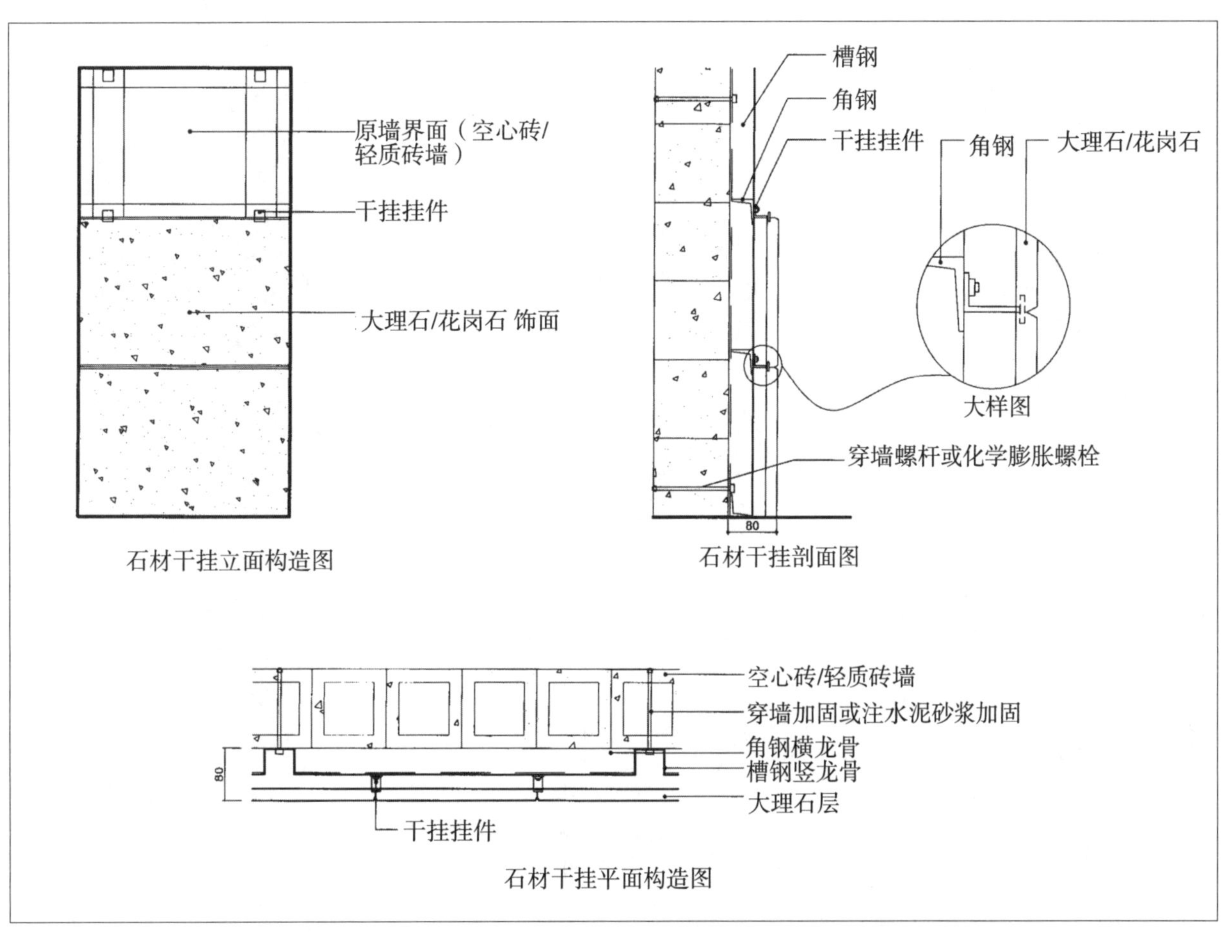

图3-11　干挂大理石墙面节点

b.销针式：

首层石板安装。对沿地面层的挂件（俗称舌板）进行检查，如平垫、弹簧垫安放齐全则拧紧螺帽。将石板下的孔内抹满环氧树脂专用胶并插入钢针，然后将石板插入；再调整石板的上下、左右缝隙位置找完水平、垂直、方正后将石板上孔内抹满环氧树脂专用胶。将石板上部固定不锈钢舌板的螺帽拧紧，将钢针穿过不锈钢舌板孔并插入石板孔底；再用靠尺板检查有无变形。等环氧树脂胶凝固后按同样方法按石板的编号依次进行石板块的安装。首层板安装完毕后再用靠尺板找垂直、水平尺找平整、方尺找阴阳角方正、用游标卡尺检查板缝，如有石板安装不符合要求应及时修正。按上述方法的第2、3步进行第二层及各层的石板安装。在第2层以上石板安装时，如石板规格不准确或水平龙骨位置偏差造成挂件与水平龙骨之间有缝隙，要在挂件与龙骨间采用不锈钢垫片垫实。

首层石板安装时，如果沿地面层的挂件无法按正常方法施工，可以采取以下方法：在地面标高线向上的墙面上100mm高处安装水平龙骨，并固定135° 的不锈钢干挂件。在石板背面按挂件位置开45° 斜槽，在斜槽内抹上胶之后再插到挂件上，调整好石材的平整度、垂直度后将上部的挂件支撑板插入抹胶后的石板槽并拧紧固定挂件的螺帽。（图3–12）

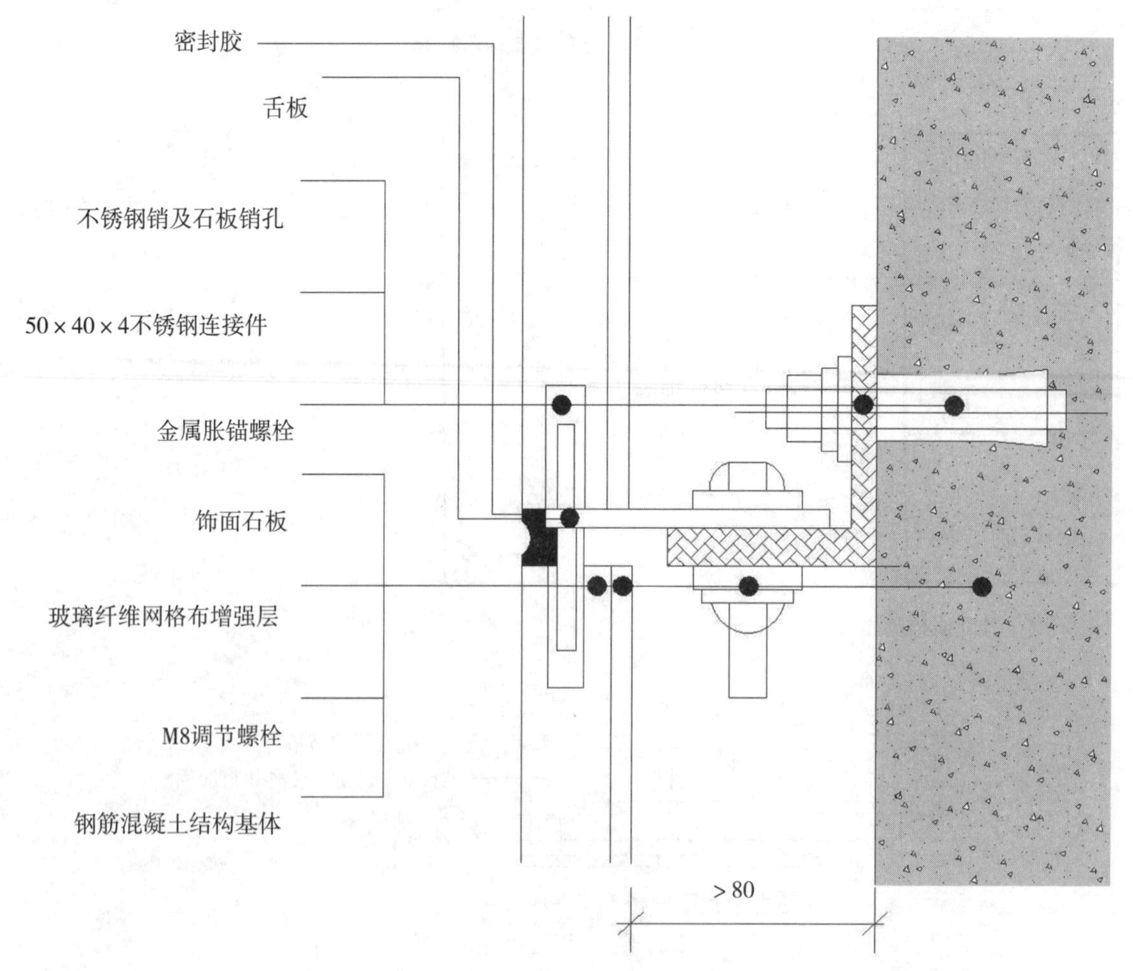

图3–12　石材销针式干挂工艺结构示意图（单位：mm）

⑥擦缝、打胶。

擦缝：设计为密缝时的石板安装完毕后，用麻布将石板表面擦干净，并按石板颜色调制色浆嵌缝，边嵌边擦干净，使缝隙密实、均匀、干净、颜色一致。

打胶：用麻布擦干净石板表面，在石板的缝隙内放入与缝大小相适应的泡沫棒，使其凹进石板表面3~5mm并均匀直顺，然后用注胶枪注耐候胶，让缝隙密实、均匀、干净、颜色一致、接头处光滑。

5.质量标准

（1）干挂石材墙面所用到材料的品种、规格、性能和等级，要符合设计要求及国家现行产品标准和工程技术规范的规定。石材的弯曲强度不应小于8.0MPa；吸水率要小于0.8%。干挂石材墙面的铝合金挂件厚度不应小于4.0mm，不锈钢挂件厚度不应小于3.0mm。

（2）干挂石材墙面的造型、立面分格、颜色、光泽、花纹和图案要符合设计要求。

（3）石材孔、槽的数量、深度、位置、尺寸须符合设计要求。

（4）干挂石材墙面主体结构上的预埋件和后置埋件的位置、数量及后置埋件的拉拔力必须符合设计要求。

（5）干挂石材墙面的金属框架立柱与主体结构预埋件的连接、立柱与横梁的连接、连接件与金属框架的连接、连接件与石材面板的连接必须符合设计要求，安装必须牢固。

（6）金属框架和连接件的防腐处理应符合设计要求。

（7）各种结构变形缝、墙角的连接节点应符合设计要求和技术标准的规定。

（8）石材表面和板缝的处理压迫应符合设计要求。

（9）干挂石材墙面的板缝注胶应饱满、密实、连续、均匀、无气泡、板缝宽度和厚度应符合设计要求和技术标准的规定。

二、人造石材墙柱面施工工艺

人造石材是以不饱和聚酯树脂为黏结剂，配以天然大理石或方解石、白云石、硅砂、玻璃粉等无机物粉料，以及适量的阻燃剂、颜料等，经过配料混合、瓷铸、振动压缩、挤压等方法成型固化制成的。与天然石材相比，人造石材具有色彩艳丽、光洁度高、颜色均匀一致，抗压耐磨、韧性好、结构致密、坚固耐用、比重轻、不吸水、耐侵蚀风化、色差小、不褪色、放射性低等优点。具有资源综合利用的优势，在环保节能方面具有不可低估的作用，而且也是名副其实的建材绿色环保产品，已经成为现代建筑首选的饰面材料。

（一）人造石材

1.定义

人造石材是一种人工合成的装饰材料。按照所用黏结剂不同，可分为有机类人造石材和无机类人造石材两类。

2.特点

与天然石材相比，人造石材具有色彩艳丽、光洁度高、颜色均匀一致、抗压耐磨、韧性好、结构致密、坚固耐用、比重轻、不吸水、耐侵蚀风化、色差小、不褪色、放射性低等优点。（图3–13）

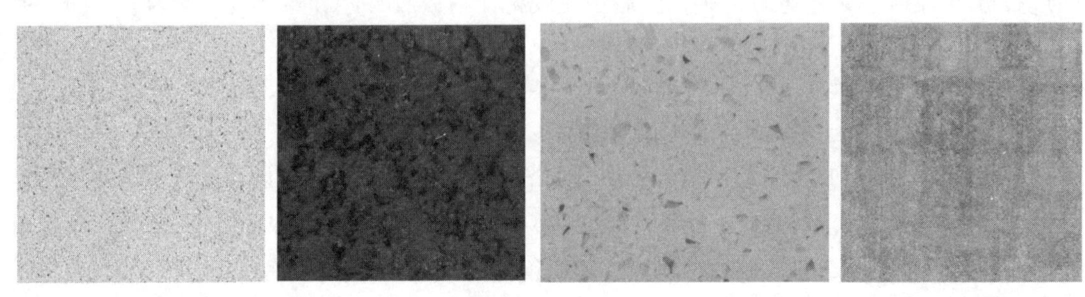

图3–13　人造石材

3.分类

按生产工艺过程的不同，人造石材可分为聚酯型人造大理石、复合型人造大理石、硅酸盐型人造大理石、烧结型人造大理石四种类型。

（1）按溶剂类型可分为水基型防护剂、溶剂型防护剂、乳液型防护剂。

（2）按溶解性能可分为油性防护剂、水性防护剂。

（3）按溶质成分可分为丙烯酸型防护剂、硅丙型防护剂、有机硅型防护剂、氟化硅型防护剂。

（4）按作用机理可分为成膜型防护剂、渗透型防护剂。

（5）按界面作用力可分为憎水性石材防护剂、亲水性石材养护剂。

（6）按防护用途可分为底面石材养护剂、表面石材养护剂、特殊石材品种专用养护剂、通用型石材防护剂。

（7）按防护效果可分为防水型防护剂、防污型防护剂、综合型防护剂、专业型防护剂。

4.用途

常用在宾馆、饭店、商场、银行等公共建筑物内部装饰及门面装饰。也用于居室窗台和厨房操作台等。人造石材可以根据不同的要求配方做成一种先进的合成物，因其具有特殊的组成成分，使得它很难被磨损，又因为颜色和图案深及材料表里，所以，对材质中凹纹、缺口、刮痕甚至比较严重的磨损，只要采取相应的办法进行翻新，便可恢复如初。

（二）人造石材施工工艺

1. 人造石材施工理念

随着人造石制造水平不断的提高，其质量和性能也已经优于天然石材，使用时也比天然石更加地讲究。由于人造石吸水率极低，表面光滑难以粘贴，所以用传统水泥砂浆黏结铺贴时，如果处理不当就容易出现水斑、变色，从而导致比天然石材更多的空鼓、开裂、脱落、鼓包等各种问题出现。

为了避免这种不良现象的出现，经专家反复研究，使用人造石胶黏剂具有黏结强度高、柔韧性好、耐候、避免空鼓、减少石材病变等一系列优异的性能。

2.施工前注意事项

（1）人造石要避免滚摔、碰撞所造成板材存放的暗裂或损伤。室外堆放时，应盖上防水布以防被雨、雪淋湿。

（2）施工之前一定要重视基面的处理，必须保证基面（先行打底的水泥砂浆）结实、平整、无空鼓，清洁干净，无油污、脱膜剂、浮尘和松散物等污渍，无结构裂缝和收缩裂缝。

（3）保证基面在人造石材安装之前就已经完全固化。

3.安装施工方法

（1）先将墙壁的基面用清水淋湿，等到表面没有明水时就可以作黏结剂施工。

（2）确认基面没有明水，批刮专用人造石胶黏剂（条形状/满批刮）厚度需3mm以上，石材背面是同样的做法，厚度为2~3mm，然后粘贴石材。

（3）在规定时间内（按胶黏剂产品使用说明要求）要贴完石材，黏贴时要轻微地扭转和上下搓动石材或用木槌轻轻地敲打，使石材与胶黏剂紧密地贴合。(针对墙身铺贴，施工队亦可根据设计要求再加挂铜线固牢）。

（4）校正水平与邻板之间的接缝时，注意石材之间应要预留2mm以上的接缝。

（5）初步清洁附在板材表面上的污物，黏贴好的石材3天后（可根据专用人造石胶黏剂的使用说明）就可以进行清缝、填缝处理，填缝时应使用人造石材专用填缝剂。

（6）填缝处理后要清洁（不能用含酸碱性清洁剂，建议采用专用人造石清洁剂）附在板材表面的填缝料和污物。

（7）石材铺贴后，经过验收与清理后才能把薄膜撕开。

三、瓷砖面层饰面的施工工艺

瓷砖装饰墙面及物体，会使房间显得洁净卫生，不易积垢，做清洁卫生工作变得方便，瓷砖墙面装饰一般使用于卫生间、厨房、生产车间、实验室等地方。目前瓷砖饰面施工方法有两种：一种是传统的做法，主要是采用水泥砂浆粘贴，这种方法，施工强度较大，容易产生空鼓、脱落现象；另一种则是用胶黏剂黏贴。

（一）瓷砖材料

1.室内装饰工程常用磁砖

（1）通体砖：通体砖的表面不需要上釉，而且正面和反面的材质和色泽一致，因此而得名。通体砖比较耐磨，但其花色却比不上釉面砖丰富。其分类分为防滑砖、抛光砖和渗花通体砖。适用范围被广泛使用在厅堂、过道和室外走道等地面，一般较少使用于墙面。

（2）釉面砖：釉面砖就是砖的表面经过烧釉处理后的砖。一般来说，釉面砖比抛光砖色彩和图案更丰富，同时起到防污的作用。但因为釉面砖的表面是釉料，所以耐磨性却不如抛光砖。分类按原材料分为陶制釉面砖和瓷制釉面砖。依光泽的不同，又可分为亚光和亮光两种。厨房应选用亮光釉面砖，最好不要用亚光釉面砖，因为油渍进入砖面之中，会很难清理。釉面砖还适用于卫生间阳台等地方。

（3）抛光砖：抛光砖就是通体砖经过打磨抛光后而成的砖。相对于通体砖的平面粗糙来说，抛光砖就显得要光洁多了。这种砖的硬度非常高，非常耐磨。在运用了渗花技术的基础上，抛光砖能够做出各种仿石、仿木效果。分类可以分为渗花型抛光砖、微粉型抛光砖、多管布料抛光砖以及微晶石。适用范围：除卫生间、厨房外，其余多数室内的空间都可以使用。

（4）玻化砖：玻化砖由石英砂、泥按一定比例烧制而成，然后再经过打磨光亮，但不需要抛光，表面像玻璃镜面一样光滑透亮，是所有瓷砖当中最硬的一种。玻化砖在吸水率、边直度、弯曲强度、耐酸碱性等方面都会优于普通釉面砖、抛光砖及一般的大理石。但是玻化砖也不是完美的，它的缺陷就是经过打磨之后，毛气孔会暴露在外，灰尘、油污等很容易渗入。地面砖也属于抛光砖的一种。玻化砖适用于客厅、卧室、走道等地方。

（5）马赛克：马赛克砖是一种特殊的砖，它一般由数十块小块的砖组合成一个相对的大砖。它耐酸、耐碱、耐磨、不渗水，抗压力强，且不易破碎。它主要可分为陶瓷马赛克、大理石马赛克、玻璃马赛克。它因小巧玲珑、色彩斑斓而被广泛地使用于室内外墙面和地面。

现代瓷砖工艺技术不断壮大发展，还衍生出了多种创意瓷砖来迎合人们不断更新的家居装修理念。如喷墨印花砖、木纹砖等。（图3-14）

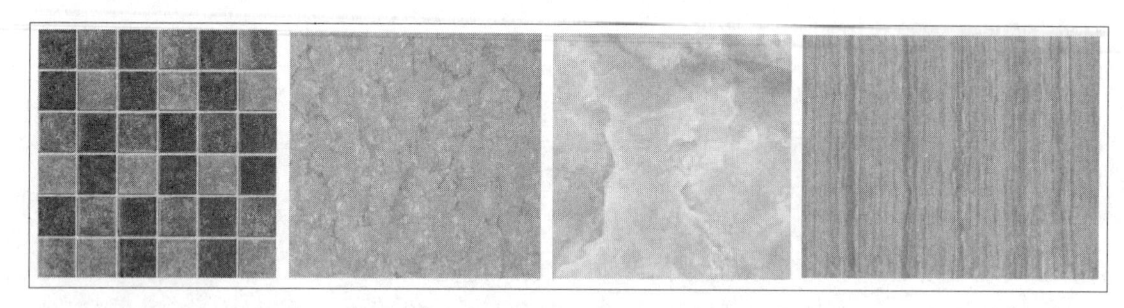

图3-14　磁砖

2.室内装饰工程用磁砖的主要技术性质

（1）外观质量：产品的规格尺寸、平整度以及表面质量。

（2）吸水率：吸水率主要反映的是产品的致密程度大小。

（3）热稳定性：反映产品承受温度剧烈变化而没有被破坏的性能。该性能对釉面砖而言尤为重要。

（4）机械强度：机械强度包括抗折强度、抗冲击强度以及硬度等。

（5）白度：用比色法或者双光光电白度测量，标准的白度定为80。一般釉面砖白度则不低于78。

（二）瓷砖施工工艺

1.传统方法粘贴瓷砖施工工艺

（1）主要材料要求。

①水泥：使用325号普通水泥或者矿渣水泥；

②白水泥：使用325号或用425号白水泥（用于调制素水泥浆擦缝用）；

③砂：中砂，应用窗纱过筛，且含泥量应小于3%；

④瓷砖：以1mm差距分类选出1～3个规格，分类存放，选好按计划的用量；选砖时，要求砖角方正、平整、颜色均匀且无色差，无凹凸扭曲和裂纹夹心等现象。

⑤其他材料：白灰膏须充分地熟化。

（2）施工前的准备工作。

①施工条件：墙面抹灰、顶层抹灰及地面防水层和混凝土垫层要做好，主体结构要检查验收合格；水电管线要已经安装完毕、管洞已经堵好；门窗框、扶手、阳台栏板已经安装好，位置正确，连接处的缝隙应使用水泥砂浆嵌塞密实；墙面上需安装的卫生洁具，预埋木砖已经准确安置；墙面弹水平线。

②施工工具：金钢钻割刀、水平尺、墨斗、灰匙子、靠尺板、木锤、尼龙线、薄钢片、手提割锯、细片砂轮、抹布、胡桃钳等。

③瓷砖的润湿：将瓷砖放到清水中浸泡2小时以上，晾干后就可以镶贴了。

④瓷砖的预排：瓷砖在镶贴前需进行预排，以便使接缝均匀。预排时，要注意同一墙面上的横竖排列，不能有一行以上的非整砖，非整砖行应排在次要部位的阴角处。室内镶贴如果无设计规定时，接缝宽度为1～1.5mm。在预排的时候，突出的管线、灯具、卫生设备的支撑部位，应该用整砖套割吻合，不能用非整砖拼凑镶贴，以保证装饰面上的美观。在有脸盆、镜箱的墙面处，应从脸盆下水管中心向两边排砖。

（3）施工应注意的问题。

按设计要求挑选规格、颜色一致的瓷砖，底子灰抹后一般要养护1～2天，才可进行镶贴；镶贴前要找好规矩，计算好纵横砖数和镶贴块数；先使用废瓷砖按粘贴层厚度用砂浆贴上灰饼，然后上下挂直，横向拉平；铺贴时，根据已经弹好的水平线，在最下面一皮砖的下口放好直尺，然后使用水平尺进行检验，作为贴第一块砖的依据；镶贴每块瓷砖，使其与基层粘贴密实，凡遇黏结不牢、缺灰的情况时，应取下瓷砖然后重新黏结，不得在砖口处塞灰，以防止空鼓；镶贴时，一般从阳角开始，使不成块的瓷砖留在阴角，先贴大面、后贴阴、阳角和凹槽；如果墙面有孔洞，应先用瓷砖上下左右对准孔洞画好位置，然后将瓷砖用胡桃钳子钳去局部，再进行镶贴。

（4）施工操作方法

①基层和墙面处理：将墙面浮灰和残余砂浆冲刷干净，光滑墙面要凿毛，然后再充分浇水湿润；

②抹底、中层灰：用1：3的水泥砂浆进行打底，收水后再抹中灰层，搓出粗糙面，需检查其平整度和垂直度；

③根据瓷砖尺寸弹线：弹出若干条水平线，控制好水平瓷砖数，注意水平与竖直方向的砖缝隙保持一致；

④做标志块：瓷砖按照粘贴厚度用水泥砂浆粘贴标志块，然后用托线板上下挂直，横向拉通；

⑤镶贴瓷砖：按地面水平线嵌上直靠尺，再用水平尺校正，以作为第一行瓷砖水平方向的依据。镶贴时，瓷砖的下口要直靠尺上，这样，就可以防止瓷砖因自重而向下滑移，以保证其横平竖直。镶贴瓷砖应该从阳角开始，并由下往上进行镶贴。镶贴一般用1：2的水泥砂浆，按照弹好的尺寸线，将瓷砖贴于墙面，用力按压，使其略高于标志块，用铲刀木柄轻轻地敲击，使得瓷砖紧贴于墙面，再和靠尺按标志块将其校正平直。对于高出标志块的，应轻轻地敲击，使其平齐；若低于标志块，则应该取下，然后重新抹灰镶贴。不能在砖口处塞灰，不然会产生空鼓。（图3-15至图3-20）

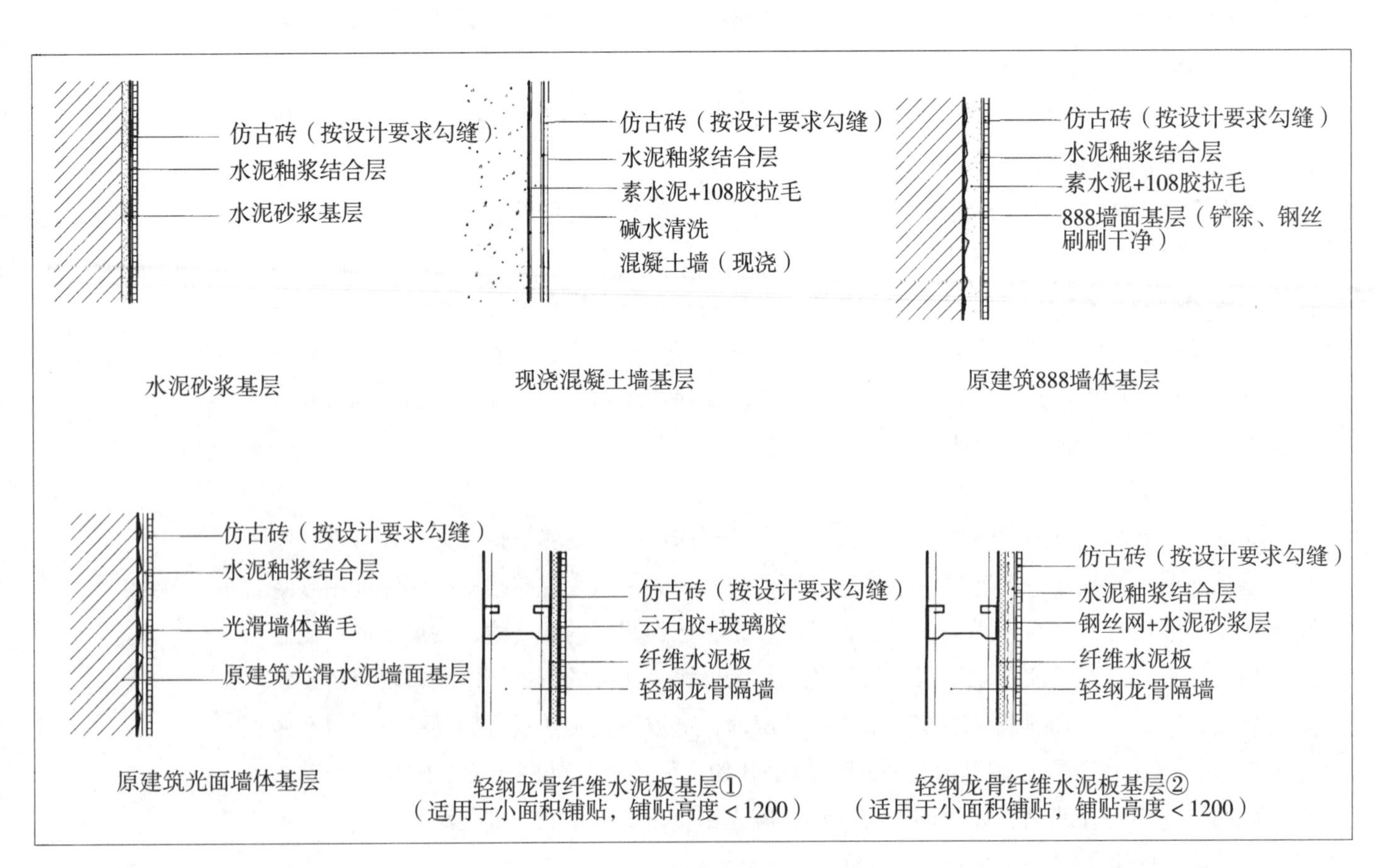

图3-15　仿古砖墙面铺贴工艺（单位：mm）

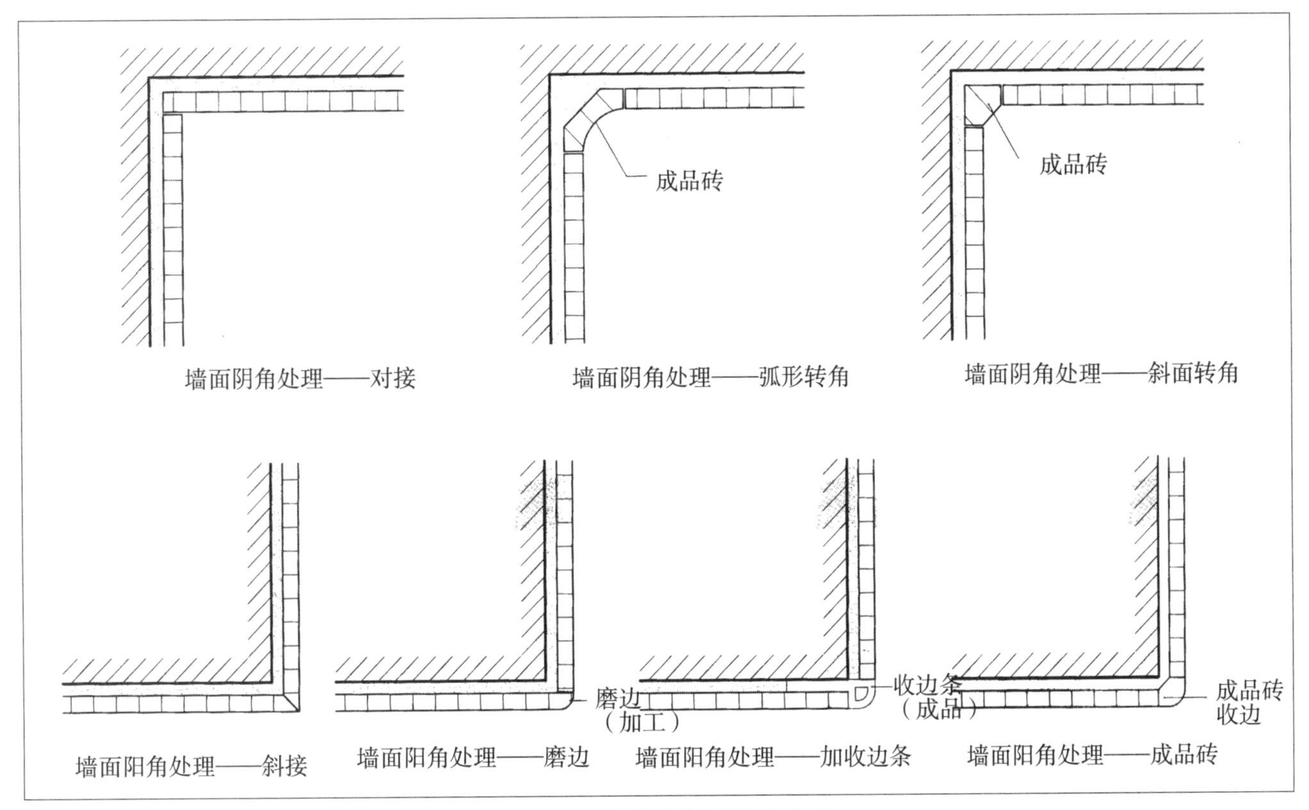

图3-16　仿古砖墙面阴阳角处理

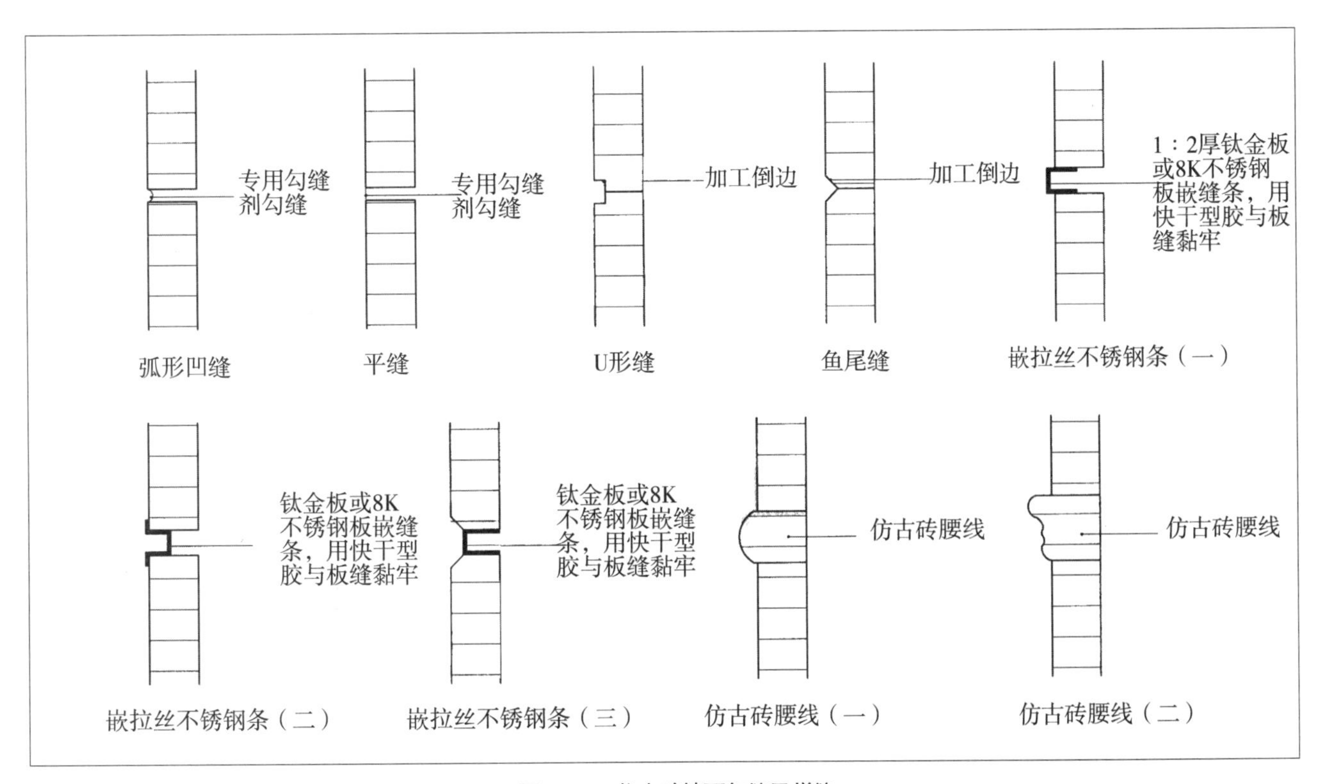

图3-17　仿古砖墙面勾缝及拼缝

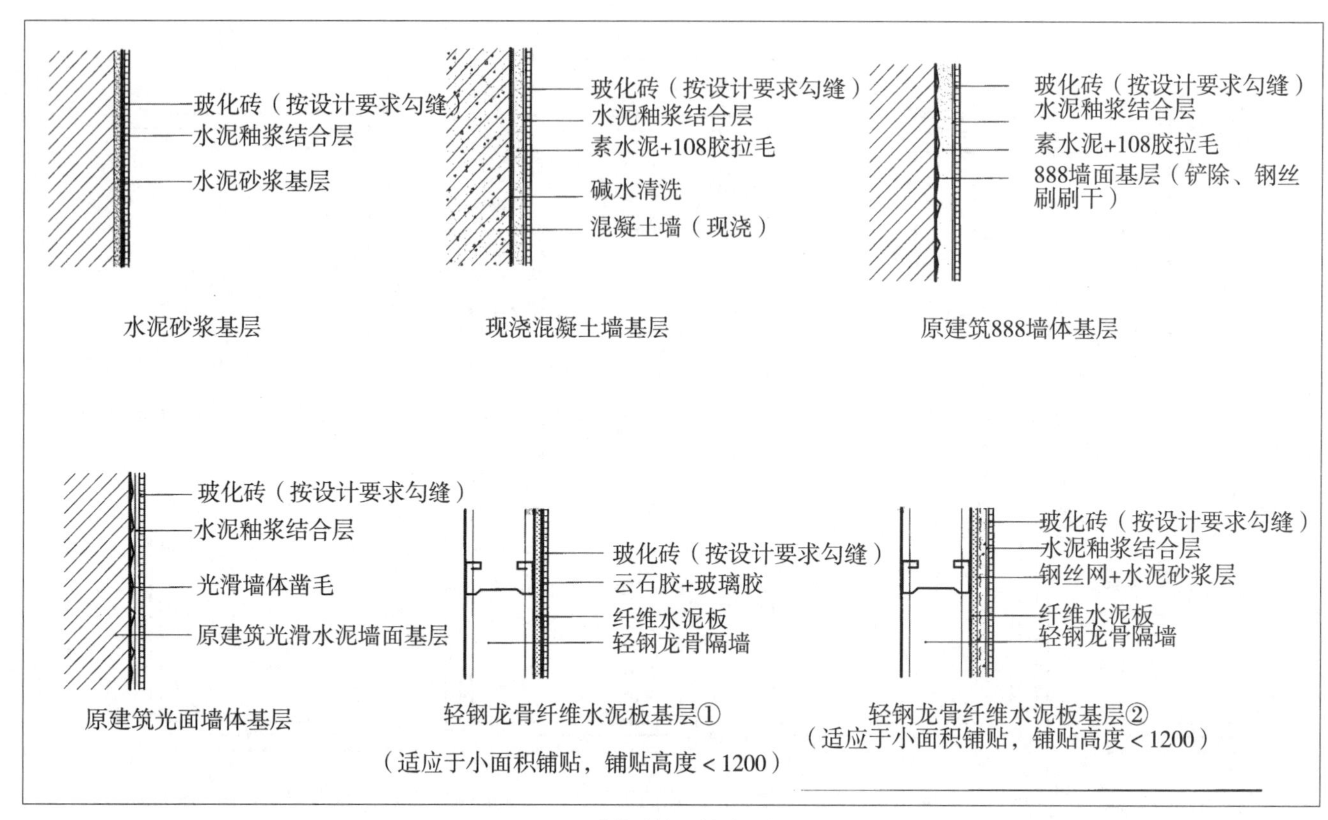

图3-18　玻化砖墙面铺贴工艺

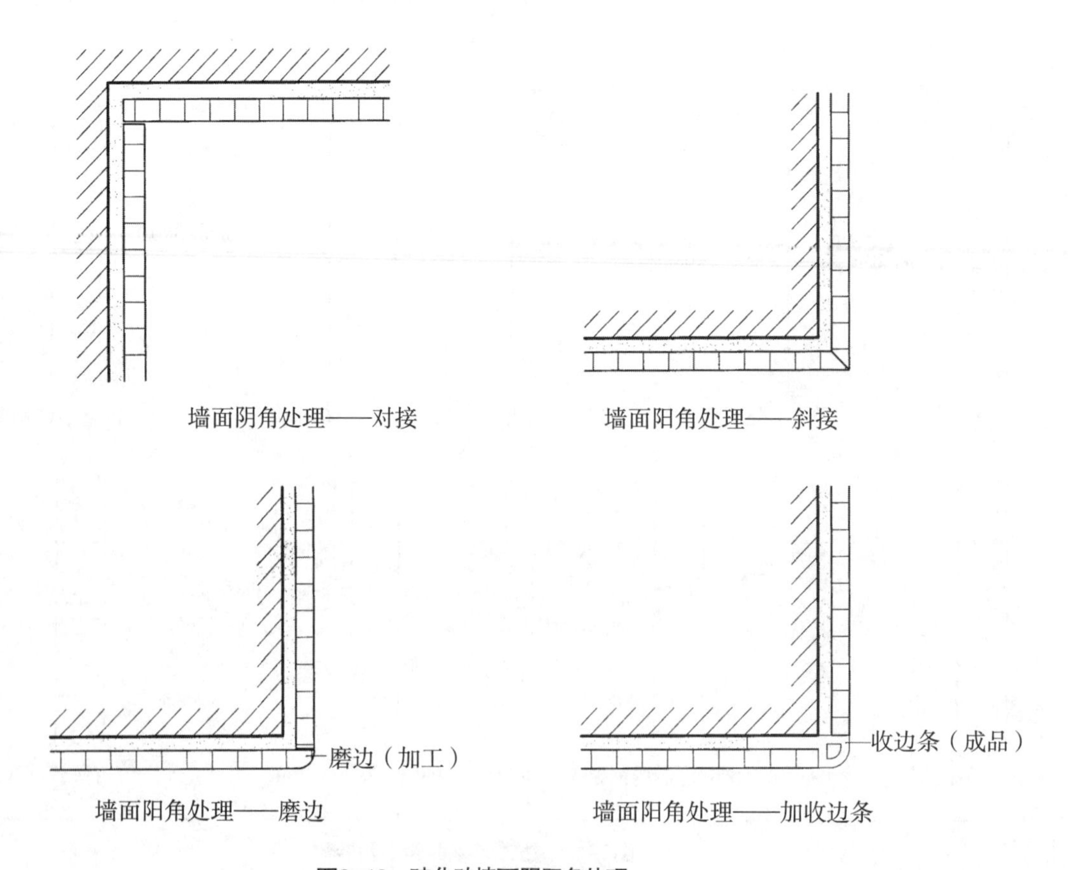

图3-19　玻化砖墙面阴阳角处理

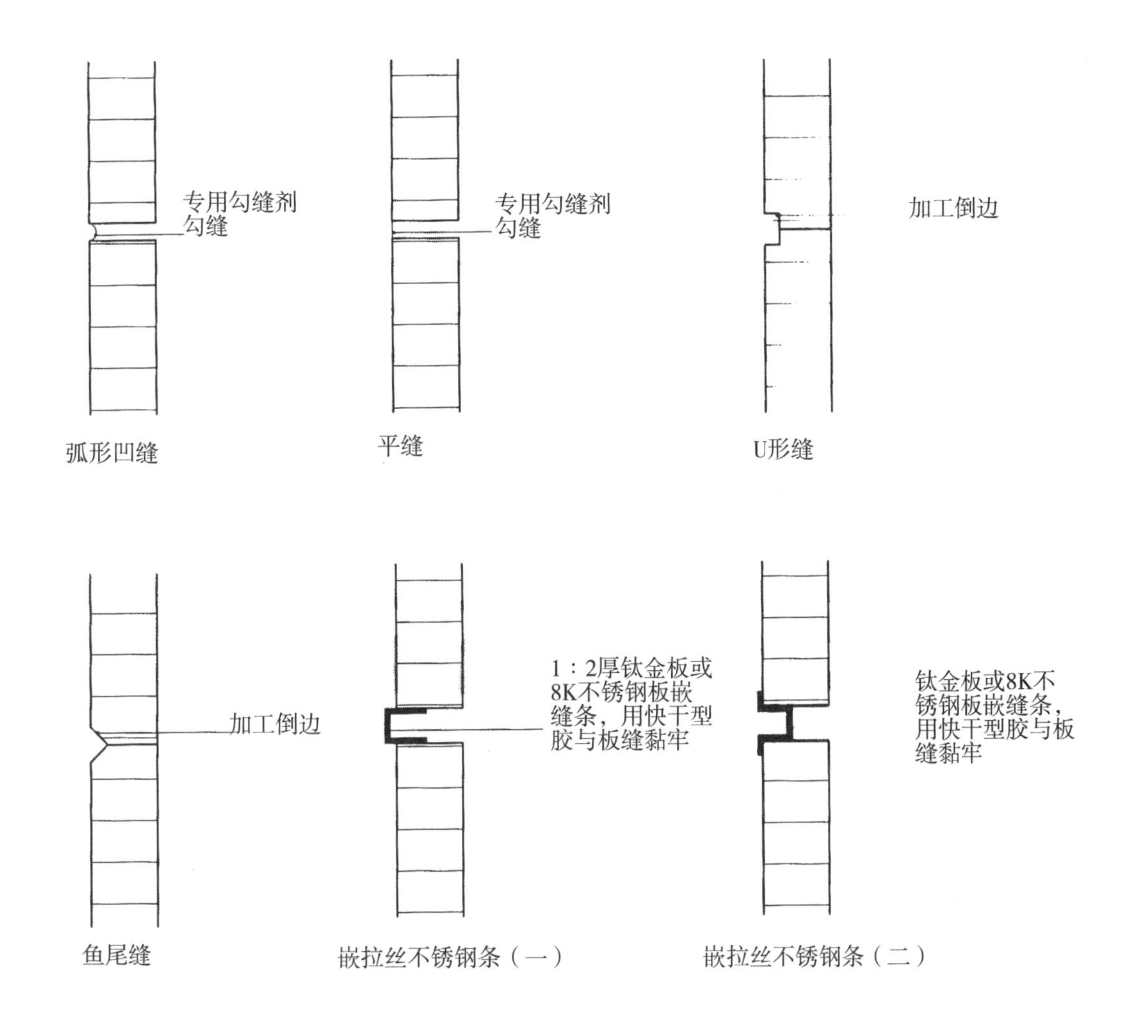

图3-20 玻化砖墙面勾缝及拼缝

⑥清洁面层：瓷砖镶贴完成后，用清水擦洗干净瓷砖表面。接缝处要用白水泥擦嵌密实，并擦净瓷砖表面。整体完工后，要根据不同的污染情况，用棉丝、纱线清理，再用稀盐酸刷洗，并紧接着用水清洗干净。

2.采用黏结剂镶贴瓷砖施工新工艺

（1）施工前的准备工作。

①施工条件：墙面抹灰、顶层抹灰及地面的防水层和混凝土垫层要做好，主体结构必须已经检查验收合格；水电管线已经安装完毕、管洞已经堵好；门窗框、扶手、阳台栏板已经安装好，

位置正确，连接处的缝隙应用水泥砂浆嵌塞密实；墙面上需安装的卫生洁具，预埋木砖已经准确安置；墙面弹水平线。

②材料要求：325号以上的普通硅酸盐水泥，325号以上的白水泥，干净中砂，腻子，SG8407瓷砖黏结剂（或其他同类胶黏剂），瓷砖。

③施工工具：金钢钻割刀、水平尺、墨斗、灰匙子、靠尺板、木锤、尼龙线、薄钢片、手提割锯、细片砂轮、抹布、胡桃钳等。

（2）瓷砖的铺贴工艺

①墙面处理：打扫干净灰渣后，浇水湿润，用SG791胶液拌1：2水泥砂浆抹面，平整度应在3mm以内。

②瓷砖的润湿（同前）。

③墙面弹水平和垂直线：一般情况下瓷砖墙面在2m以下弹一道水平线即可，如果高出2m以上，必须在1m高的地方有一道水平线；墙面太长时，可在1m左右间距处，用垂直线控制；顶部也贴瓷砖时，水平线与垂直线必须要准确，同时阴阳角必须垂直。

④弹线：根据计算好的最下层砖的下口标高，垫放的底层板作为第一块砖下口的标准。在垫底尺的时候必须水平、摆放稳定牢固，间距一般在40cm左右；如果施工现场光线充足，也可以不用底尺，直接弹底线，铺贴时，让第一块砖的下口紧贴底线。

⑤排砖的美观性：为了装饰上的美观、用砖合理，要求按瓷砖的规格尺寸大小和墙的长短、高低尺寸进行排砖，一般以门、窗口边作为排砖的依据，遇到镜箱，也可以根据镜箱中线来排砖。

⑥铺贴瓷砖：采用325号以上标号的普通硅酸盐水泥加入SG8407胶液拌和至宜加工的稠度就行，不能加水；用钢板抹子将黏结浆料横刮在墙面基层上，然后用抹子在黏结浆料上，画出一条条的直楞；铺贴完第一块砖，随即再用橡皮锤轻轻地敲实；用直径不超过瓷砖厚度的尼龙绳放在已经铺好的面砖上方的灰缝位置；紧靠尼龙绳，铺贴第二皮瓷砖；用直尺靠在面砖顶上，检查面砖上口水平，然后再将直尺放在面砖平面上，检查平面凹凸情况后如发现有不平整处随即纠正；如此循环操作，尼龙绳逐块上盘，面砖自下而上逐块铺贴，经过1～2小时后，即可将尼龙绳拉出；每铺贴2～3块瓷砖，就要用直尺或绳锤检查垂直偏差，并随时纠正；当铺贴瓷砖台面时，大面铺贴到上口时，一定要平直成一线，用圆弧形的瓷砖收边线粘贴收边；瓷砖贴完后3～4天，方可进行灌浆擦缝。把白水泥调成糊状后，进行灌缝，等到水泥逐渐变稠时，将缝子擦均匀，防止出现漏擦等现象。

四、木饰面板的材料施工工艺

（一）木饰面板材料

装饰用的木饰面板是将天然木材经过机械加工成厚薄均匀、材质优良、木纹清晰美丽的薄木板后贴于三层胶合板后制成的一类饰面装饰用人工板材。这类型的板材是一种带柔性的装饰材料，对曲面、弯角、线角等处的装饰，可作成形粘贴而减少拼接。

（二）木饰面板的施工工艺

1.施工前的准备工作

材料需要一次性采购齐备；在板材的搬运过程中，应注意避免风吹雨淋带来的受潮和对板面的磨损以及碰伤；在贮存中，应注意防潮，堆放时应平整平放。板材使用之前，为防止板面污染，应用清漆满刷一遍后再使用；对于卷曲的板材可以用清水喷洒，然后放在平整的纤维板上，晾至九成干后方可使用；当墙面高低尺寸不一致的时候，要用钢卷尺量其四周，以最大的尺寸进行下料；施工前，墙面凹的部分应用墙腻子填嵌平。

2.施工工序

（1）基层处理：消除基层表面的砂浆、灰尘、油污；在基层上再进行两次满披腻子，干后用0号砂纸抽样打磨平整；再在基层上涂一层清油（清漆＋香蕉水）。

（2）挂线：粘贴第一幅装饰木饰面板的时候，要用线锤在墙面上弹出装饰木饰面板位置的垂直线，并按墙面上垂直线粘贴第一幅木饰面。

（3）涂胶：用干净的漆刷蘸取胶液均匀地涂于板材的反面和被黏的基层表面，涂刷须均匀，不能漏胶。

（4）粘贴：涂胶之后，需晾干10～15分钟，当被黏表面胶呈半干状态时，就可以将板材贴于基层上；千万不要将整张板材向基层粘贴，以避免产生起壳和变形。

（5）油漆：等待板面水砂纸打磨毛刺、完全干燥之后，在环境通风良好，干净无尘的环境中进行油漆施工。饰面板的油漆一般要选用清漆。根据季节、环境温度与湿度的不同选择不同品种的清漆，同时根据不同清漆的特点，确定涂刷清漆的次数。每遍漆涂刷后应待完全干后才能进行下一遍漆的涂刷。为防止清漆中一些颗粒型物质对涂刷效果的影响，每次涂刷后应用水砂纸对表面进行适当的打磨，刷最后一遍漆的时候应过滤后再涂刷。（图3–21至图3–24）

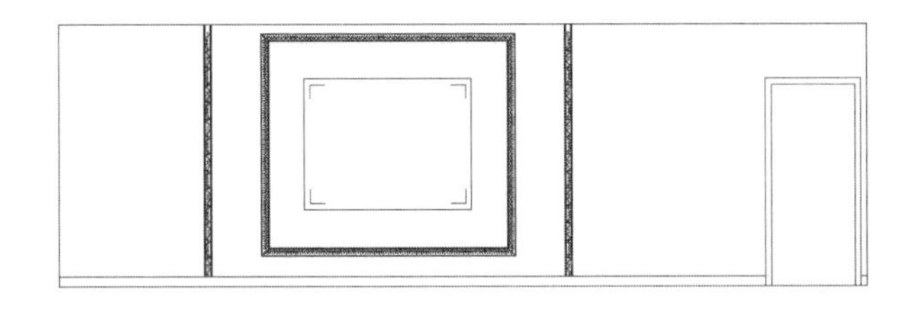

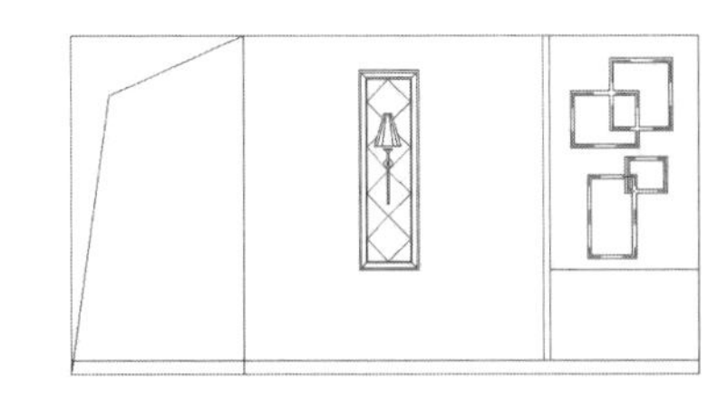

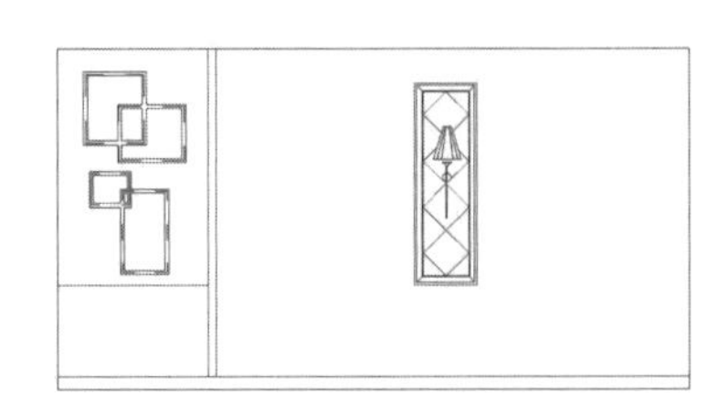

图3–21　木质墙面结构示意图

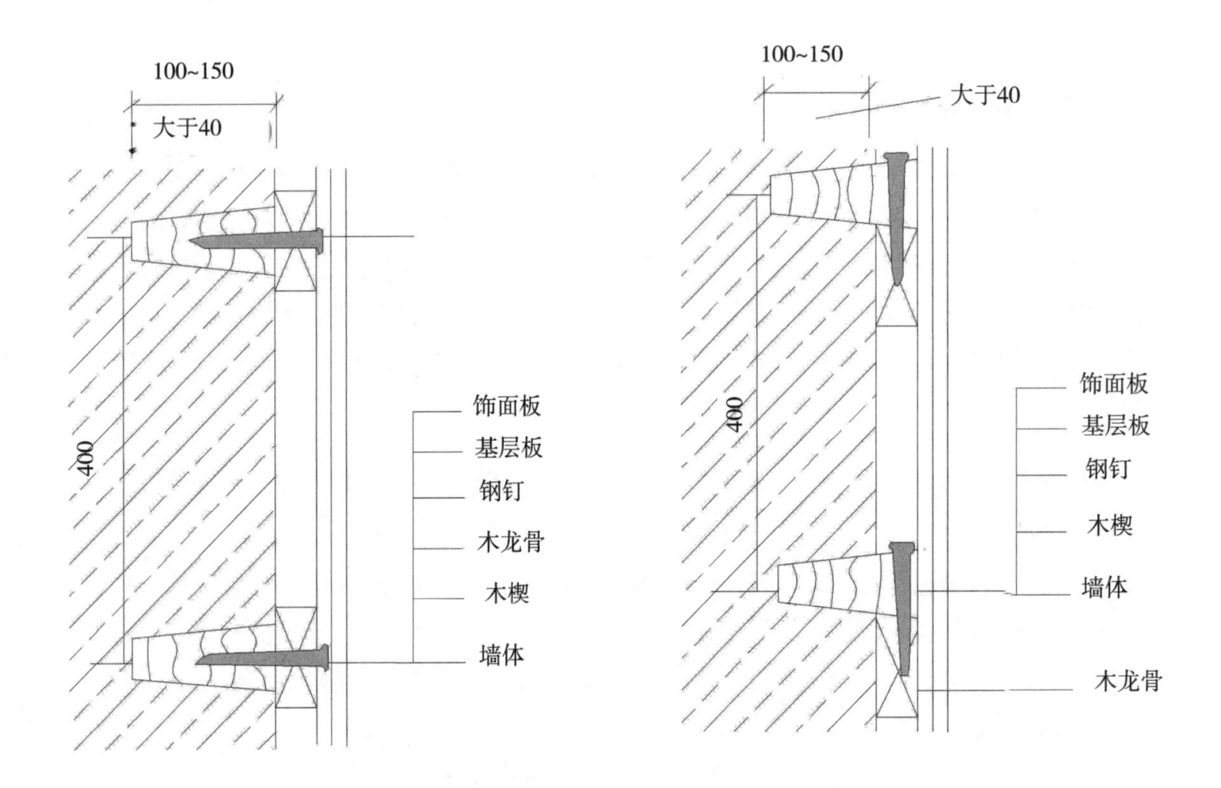

图3-22　木质墙面木楔安装节点（单位：mm）

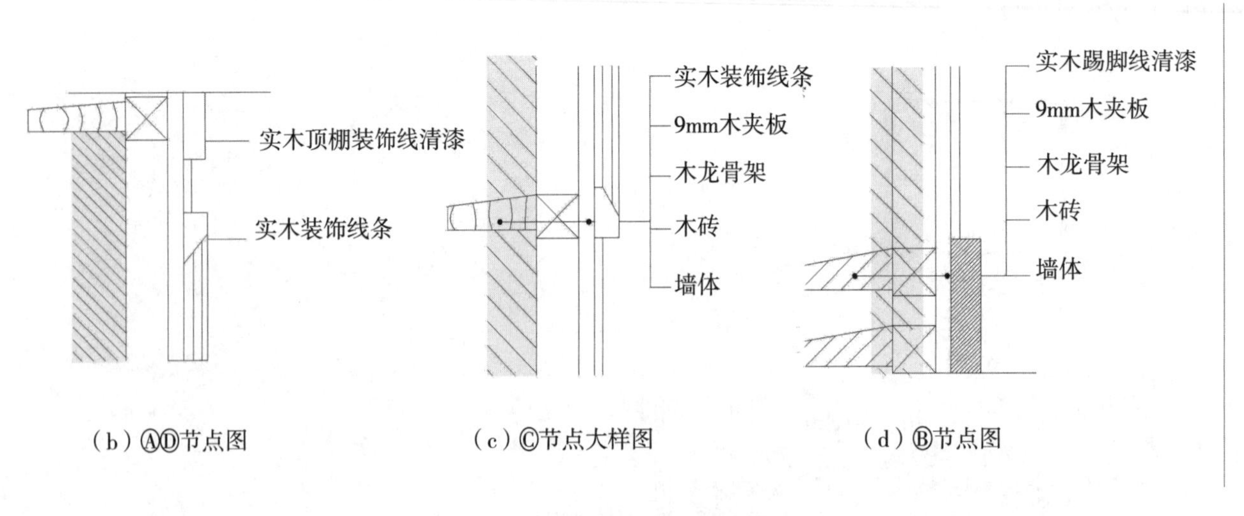

（b）ⒶⒹ节点图　（c）Ⓒ节点大样图　（d）Ⓑ节点图

图3-23　木质墙面结构示意图（续）

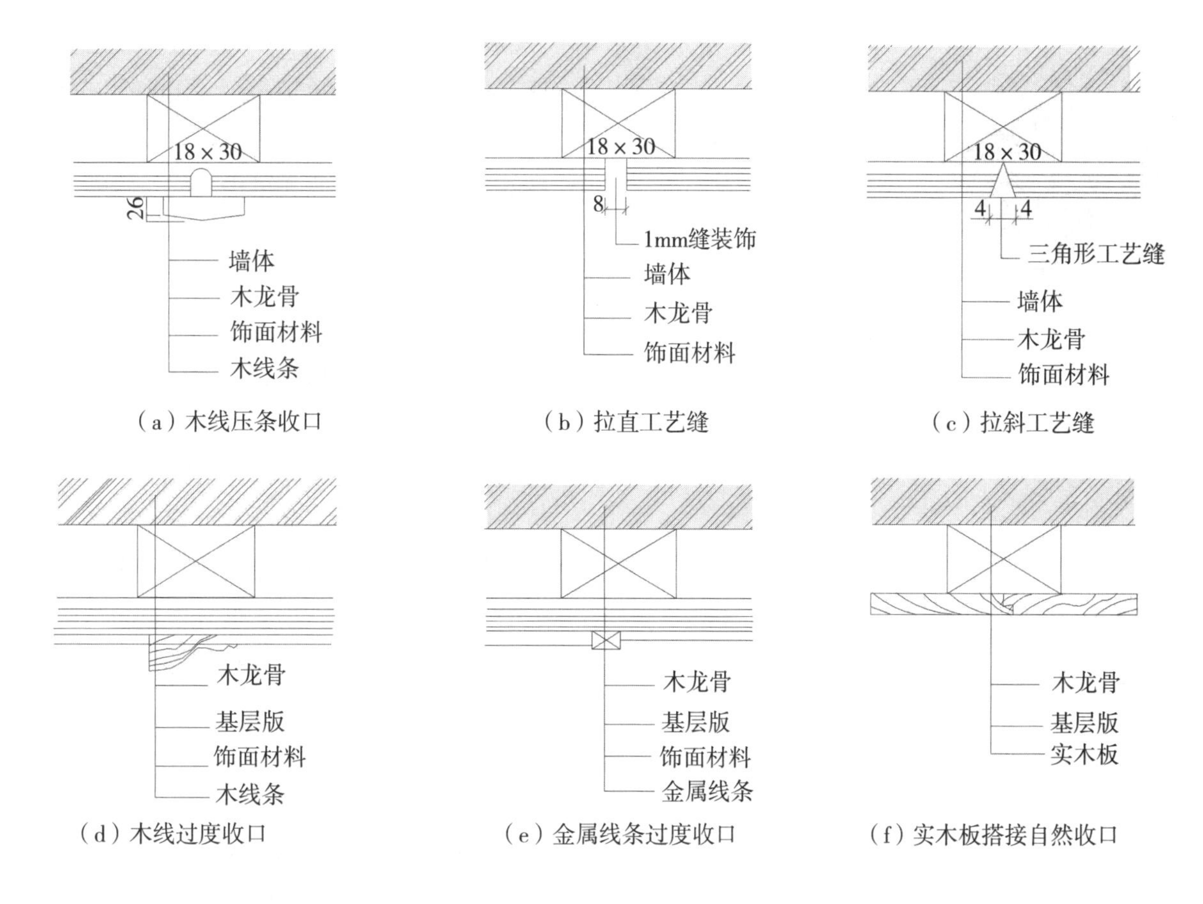

图3-24 面板之间的收口工艺（单位：mm）

（三）施工中需注意的问题

（1）在比较潮湿的环境中，用木饰面板进行装饰时，为了增强饰面板的防潮性能，应该加大表面油漆处理力度，即选择耐水性好的清漆，加大漆膜的涂刷厚度。

（2）在用饰面板装饰立面时，应根据板材表面木纹走向，区分上下。按木纹的花纹区分树根和树梢，使用时，树根方向需朝下，为了方便使用，生产厂商通常会将检验印记标志贴在树根方向的背板上。

（3）选择饰面板装饰时，在决定使用哪种材质树种的饰面板时，应根据室内装饰设计的主色调，再综合室内的灯光、家具的色调、整体的视觉效果以及其他附件的陪衬颜色来确定。

五、纤维板、胶合板饰面的施工工艺

（一）纤维板、胶合板饰面材料

（1）胶合板：家具常用的材料之一，是一种人造板。一组单板通常按照相邻层木纹方向互相垂直组坯胶合而成，通常其表板和内层板对称地配置在中心层或板芯的两侧。用涂胶后的单板按照木纹方向纵横交错配成的板坯，在加热或者不加热的条件下压制而成。层

图3-25 胶合板

数一般都为奇数，也有少数偶数。纵横方向的物理、机械性质差异比较小。常用的有三合板、五合板等。胶合板能够提高木材利用率，是节约木材的一个主要途径。亦可供飞机、船舶、火车、汽车、建筑和包装箱等使用。通常的长宽规格是：1220mm×2440mm，而厚度规格则一般有：3、5、9、12、15、18mm等。主要树种有：山樟、柳桉、杨木、桉木等。胶合板的主要产地为印度尼西亚和马来西亚。（图3-25）

（2）纤维板：中密度纤维板是将木材或者植物纤维经机械分离和化学处理等手段，掺入胶黏剂和防水剂等，再经过高温、高压成型，而制成的一种人造板材。中密度纤维板的结构要比天然木材均匀，也避免了腐朽、虫蛀等问题，同时中密度纤维板胀缩性较小，便于加工。由于中密度纤维板表面平整，易于粘贴各种饰面，可以使制成的家具更加美观。（图3-26）

（3）压条：30mm×50mm的硬木方条，不能有腐朽、疖疤、劈裂等问题。

（4）踢脚板：10mm×110mm的胶合板。

（5）黏结剂：可选用竹木类专用胶黏剂，常用的有脲醛胶。

（6）腻子：油性腻子。

（7）其他：铁钉、射钉、零号砂纸、2号铁砂布等。

图3-26 纤维板

（二）纤维板、胶合板饰面施工工艺

1.施工前的准备工作

检查、验收主体的结构是不是符合设计要求；门窗、水暖、电器管道等是不是安装完毕，并符合设计要求；施工工具装备，常用的工具有：角尺、电锯、割刀、钳子、锤子、螺丝刀、射钉枪等。

2.施工中需要注意的问题

安装罩面板用的木螺钉应要镀锌，连接件、锚固件应作防锈处理；接触砖石、混凝土的木骨架和预埋的木砖，要作防腐处理，位置应符合设计要求；罩面板应须钉牢，表面要平整不发生翘曲或呈波浪形等弊病；钉必须打入板中3mm，钉时板面不能够有伤痕，板子上口要平整，拉通线检查偏差应小于3mm，接槎平整，误差应小于1mm；胶合板的含水率应小于18%，相互胶结的板材含水率的差别应小于5%；装饰板面层如果需要打槽、拼缝、裁口时，应按照设计图纸要求进行，如果墙上未预埋木砖时，也可以将木格栅用钢钉直接钉在墙上。

3.墙面安装操作注意事项

（1）检查预埋木砖：在钉好墙面立筋和安装墙的罩面板之前，应先检查预埋木砖的位置，数量是不是正确，漏放的木砖应要补齐。

（2）基层的防潮处理：基层需作防潮层时，要在安装木立筋之前进行。用油毡或油纸时，应铺放平整，搭接严密，不能够有皱褶、裂缝、透孔等；用沥青时，应等待基层干燥后，再涂刷沥青，应均匀涂满，不得漏涂。铺涂防潮层时，要先在预埋木砖上钉好钉子，然后做好标记。

（3）立木筋：防潮层做好之后，按照设计要求立木筋，并用钉子与木砖钉牢。立筋要直，表面要平整；立筋的间距应尽量符合板的规格，以节约木材。

(4)弹线分块：安装罩面板前，应先按分块尺寸弹线，板材规格与立筋间距不合时，应按照线锯材加工。所锯板材的边要整齐，角需方正，然后按弹线安放，并做好临时固定。

（5）固定：经挂线调整之后，胶合板用25～35mm钉子固定，钉帽需砸扁，钉进板面0.5mm，钉距应要小于80～150mm，钉完后用油性腻子抹平；纤维板用20～30mm的钉子，钉距应小于80～120mm，钉帽要砸扁，钉进板面0.5mm，钉完后用油性腻子抹平。

（6）缝隙：板面做明缝时，缝格要整齐、顺直，缝宽要保持一致；有盖条时，其宽度、厚度要均匀一致，接搓要严密，缝格要顺直。

（7）护角：在门窗和墙面的阳角处，应该使用胶合板做护角，防止板边楞角的损坏，增加装饰美观。

(8)木条收边：当用木压条固定收边时，钉距应小于200mm，收边木条应干燥无裂纹。

4.墙裙安装操作注意事项

在安装墙裙时，需先在墙面弹线分档，木栅格墙筋要用铁钉与木砖钉牢；墙裙木栅格钉上墙筋时，横向设标筋拉通线找平，竖向吊线坠找直，根部和转角处要用方尺找规矩，所有楔木垫必须要与木栅格钉牢；木栅格须与每一块木砖钉牢；墙裙木栅格在阴阳角转角处的两面墙面300mm范围内必须钉木砖；胶合板的背面均匀地刷一道薄薄的木胶液，然后紧密粘贴，板子上口应要齐平，并用小木条将钉子暂时固定，待胶液固化后，再拔出钉子和木条；木墙裙的顶部钉条要用拉通线找平，木压条要挑选厚薄均匀、颜色相似的木料进行加工制作，阴角接缝处采用上半部45° 斜槎，下半部平顶接法；压条接缝处应作暗榫，线条清晰美观，割角严密。

5.踢脚板安装操作与注意事项

胶合板应放在锯台上锯成110mm的板条，以作拉通线用，控制水平，用不锈钢钉把踢脚板钉牢；把压边条刨平，同踢脚板上沿分别胶涂粘贴，并且用射钉钉牢，修刨整边，保证饰面的平直；调配与踢脚板饰面颜色相同的腻子，修补定位及接缝处；接缝应作斜边压槎胶黏法，墙面阴阳角处宜做45° 斜边平整黏结接缝。（图3–27、图3–28）

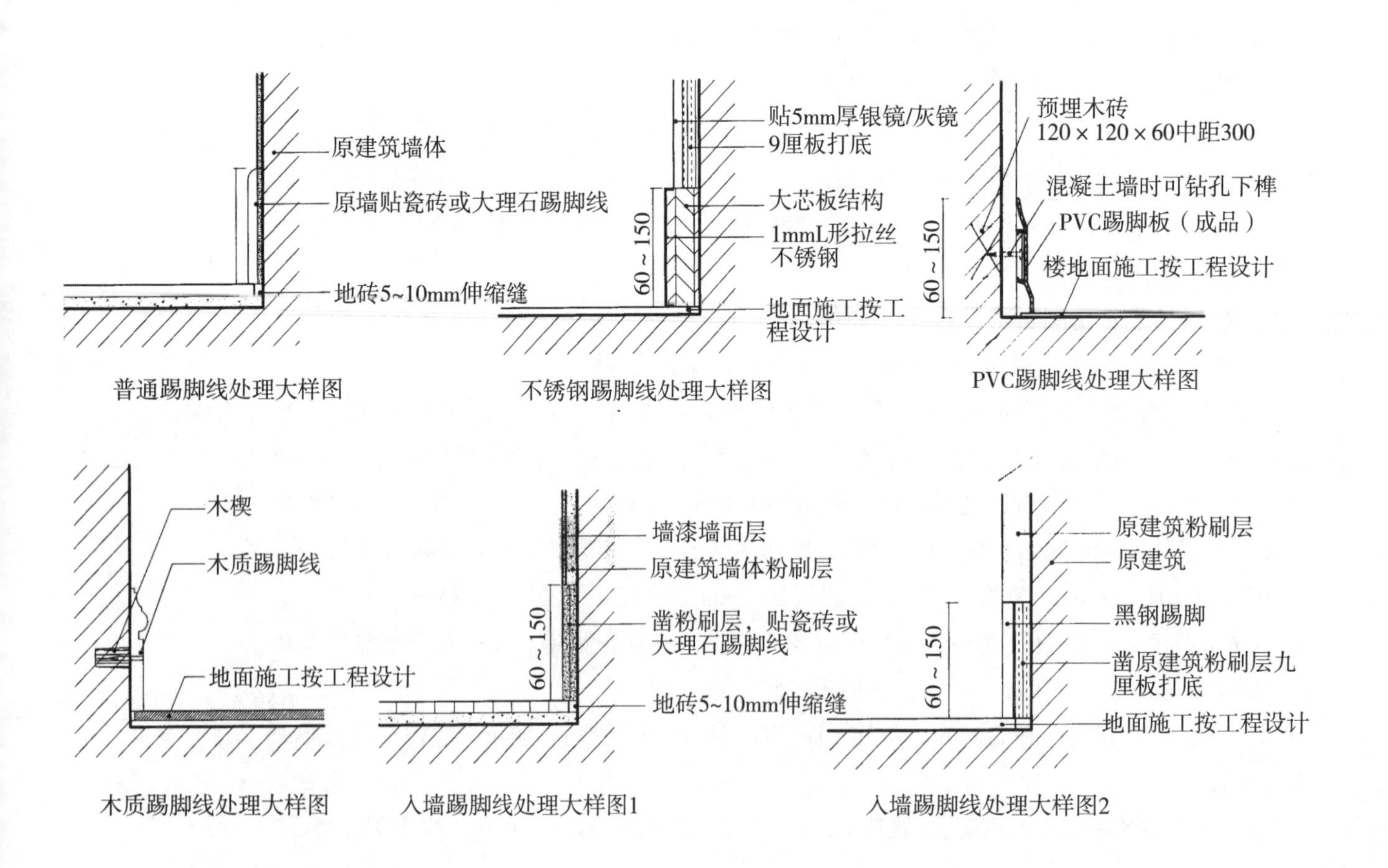

图3–27　踢脚线工艺（单位：mm）

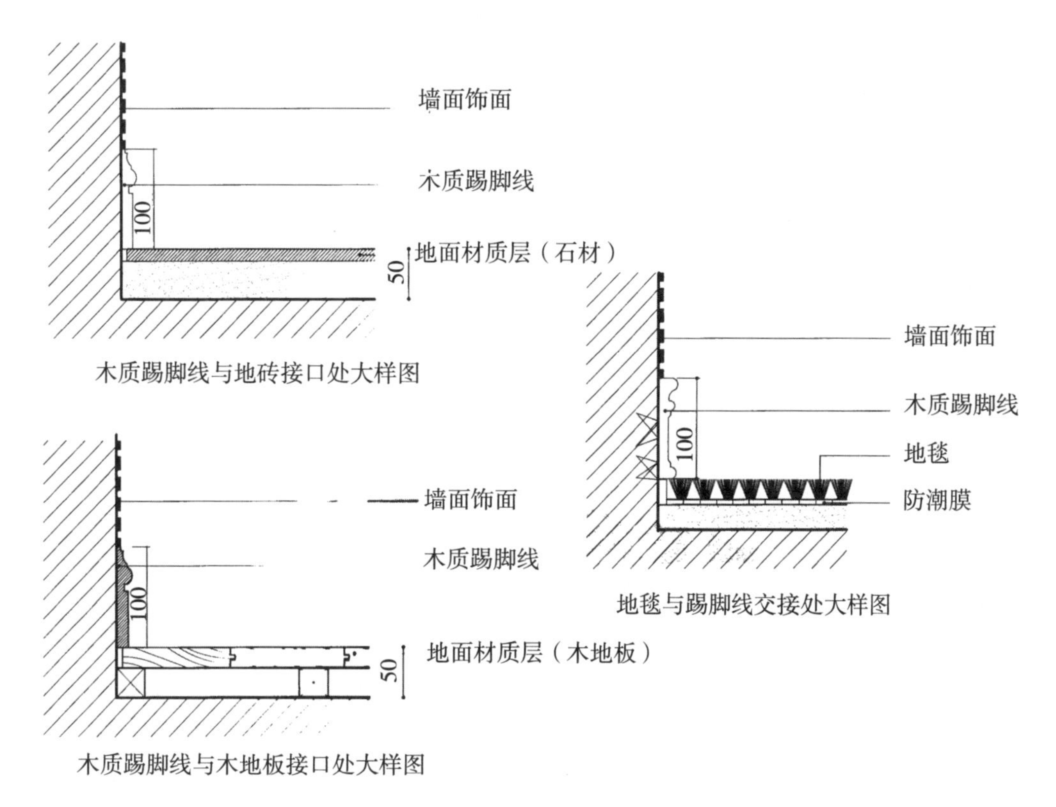

图3-28　踢脚线工艺（单位：mm）

6.胶合板、纤维板装饰工程施工中需要注意的问题

湿度较大的房间，不能够使用未经防水处理的胶合板和纤维板；家用电器等的插座，应装嵌牢固，其表面应跟罩面板齐平；门框或者罩面相接处应要齐平，用贴面板覆盖；墙和柱的罩面板下端，如果使用木踢脚板覆盖，罩面板应离地面20～30mm；用大理石、水磨石踢脚板的时候，罩面板下端应与踢脚板上口齐平，接缝严密；在胶合板面层做清漆时，施工前应挑选板材，相邻板材的木纹、颜面应相近，确保安装后的美观；室内安装的胶合板罩面板，会常在板面上钻许多小孔，其目的是吸音。孔的排列一般要求整齐并能拼接组成图案，这样才能显得美观，并具备装饰效果。

六、镜面玻璃饰面材料与施工工艺

建筑物内部墙面或柱面上，会经常用玻璃镜面装饰。这种表面光洁的材料，可以使墙面显得规整、清丽、大方。同时，各种颜色的镜面还能起到扩大空间、反射景物、创造环境气氛的作用。

（一）镜面玻璃饰面材料

1.玻璃的组成

玻璃是无定形非晶体的均质同向性材料，它的化学成分非常的复杂，但其主要成分为

SiO_2、Na_2O和CaO。组成玻璃的主要原料为石英砂（SiO_2）和各种金属氧化物，制造彩色玻璃的时候可在配料中加入各种色彩的颜料。

2.玻璃的分类

（1）按所含化学成分分为：钠钙玻璃、铝镁玻璃、钾玻璃、硼钠玻璃、铅玻璃、石英玻璃等。

（2）按其功能分为：平板玻璃、压花玻璃、钢化玻璃、吸热玻璃、热反射玻璃、夹层玻璃、夹丝玻璃、中空玻璃、曲面玻璃等。

3.室内装饰工程常用玻璃

（1）平板玻璃（浮法平板玻璃）。平板玻璃又称白片玻璃或者净片玻璃。其生产的方法主要为浮法，其次就是拉引法。（图3-29）

浮法平板玻璃的分类和等级：浮法玻璃按厚度分为3、4、5、6、8、10、12mm七类；按等级分为优等品、一级品和合格品三等。

浮法平板玻璃的技术要求：一片玻璃的厚薄差不能大于0.3mm；弯曲度不能超过0.3%。

浮法平板玻璃的特点：浮法平板玻璃既透明又能透光，透光率高达85%，还能隔音，有一定的隔热保温性和机械强度，具有耐风化、耐雨淋、耐擦洗、耐酸碱腐蚀等特性。但其质脆、怕敲击、怕强震，紫外线透过率较低。

浮法平板玻璃的主要用途：在室内装饰装修当中，浮法平板玻璃主要用于木质门窗、白色铝合金门窗、钢门窗、室内各种隔断、橱窗、橱柜、柜台、展台、玻璃隔架、家具玻璃门等方面。它是用途最广、最普通的一类玻璃，同时它也是进行玻璃深加工业生产的基础原料，是制造拥有特殊性能、特异功能的原片。

（2）特殊平板玻璃。它是根据人们不同需要，在普通平板玻璃的基础上进行了特殊处理而制成的玻璃。

磨砂玻璃：磨砂玻璃又叫作毛玻璃、暗玻璃，它是采用了机械喷砂、手工研磨或者氢氟酸溶液腐蚀等方法将普通平板玻璃的表面处理成为均匀毛面后的一类玻璃。（图3-30）

由于磨砂玻璃具有着表面粗糙、使光线产生漫射，透光不透视，可使室内光线眩目但不刺眼等特性，因此磨砂玻璃一般适用于室内卫生间、浴室、办公室等的门窗及隔断的装饰。安装时毛面应要向着室内。

彩色玻璃：彩色玻璃又可叫作有色玻璃，分为透明和不透明两种。它具有耐腐蚀、抗冲击、易清洗并可拼接成各种图案、花纹等优点，适用于门窗及对光有特殊要求部位的装饰。（图3-31）

喷花与刻花玻璃：喷花玻璃又称胶花玻璃，是在平板玻璃的表面贴上花纹图案，再抹上保护层，经过喷砂处理之后而成的；刻花玻璃是在普通平板的玻璃上，用机械加工的方法或化学腐蚀法制出图案或花纹的一类玻璃。刻花玻璃刻花图案时透光不透明，有明显的立体层次感，装饰效果高雅，一般用于做室内装饰屏风或做装饰隔断等。（图3-32）

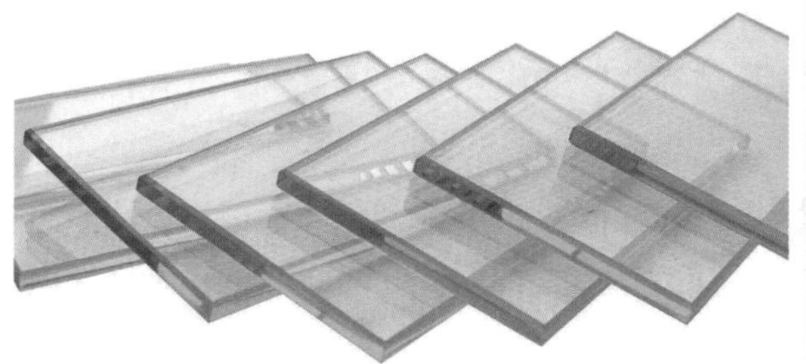

图3-29　浮法平板玻璃

图3-30　磨砂玻璃

图3-31　彩色玻璃

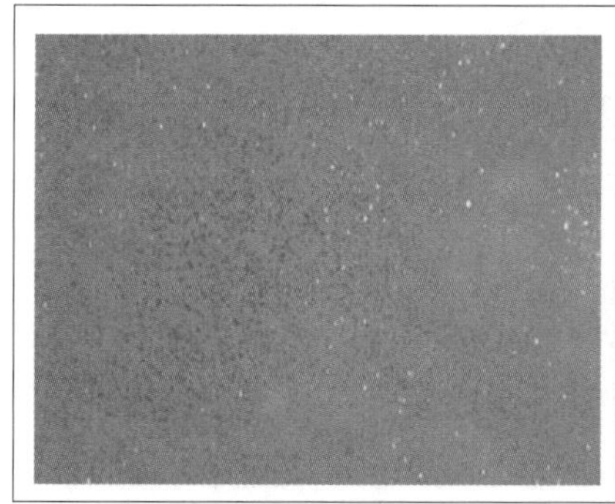

图3-32　喷花与刻花玻璃

冰花玻璃：冰花玻璃是用平板玻璃经过特殊处理后形成的一种有冰花纹理的玻璃。它具有立体感强、花纹自然、质感柔和、透光不透明、视感好等特点。在室内装饰装修当中，它常常会用于制作门窗、隔屏、隔断等，还可以用在灯具上当作柔光玻璃。（图3–33）

印刷玻璃：印刷玻璃是用特殊材料在普通玻璃上印刷出各种彩色图案花纹的一类玻璃。印刷图案处不透光，空格处透光，因此而具有特有的装饰效果，主要用于室内门窗、隔断墙、屏风等处的装饰。（图3–34）

装饰玻璃镜：采用了高质量的平板玻璃、茶色平板玻璃作为基材，在其表面经镀银工艺，然后再覆盖一层银，加一层涂底漆，最后涂上灰色面漆而制成。装饰玻璃镜与手工镀银镜、真空镀银镜相比，具有镜面尺寸大、成像清晰逼真、抗温热性能好、使用寿命长等特点。装饰玻璃镜适用于室内墙面、柱面、天花面的装饰，以及洗手间、家具上的穿戴镜，厚度为2～10mm。（图3–35）

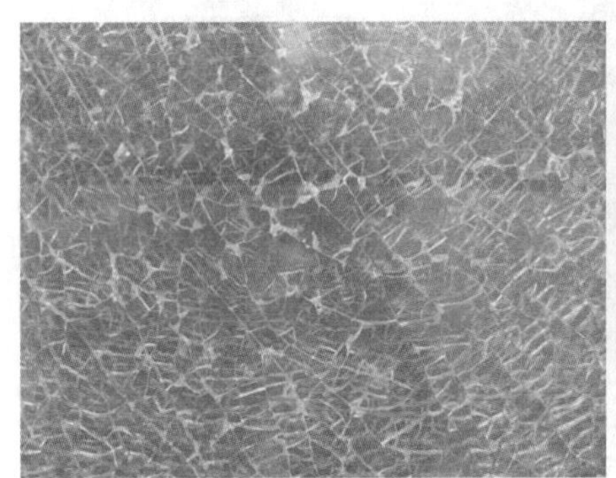

图3–33　冰花玻璃

图3–34　印刷玻璃

图3–35　装饰玻璃镜

（3）钢化玻璃。钢化玻璃是将玻璃加热到接近玻璃软化点（600～650℃），再以迅速冷却或用化学方法钢化处理所得到的玻璃深加工制品。它具有良好的机械性能和耐热耐冲击性能，所以又称为强化玻璃。（图3–36）

钢化玻璃生产方法：钢化玻璃生产方法有物理钢化法和化学钢化法两种。

钢化玻璃的技术特性：钢化玻璃除了有平板玻璃透明度外，还具有以下特性：

①很高的温度急变抵抗性；②与同等厚度的普通平板玻璃相比，耐冲击强度高3倍，强度高10倍；③钢化玻璃的抗弯曲度高；④安全性高，钢化玻璃产生了均匀的内应力，从而在玻璃的表面产生了预

加压应力的效果，即使破碎，也会先出现网状裂纹，而且破碎后不具有锐利棱角，因此在使用过程中较其他玻璃安全，故又称为安全玻璃。⑤钢化玻璃不能被切割、磨削，边角不能碰击，使用时需要选择现成尺寸规格或提出具体设计图纸加工定做。⑥使用钢化玻璃过程中严禁溅上火花，因为火花导致的伤痕在经受风压或振动时，就会逐渐扩展从而导致破碎。

用途：平面钢化玻璃主要是用于建筑物的门窗、隔墙与幕墙；曲面钢化玻璃主要用于制作汽车窗玻璃或现代居室观景台落地式窗玻璃。

普通钢化玻璃生产厂家及产品规格：厂家有上海耀华、株洲、洛阳、沈阳、厦门新华玻璃厂。产品厚度有2、3、5、6mm等品种，其规格有1300mm×800mm，1200mm×600mm，1300mm×1600mm，1500mm×900mm，1100mm×650mm等。

（4）压花玻璃。压花玻璃又可以叫作花纹玻璃。它采用了连续压延法生产。在生产过程当中，在压花玻璃有花纹的一面，用气溶胶法对玻璃表面进行喷涂处理可将玻璃着色成淡黄色、黄色、淡蓝色、橄榄色等多种色彩。经气溶胶喷涂处理的压花玻璃，不但能够产生多种颜色、立体感丰富的玻璃，而且还可提高玻璃强度50%～70%。（图3-37）

图3-36　钢化玻璃

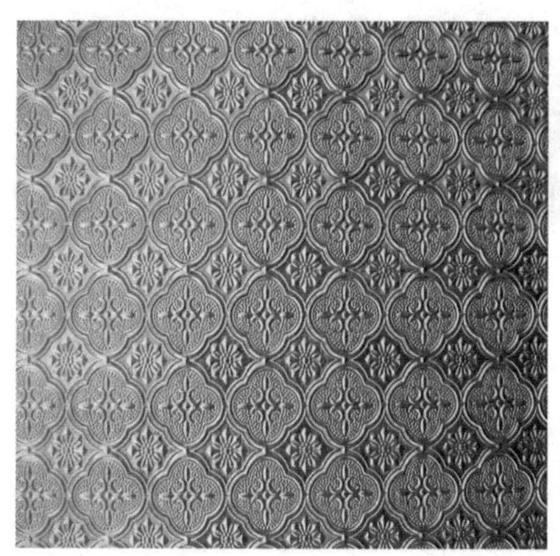

图3-37　压花玻璃

特点：压花玻璃表面（一面或两面）压有深浅不同的各种花纹图案，因为其表面凹凸不平，所以当光线通过时就会产生漫射，因此从玻璃一面看另一面的物体时，物像模糊不清，使这种玻璃具有透光而不透明的特点。另外压花玻璃表面的各种花纹图案，具有着良好的艺术装饰效果。

用途：主要用在室内间壁、窗、大门、会客间、浴室、洗手间等需要装饰并应遮挡视线的场所。但在安装使用时需要注意：压花面应安装在内侧（安装在外侧，容易弄脏，如沾上水，就会变得透亮而看得见东西）。

（5）热反射玻璃。具有着较高的热反射能力且保持良好透光性能的平板玻璃称为热反射玻璃。热反射玻璃又可以叫作镀膜玻璃、电子镜等，是现代最有效的防太阳玻璃。（图3–38）

特点：对太阳辐射有着较高的反射能力，辐射反射率可以达到30%左右；镀金属膜的热反射玻璃具有单向透像的特性。该镀层极薄，使它在迎光面具有镜子的特性，而在背光面则又会像玻璃那样透明。这种奇异的性能会使人们造成视觉上的多种可能性。当人们站在镀膜玻璃幕墙建筑物前，展现在眼前的是一幅连续地反映周围景色的画面，但是却看不到室内的景象，对建筑物内部起到遮蔽及帷幕的作用，因此建筑物内可以不设窗帘。

用途：热反射玻璃多用于制成中空玻璃或夹层玻璃窗或幕墙，能够更好地发挥出特性。

性能：对太阳能的反射率较高；对太阳辐射热的透过率小；对可见光的透过率小；有较小的遮蔽系数。(将透过3mm厚的标准透明玻璃的太阳辐射能作为1.0，其他玻璃在同样条件下透过太阳辐射能的相对值称为遮蔽系数。该系数越小，说明通过玻璃进入室内的太阳辐射能越少，遮阳效果越好。）

图3–38　热反射玻璃

（6）吸热玻璃。可以吸收大量红外线辐射却又能保持良好可见光透光率的平板玻璃称为吸热玻璃。在透明玻璃中加入极微量的金属氧化物后，就可变成多少带一点颜色的吸热玻璃。吸热玻璃能吸收大量的红外线辐射。按成分可分为硅酸盐吸热玻璃、光致变色玻璃和镀膜玻璃等。在实际应用中应用最多的是蓝色和茶色的吸热玻璃。（图3–39）

特点：吸收太阳的辐射热、可见光以及紫外线。

用途：吸热玻璃起着隔热、空调、防眩等作用，在建筑工程装饰装修中应用较为广泛，凡既需采光又需隔热之处均可采用。采用各种颜色的吸热玻璃，不但能够合理利用太阳光，调节温度，节约能源费用，而且可以创造舒适优美环境。

（7）夹层玻璃。夹层玻璃也是安全玻璃的一种，系在两片平板玻璃之间嵌夹透明塑料薄片，经热压黏合而成的平面或弯曲的复合玻璃制品。玻璃原片可以是磨光玻璃、浮法玻璃、吸热与热反射玻璃等。常用的塑料胶片为聚乙烯醇缩丁醛，一般规格为3+3mm、2.6+1.7mm、2+1.3mm等。（图3–40）

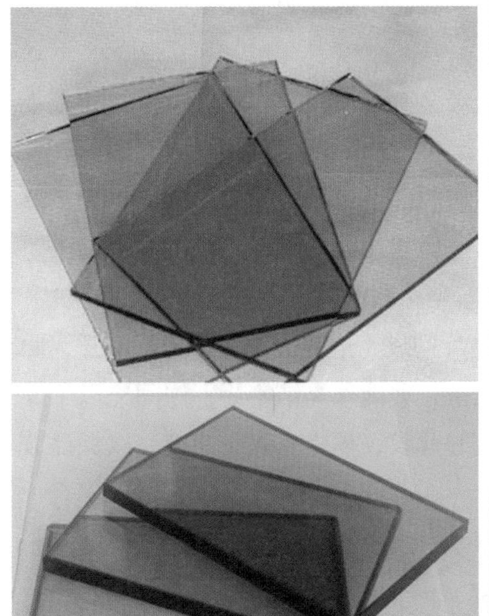

图3–39 吸热玻璃

图3–40 夹层玻璃

特点：安全性好；抗冲击强度高；防范性好；可以获得其他性能。

性能：耐热性；耐湿性；机械强度；透明度。

用途：用于安全性要求较高的窗玻璃。例如用于商品陈列箱、橱窗、水槽用玻璃，用于防范或防弹处玻璃，大厦地下室、屋顶以及天窗等处有飞散物落下的场所。

（8）夹丝玻璃。夹丝玻璃也称防碎玻璃和钢丝玻璃。它是将普通玻璃加热到红热软化状态后，再将预热处理的钢丝或钢丝网压入玻璃中间制成的。它的表面可以是压花或者磨光的，颜色可以是透明的也可以是彩色的。（图3-41）

夹丝玻璃的特点：

防火性：夹丝玻璃就算被打碎，线或网也能够支撑住碎片，很难被崩裂破碎。即使火焰突破玻璃时，也可以遮挡火焰的侵入，具有防止火焰从开口处扩散燃烧的效果。

安全性：在玻璃遭受冲击或温度剧变的时候，使其破而不碎，裂而不散，避免了棱角的小块碎片飞溅伤人。

防盗性：这类玻璃强度非常高，即使玻璃破碎，仍会有金属网起作用，能有效防范小偷侵入。

用途：一般用在屋顶、天窗、阳台等需用玻璃装饰的部位，万一破碎，碎片也无下落伤人的危险；同时可作为具有防火功能的装饰隔墙；按照建筑法规定，夹丝玻璃可用于防止火焰扩散的开口部位。国内生产夹丝玻璃的主要厂家是株洲玻璃厂，玻璃厚度6mm。

（9）中空玻璃。由两层或者两层以上平板玻璃原片构成，边与边用铝合金框隔开，四周边缘部分用高强度气密性复合胶将铝合金框、橡皮条、玻璃条黏结密封，中间充以干燥的空气或其他惰性气体，还可在其表面镀上不同性能的薄膜，框内充以干燥剂，以保证玻

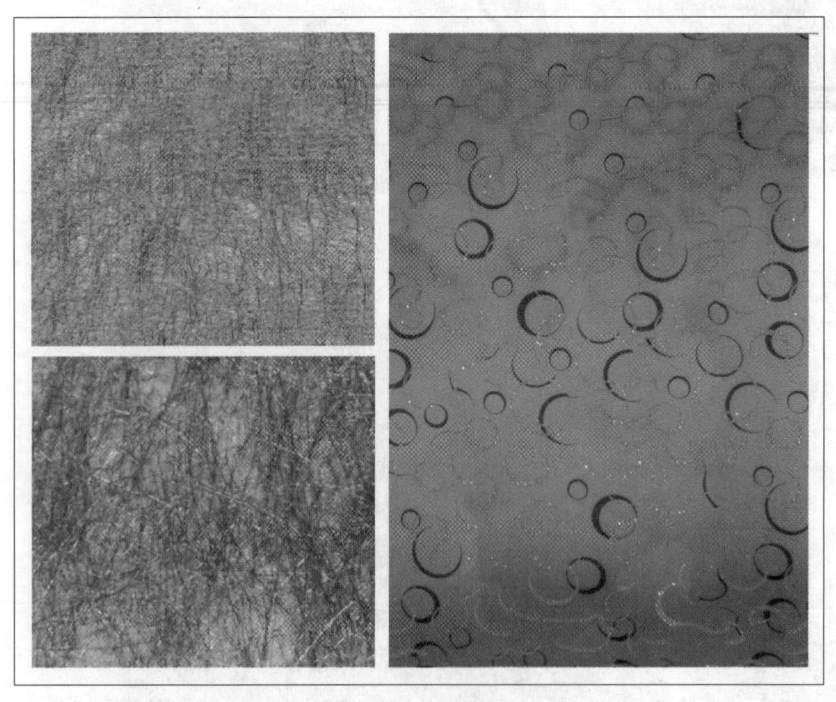

图3-41　夹丝玻璃

璃原片间空气的干燥度。（图3-42）

特点：优良的隔热、绝热性能，中空玻璃的隔热性保证了室内夏季凉爽、冬季温暖；优良的隔音性能；优良的防结露特性（在一定的相对温度湿度下，玻璃表面达到一定温度时，就会结露，直至结霜（0℃以下），这一温度称为玻璃的露点），优质中空玻璃的露点可以达到-40℃以下。

用途：无色透明的中空玻璃一般用在普通住宅、有空调的房间、空调列车、商用冰柜等；有色中空玻璃主要用于有一定艺术要求的建筑物，如影剧院、展览馆、宾馆、商业中心等公用建筑物。

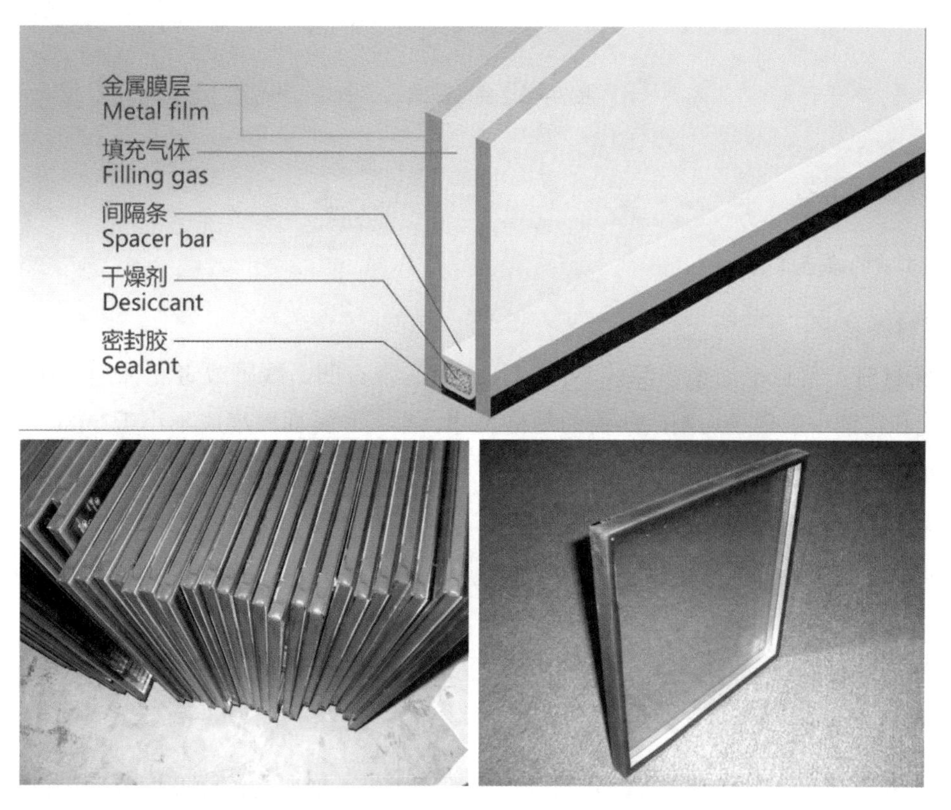

图3-42　中空玻璃

（10）曲面玻璃。

特点：耐冲击强度大（是同厚度平板玻璃的200倍）；不易燃的性能，如果离开火源，能够自行灭火；耐温性强（可在-30℃到130℃之间使用）；安装简便（重量仅为普通玻璃的一半）；可以自由加工成型：剪断、钻孔、切割几乎不受任何限制；成品种类齐全（既有各种厚度、颜色的，又有透明和半透明的）；安全防盗性好（根据美国标准，曲面玻璃被认定为透明安全、防盗的材料）。

曲面玻璃的用途：用于体育馆、学校、医院、工厂等公用建筑物的天窗、窗户等；在室内装饰装修中用作拱廊、通道、走廊等顶棚及室内装饰用隔断；作为高速公路两侧的透明隔音墙。（图3-43）

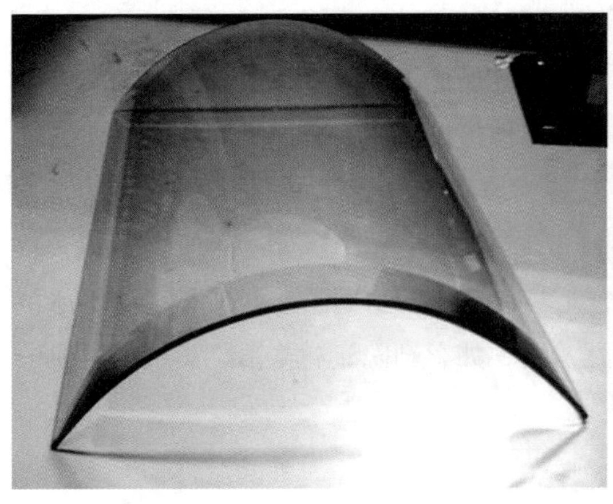
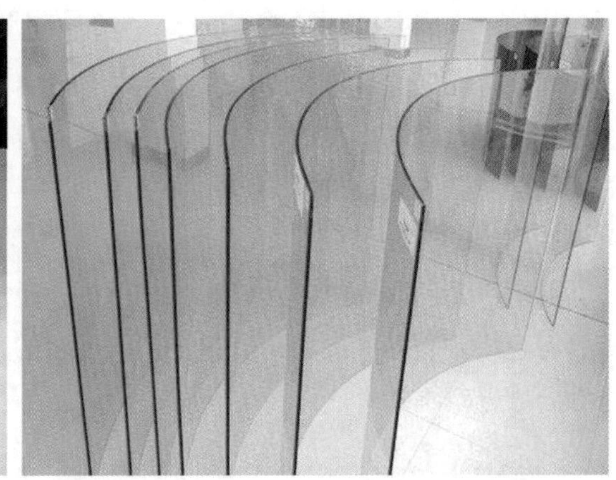

图3-43　曲面玻璃

（二）施工工艺

1. 施工前的准备工作

主要材料要求：

镜面材料：普通平面镜、深浅不同的茶色镜、带有凹凸线脚或者花饰的单块特制镜等。平镜和花镜一般现场切割成所需的规格尺寸。小尺寸镜面厚度应不小于3mm，大尺寸镜面厚度应不小于5mm。

衬底材料：木墙筋、胶合板、沥青、毛毡。

固定材料：螺钉、铁钉、玻璃胶、环氧树脂胶、盖条（木材或金属型材）、橡皮垫圈等。

工具：玻璃刀、玻璃钻、玻璃吸盆、水平尺、托尺板、玻璃胶筒以及钉拧工具等。

2.施工操作方法

（1）基层处理：在砌墙体时，要在墙体中埋入木砖，横向与镜面宽度要相等，竖向与镜面高度也要相等，大面积安装还应在横竖向每隔500mm埋木砖。墙面要进行抹灰，在抹灰面上涂热沥青或贴油毡，也可将油毡夹在木衬板和玻璃之间，这些做法的目的是防止潮气使木衬板变形，防止潮气使水银脱落或者使镜面失去光泽。

（2）立筋：墙筋为40mm×40mm或50mm×50mm的小木方，以铁钉钉在木砖上。安装小块镜面多为双向立筋，安装大片镜面可以为单向立筋，横竖墙筋的位置与木砖一致。要求立筋横平竖直，以便于衬板和镜面的固定。因此，立筋时也要挂水平垂直线，要检查好防潮层是否到位，立筋钉好后，要用长靠尺检查平整度。

(3) 铺钉衬板：衬板一般选择15mm的木板或5mm胶合板，用小铁钉与墙筋进行钉接，钉头要埋进板内。衬板的尺寸可以大于立筋间距尺寸，这样可以减少剪裁工序，加快施工进度。要求衬板表面无翘曲和起皮现象，表面平整清洁，板与板之间缝隙应在立筋处。

（4）镜面安装：

镜面切割：切割镜面要在案台上或平的地面上进行，上面铺胶合板或线毯。按设计要求量好尺寸，以靠尺板作为依托，用玻璃刀一次性从头划到尾。

镜面钻孔：以螺钉固定的镜面要进行钻孔，钻孔的位置一般在镜面的边角处。钻孔时要不断往镜面上浇水，到临钻透时要记得减轻用力。

镜面的几种固定方法：

螺丝固定：可用直径3～5mm平头螺钉，透过玻璃上的钻孔，套上橡皮垫圈，钉在墙筋上，从而对玻璃起到固定作用。安装一般从下向上，由左至右进行。

嵌钉固定：嵌钉固定是把嵌钉钉于墙筋上，然后再将镜面玻璃的四个角压紧的固定方法。

粘贴固定：粘贴固定是将镜面玻璃用环氧树脂、玻璃胶黏贴于木衬板上的固定方法。以上三种方法固定的镜面，还可以在其周边进行加框，起封闭端头和装饰作用。

托压固定：托压固定主要靠压条和边框将镜面托压在墙上。压条和边框有木材和金属材料，例如有专门用于镜面安装的铝合金型材。托压固定也是从下向上进行，用压条压住两镜面间的接缝处，安装上一层镜面后再固定横向压条。大面积间块镜面多以托压做法为主，也可结合粘贴的方法固定。镜面的重量主要是落在下部边框或砌体上，其边框能够起到防止镜面外倾和装饰的作用。（图3–44至图3–49）

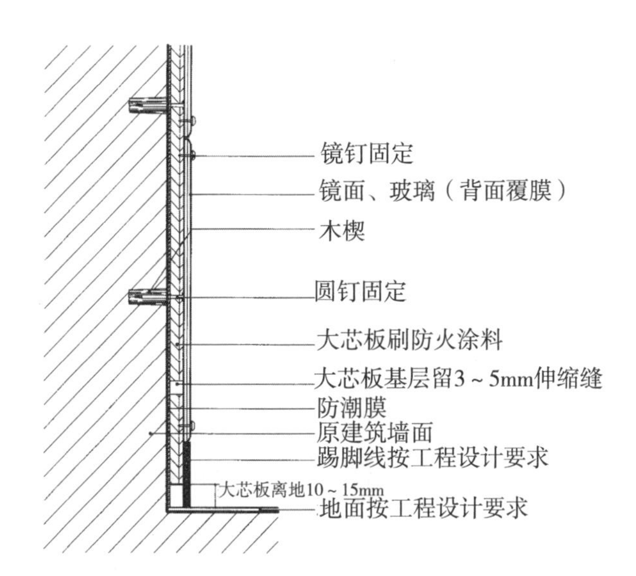

玻璃装饰墙面原建筑墙面安装示意图（一）

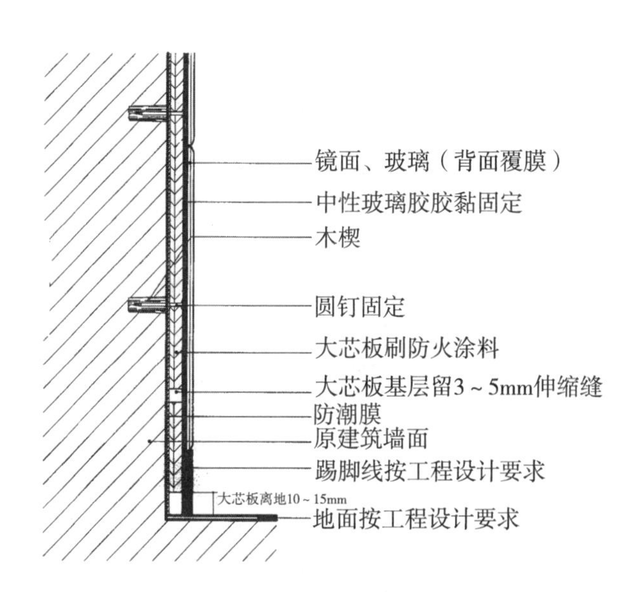

玻璃装饰墙面原建筑墙面安装示意图（二）

注：
1. 玻璃面层采用普通平板镜面材料，茶色、蓝色、灰色镀膜镜面材料，各种颜色有机压花镜面材料、镀铬玻璃按设计要求。
2. 玻璃高度一般2000mm，最高2500mm，超高设计时应考虑分块拼接。
3. 金属压条一般为成品，可采用铝合金、不锈钢或铜等材料，按设计要求。

图3–44 镜面、玻璃饰面墙面构造

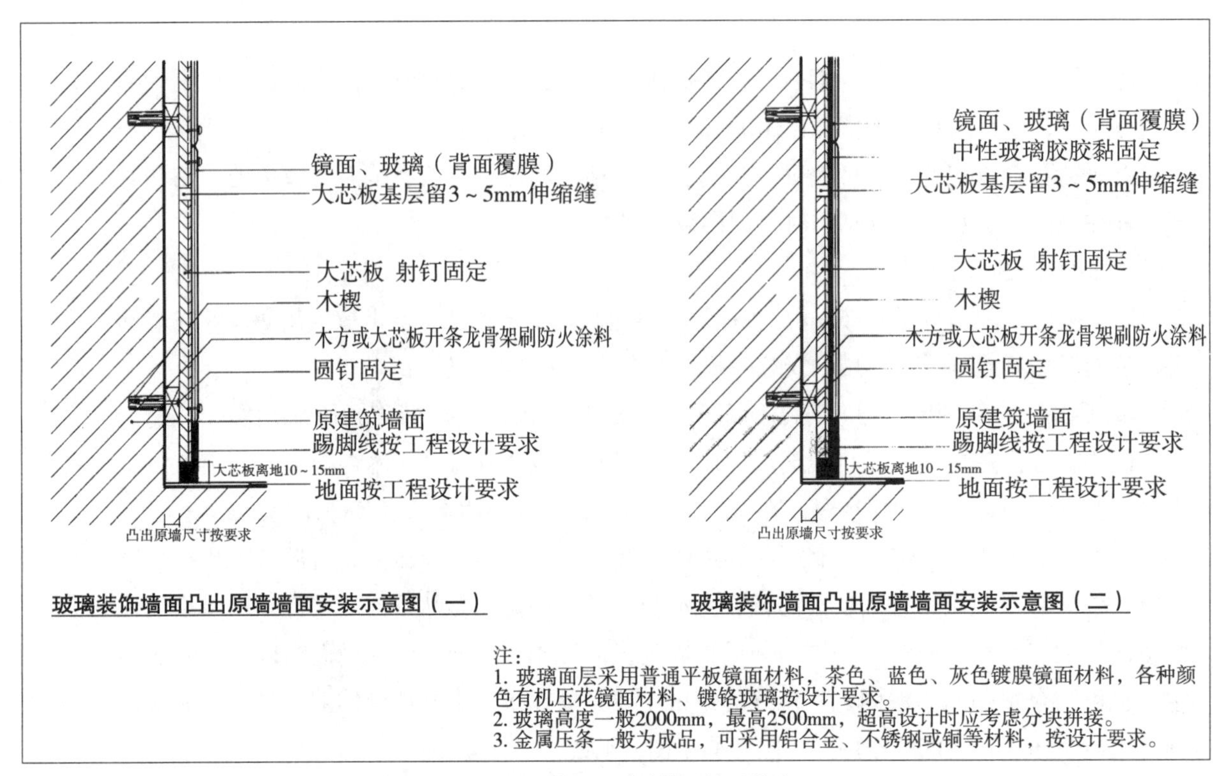

图3-45 镜面、玻璃饰面墙面构造

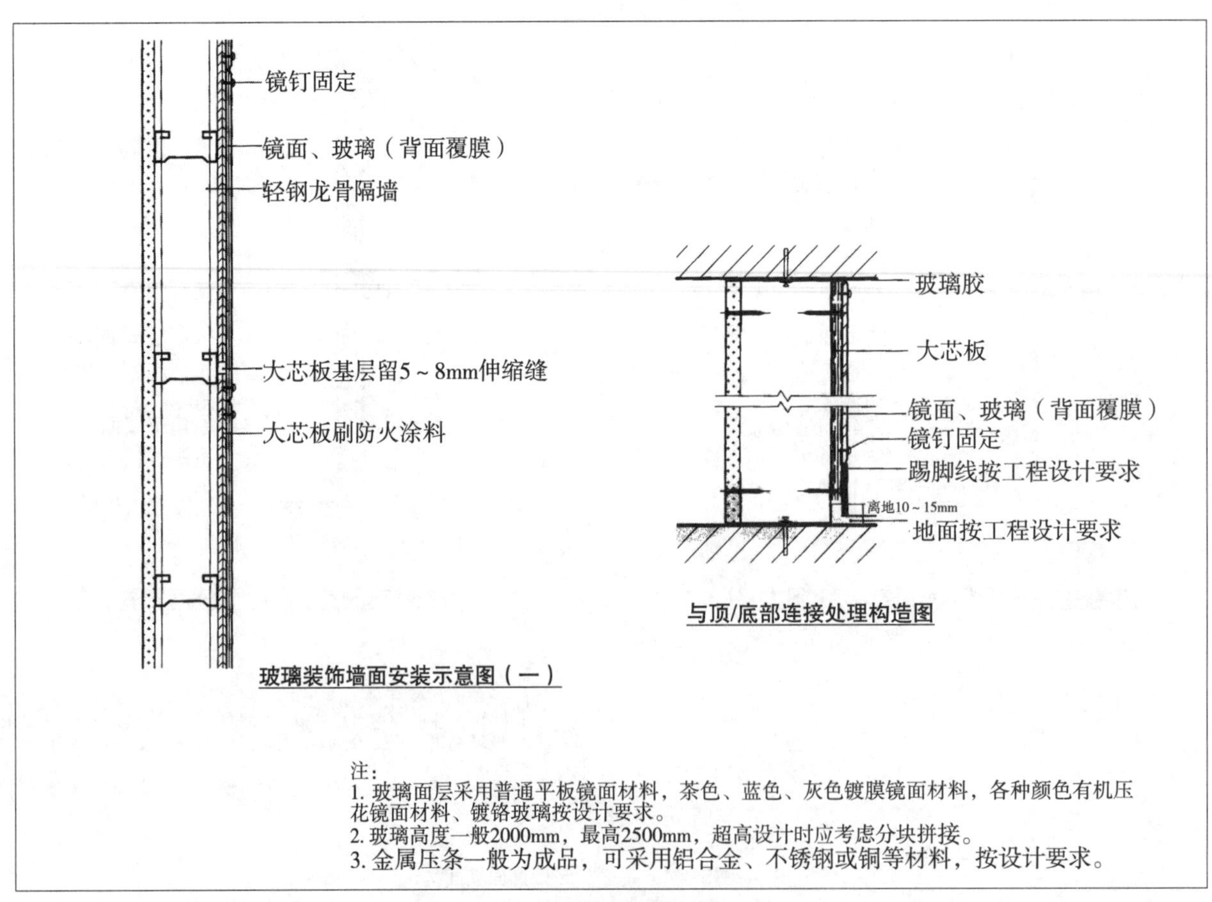

图3-46 镜面、玻璃饰面墙面构造

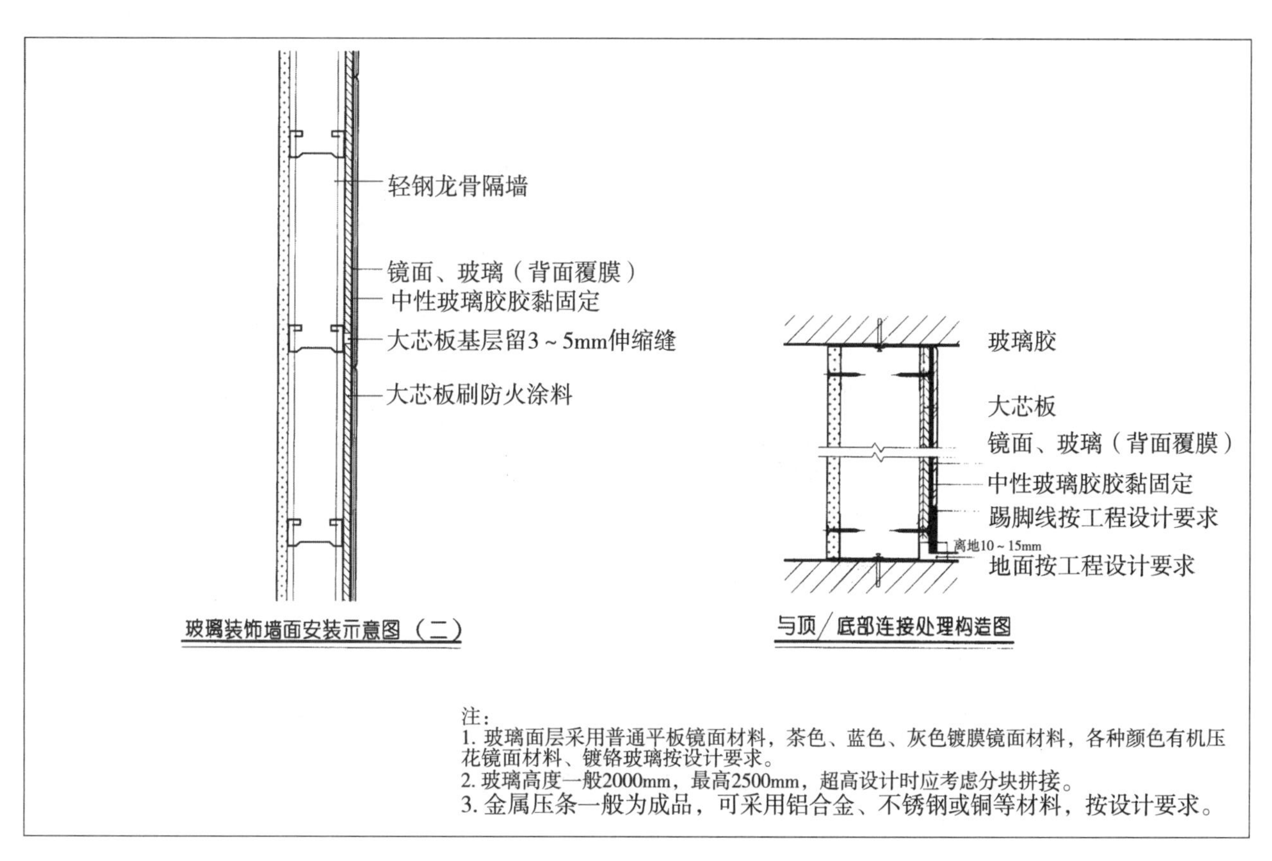

图3-47　镜面、玻璃饰面墙面构造

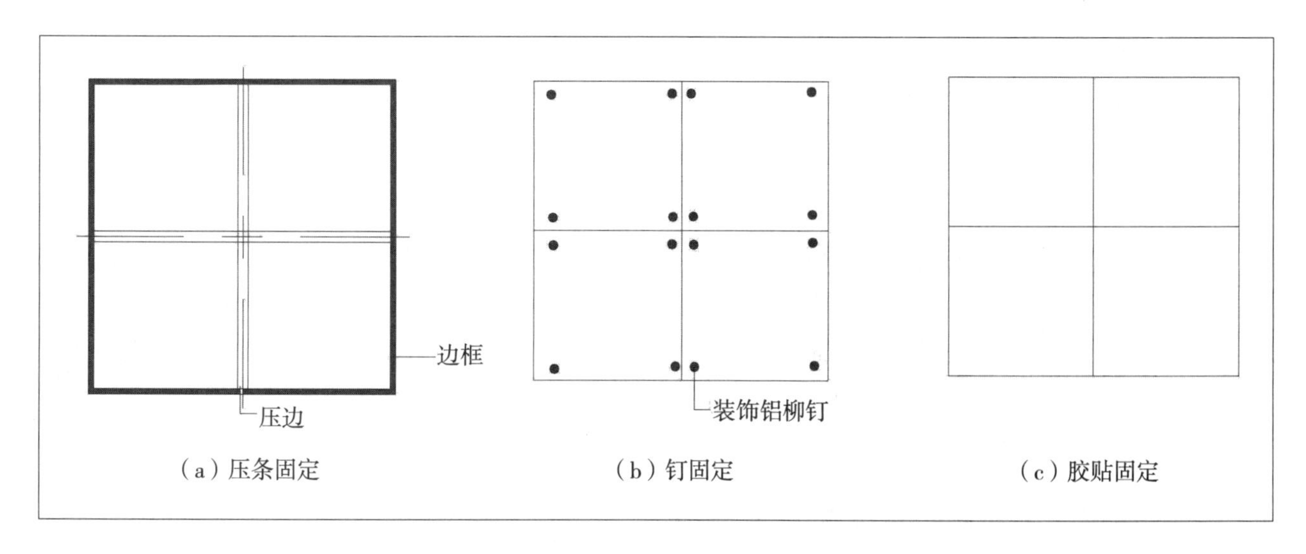

图3-48　玻璃安装方法

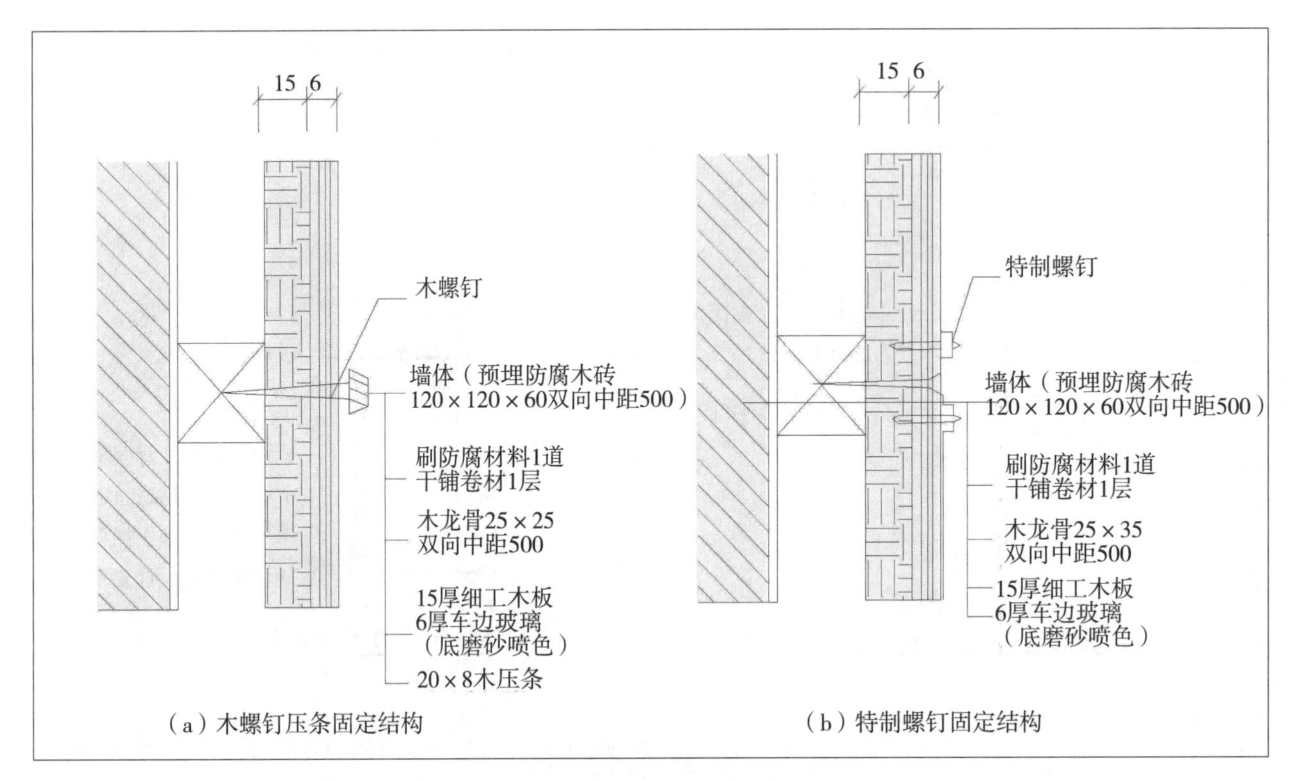

图3-49　玻璃墙面结构示意图（单位：mm）

3.施工中需要注意的问题

一定要按照设计图纸施工，选用的材料规格、品种、颜色均要符合设计要求，不可以随意改动；在同一墙面上安装同色玻璃的时候，最好选用同一批产品，以防镜面的颜色深浅不一；冬季施工时，从寒冷的室外运入采暖房间的镜面玻璃应待其缓慢变暖后再进行切割，以防碎裂；镜面玻璃应存放在干燥通风的室内，每箱都应放平，不能斜放；安装后的镜面应达到平整、清洁，接缝顺直、严密，不得有翘曲、松动、裂纹、掉角等。

4. 柱面玻璃镜面安装

柱面上玻璃安装的要求和工艺与墙面安装相同。柱面粘贴小块玻璃镜面时，应从下边开始，按弹线位逐块粘贴，并在块与块的对接缝边上涂少许玻璃胶。

玻璃镜在柱面转角处的衔接方法有线条压边，磨边对角和玻璃胶收边等。用线条压边的时候，应在粘贴玻璃镜面上，留出一条线条的安装位置，以便于固定线条。

玻璃镜面建筑基面安装时，应检查其基础的平整度。如果不平整，应重新找平或加钉木夹板基面。通常用线条嵌压或用玻璃钉固定，但在安装之前，应在玻璃镜背面粘贴一层牛皮纸作为保护层，线条和玻璃钉要钉在埋入墙体中的木楔上。

七、玻璃间隔的材料与施工工艺

玻璃是建筑工程中常用的装饰装修材料，具有着透光、透视、隔绝空气流通、隔音和隔热保温作用以及降低建筑结构自重等特性。在现代室内装饰工程中，玻璃不仅用在建筑物的门窗装饰，同时也正向着逐渐代替砖、瓦、混凝土等建筑材料用于墙体屋面的装饰。

（一）玻璃间隔材料

装饰间壁用的玻璃主要有平板玻璃、压花玻璃、钢化玻璃、夹层玻璃、夹丝玻璃等。

安装玻璃用的油灰，可以采购，也可以自制。用于安装玻璃用的油灰应具有以下特点：油料为不含有杂质的熟桐油，搓捻成细条不断，具有一定的附着力，使玻璃与槽连接严密而不脱落，干燥后不受潮。

其他材料：橡皮条、木压条、小圆钉、环氧树脂加701固化剂和稀释剂配制的环氧胶黏剂。

玻璃的运输与保管：

（1）运输：运输时，箱盖向上，直立紧靠放置，不可以动摇碰撞，堆放有空隙时要以软物填补或用木条钉牢；做好防雨防潮的工作，防止在运输中雨水淋入玻璃箱内，彼此相互黏结不容易分开；装卸时要小心轻抬轻放，防止振动和倒塌；短距离搬动应把木箱立放，使用抬杠抬运。

（2）保管：应按规格、等级分别堆放，以免混淆；箱盖应向上，立放紧靠不得歪斜或平放，不得受重压或碰撞；箱底下面必须架空100mm，防止受潮。

（二）玻璃间隔的施工工艺

1. 施工前的准备工作

检查、验收主体结构及其他准备：检查、验收间壁墙隔断、框架是不是符合设计和质量的要求，按照壁墙和隔断的数量和拼花上的要求，计划好各类玻璃和零配件的需要量；安装前，应先检查骨架与构造的连接是否牢固，以避免结构稍有变形就会压碎玻璃的情况；玻璃在安装使用前应先进行剔选，裂缝和掉角的不可以使用，安装之前还应将玻璃擦拭干净；对已切割好的玻璃，应按使用的部位编号，并且分别竖向堆放待用；应按设计图案的要求进行翻样（放大样），排列出详细尺寸和图案；应检查预埋件位置是否符合设计要求，检查土建施工时，固定件的位置是否符合设计要求，若需加立柱的，应确定位置，在玻璃安装前修补完毕。

工具：玻璃刀、直尺、木折尺、水平尺、水平托尺（检查水平度，保证安装质量）、钢丝钳、毛笔（裁切5mm以上厚度的玻璃前，抹煤油用）、刨刀（安装玻璃时敲钉子及抹油灰用）。

2. 施工顺序

（1）玻璃裁割：裁割普通玻璃（利于安装方便，玻璃实际尺寸要比设计的实际尺寸缩小3mm左右）；裁割厚玻璃或压花玻璃（开裁处用煤油涂一道后再进行裁割）；裁夹丝玻璃（与裁割进取玻璃相同，但向下用力要大、且要均匀）；裁玻璃窄条（裁好后用玻璃刀头轻轻将其振开）。

（2）玻璃安装：安装之前，应清除干净裁口内的污垢，并沿裁口的全长均匀涂抹1～3mm厚的底油灰；安装长边大于1.5m或短边大于1m的玻璃，应用橡皮垫并用压条和螺钉镶嵌固定；拼装彩色玻璃、压花玻璃时，应按设计图案裁割，拼缝应吻合，不得错位、斜曲和松动，并注意玻璃安装的正反方向。

八、柱面饰面板的施工工艺

（一）木材饰面板的安装

饰面板装饰中比较典型而又具有普遍意义的是木圆柱的饰面板安装，其基本施工工艺包括以下几个方面。

（1）圆柱上安装饰面板：选择弯曲性能较好的饰面板。需先进行试铺，如果弯曲贴合有困难，在其背面用墙纸刀切割一些竖向刀槽，再用胶合板的长边来围圆柱体。在木骨架的外面刷乳胶，将饰面板粘贴在木骨架上，然后用宽10mm的薄胶合板条，以间距40～60cm压住饰面板，再用射钉枪钉接，从一侧开始钉饰面板，逐步向另一侧进行固定，在对缝处适当加密。粘贴牢固后，取掉木条，用腻子填刮钉眼，经细砂纸打磨之后，用清漆涂饰。

（2）圆柱上安装实木条：在圆柱体骨架上安装50～80mm实木条，如圆柱体直径较小（小于350mm），木条板宽可减小或将木条加工成曲面形，木条板厚度为10～20mm。木条用乳胶黏贴于木骨架上后，再用铁钉将木条固定，铁钉应埋入木条中。木条间的接缝可用腻子填实，补平。最后在木条表面施以清漆。（图3–50至图3–54）

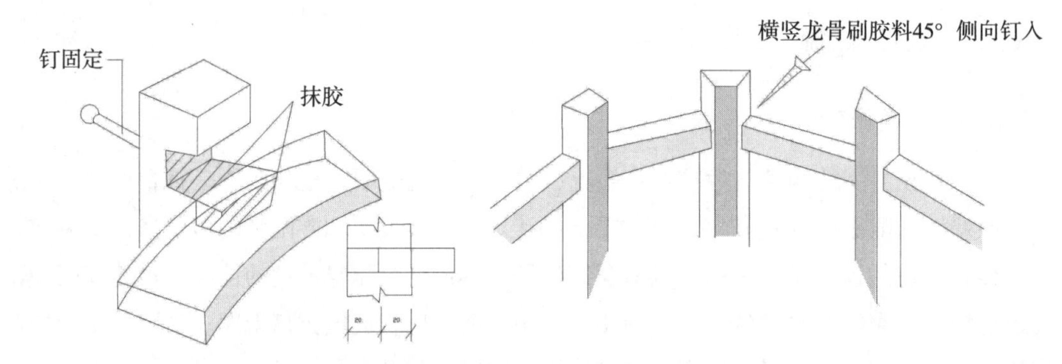

图3–50　装饰圆柱横向和竖向木龙骨的连接（单位：mm）

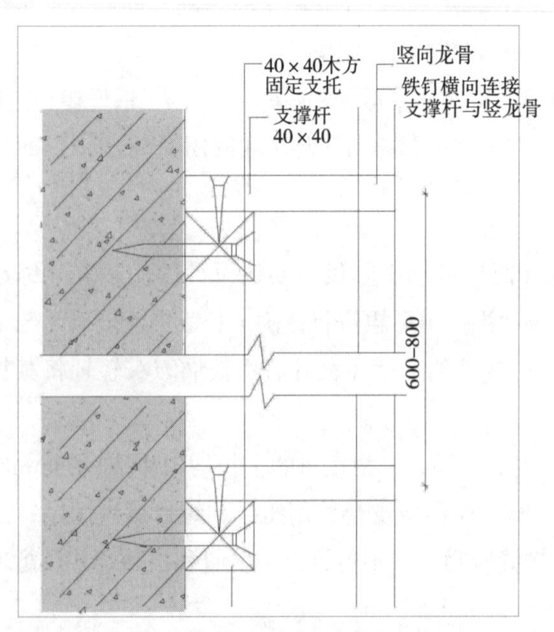

图3–51　柱体龙骨架与建筑柱体的连接（单位：mm）

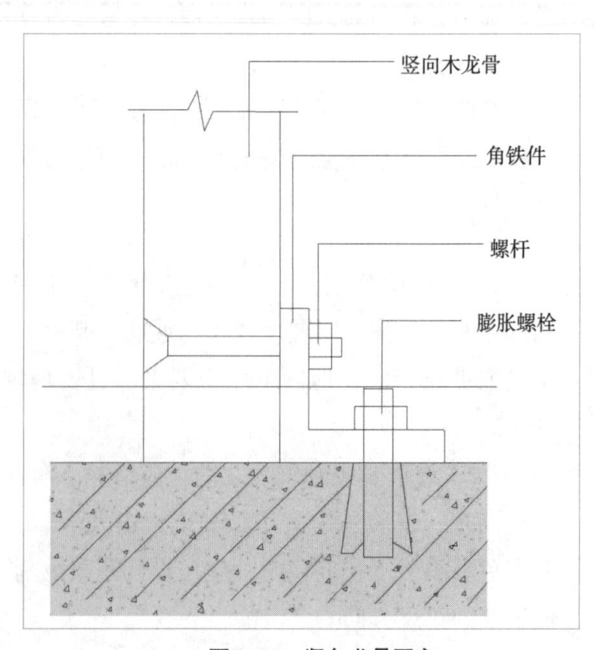

图3–52　竖向龙骨固定

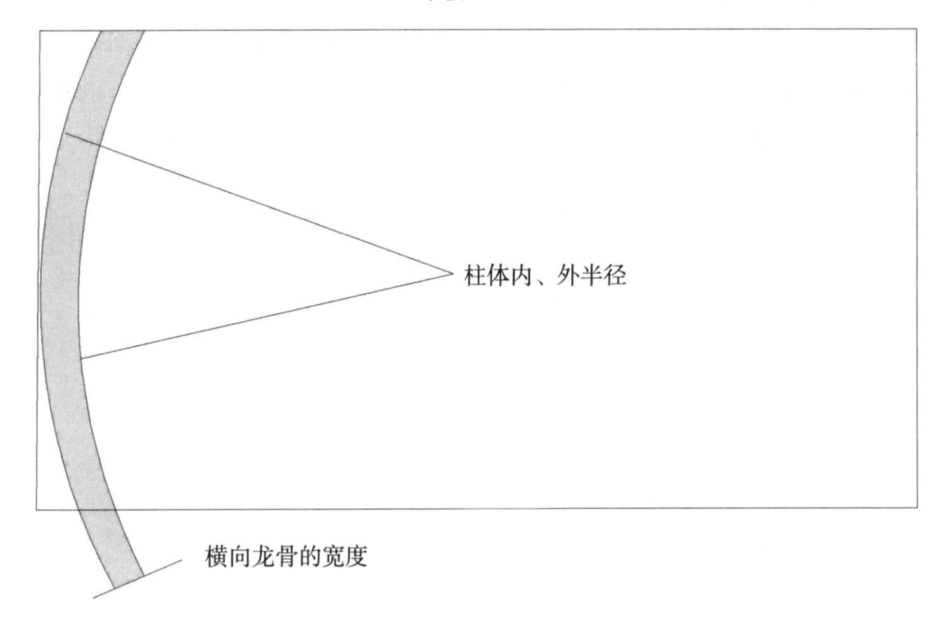

图3-53　弧线形横向龙骨制作

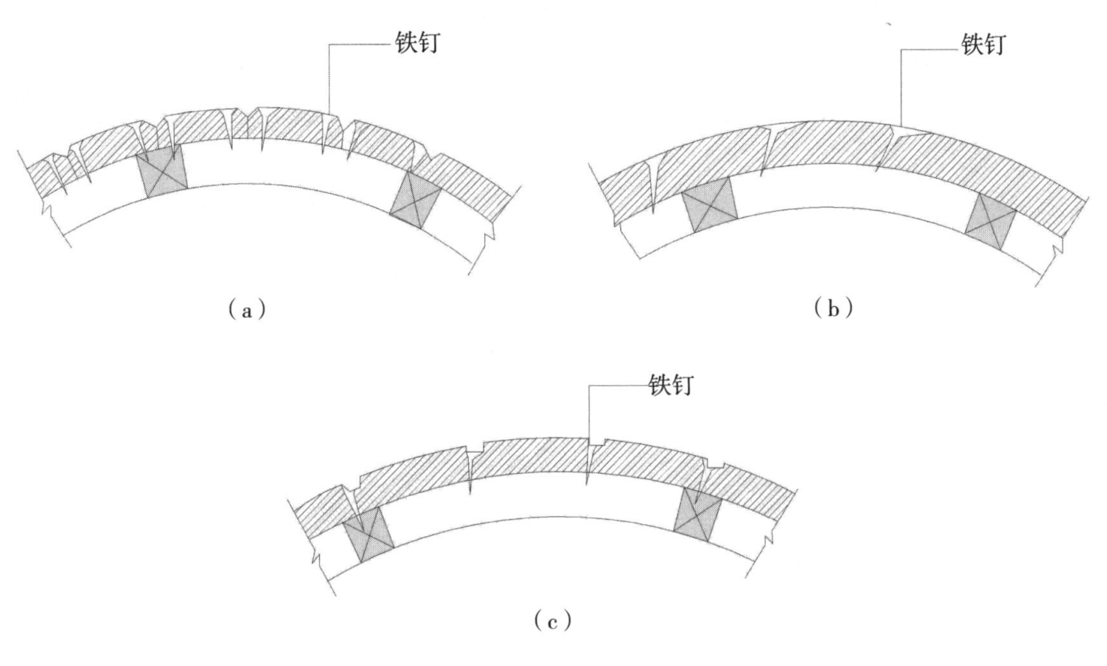

图3-54　常见的实木条安装方法

（二）铝合金型材装饰柱面安装

铝合金型材的柱体骨架，可以使用铁龙骨架或木龙骨架，用于安装柱面的铝合金型材一般都是“扣板”。安装方法为：先用螺钉在扣板凹槽处与柱体骨架固定第一条扣板，然后用另一块板的一端插入槽内盖住螺钉头，在另一端再用螺钉固定，以此逐步在柱身安装扣板，安装最后一块板时，就可以用螺钉在凹槽内拧上。（图3-55）

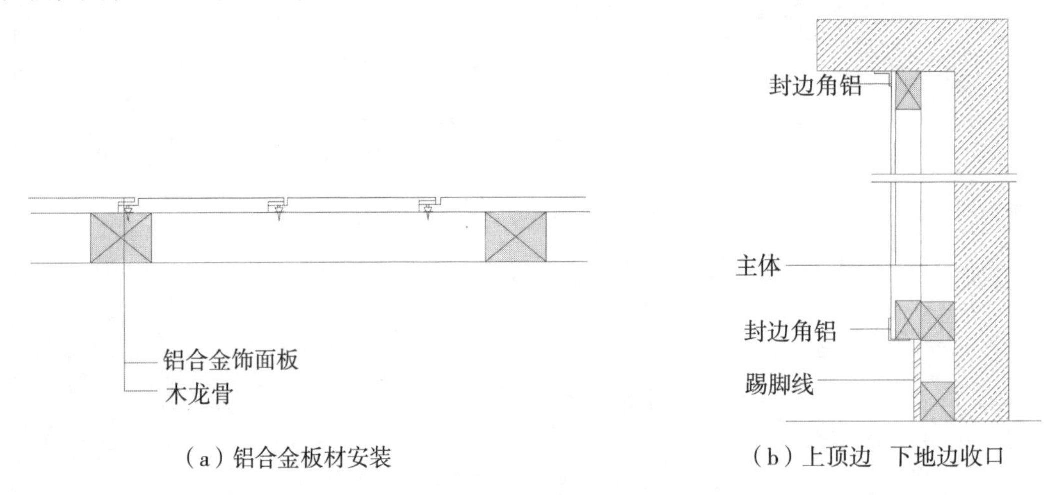

图3-55　铝合金扣板安装方法

（三）大理石板圆柱饰面施工工艺

大理石饰面圆柱给人的感觉往往都是实心体，其实不是这样的。在室内装饰工程中，大理石圆柱起着重要的装饰作用，但柱体却是空心的。大理石圆柱体的基本结构是：用角钢和钢丝网作为龙骨骨架，在骨架上批嵌水泥砂浆，最后在其表面安装圆柱大理石面板。其施工的基本工序为：制作圆柱形铁骨架→对骨架涂刷防锈漆进行防锈处理→在骨架上焊敷钢丝网→在钢丝网上批嵌基层水泥砂浆→安装圆柱大理石板。（图3-56、图3-57）

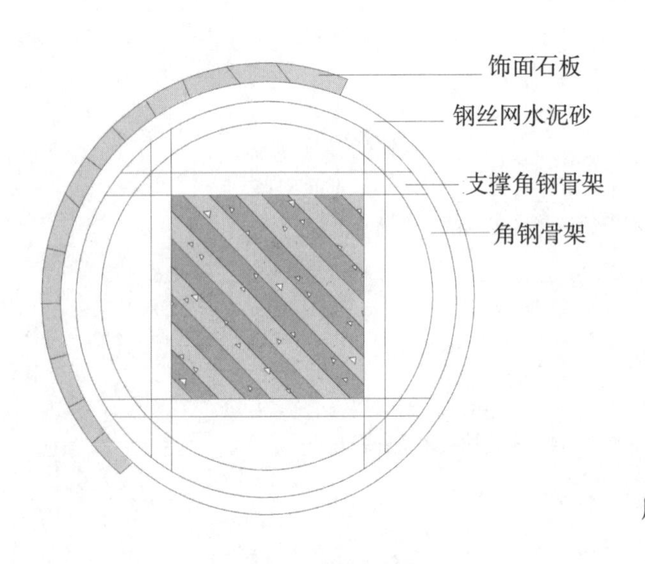

图3-56　镶贴石材施工结构

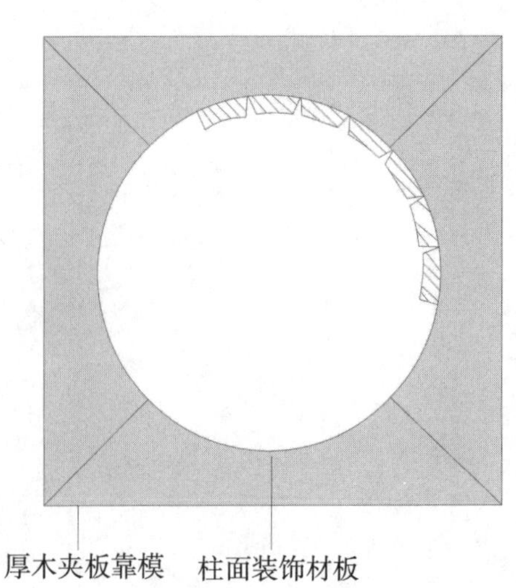

图3-57　圆柱装饰石材做法

九、木隔断墙的施工工艺

（一）木隔断墙的结构形式

木隔断墙分为全封闭式隔断墙、有门窗隔断墙和半高隔断墙三种。

大木方构架：用50mm × 80mm或50mm × 100mm的大木方制作方框架，框体的规格为边长500mm左右的方框或500mm × 800mm左右的长方框架，再用4 ~ 5mm的胶合板作为基层面板。该结构多用于墙面较宽的隔断墙。

小木方双层隔断墙：为了使木隔断墙拥有一定的厚度，用25mm × 30mm的带凹槽木方做成两片骨架的框体，每片规格为边长300mm或400mm的框架，将两个框架用木方横杆相连接，其墙体的宽度通常为150mm左右。

单层小木方构架：通常用25mm × 30mm的带凹槽的木方组装而成。框体边长一般为300mm，与墙体木骨架、吊顶木骨架相同。这种结构的木隔断多用于高度3m以下的全封闭隔断或普通半高隔断。

（二）隔断墙的固定

1.弹线打孔

在需要固定木隔断墙的地面上，弹出隔断墙的宽度线与中心线。按300 ~ 400mm的间距用直径7.8mm或10.8mm的钻头，在中心线上打深45mm左右的孔，再向孔内放置M8或M6的膨胀螺栓。打孔的位置要与骨架竖向木方错开。如果使用木楔固定，需要打出直径为20mm左右，孔深50mm的孔，然后再向孔内打入木楔。

2.固定木骨架

在室内装饰工程当中，通常遵循着不破坏原建筑结构的原则，处理骨架的固定工作。固定木骨架的位置通常是沿墙、沿地和沿顶处。固定木骨架前，应按对应地面的墙顶面固定点的位置，在木骨架上画线，标出其固定位置，如用膨胀螺栓固定，就应在标出的固定点位置打孔。打孔的直径要略大于膨胀螺栓直径。

半高隔断墙主要靠地面固定和端头的建筑墙固定。如果隔断墙的端头处无法与墙体固定，常常会使用铁件来加固端头处。加固部分主要是地面与竖向木方之间。各种木隔断墙的门框竖向木方，均应采用铁件加固法固定，否则，木隔断墙将会因门的开闭、经常性振动而出现较大颤动，进而使门框和木隔断墙松动。

3.隔断墙与吊顶的连接：处理方法要根据不同的吊顶结构而定

对于无门的隔断墙：与铝合金龙骨或者轻钢龙骨吊顶面接触的时候，要求相接处的缝隙小、平直；与木龙骨吊顶面相接触时，应将吊顶的木龙骨与隔断墙的沿顶龙骨钉接起来，如果有接缝，应垫实接缝后再钉钉子。

对于有门框的隔断墙：要考虑门开闭时的振动和人来往的碰撞，顶端也要进行固定。其固定的方法为：木隔断的竖向龙骨应穿过吊顶面，在吊顶面以上再与建筑层的顶面进行固定。固定的方法是用斜角支撑法，支撑杆可以是木方或角铁，支撑杆与建筑层的顶面夹角以60°角为好，用木楔或铁钉膨胀螺栓来固定。

4.固定木隔断墙面胶合板

隔断墙上固定胶合板的方式主要有明缝固定和拼缝固定两种。

明缝固定是在两板之间留一条8～10mm的缝，明缝的上下宽度应保持一致，刨割胶合板时，应用靠尺来保证锯口的平直度与尺寸的准确性，并用0#木砂纸修边；拼缝固定要对胶合板正面四边进行倒角处理，以便基层处理时可将胶合板之间的缝隙补平，其板边倒角为450×3，其钉板方法与木质墙身钉板法相同。

5.饰面及收口

木龙骨架隔断墙的饰面，一般为木板油漆、木板贴墙纸、木板喷涂和贴墙面饰面板等几种。收口部位主要是与吊顶面、建筑墙面以及隔断墙与本身的门窗之间，选用相应的线条进行装饰性的收边。

（三）木隔断墙体门窗的结构与做法

1.门框结构

木隔断中的门框以隔断门洞两侧的竖向木方为基体，配以挡位框、饰边板或饰边线条组合而成。大木方骨架的隔墙门洞竖向木方比较大，其挡位框的木方可直接固定在竖向木方上。小方双层构架的隔断墙，因其木方较小，应该先在门洞内侧钉上12mm的厚胶合板或实木板后，再在板上固定挡位框。门框的包边饰边的结构形式有多种，常见的有胶合板加木线条包边、阶梯式包边、大木线条压边等。

2.窗框结构

木隔断中的窗框是在制作木隔断时预留的，要用胶合板和实木条进行压边或定位。木隔断墙的窗有固定式和活动窗扇式两种。

十、裱糊工程材料与施工工艺

（一）裱糊工程材料

（1）石膏、大白、滑石粉、聚醋酸乙烯乳液、羧甲基纤维素、107胶或各种型号的壁纸、胶黏剂等。（图3-58）

(2)壁纸:为保证裱糊的质量,各种壁纸、墙布的质量应符合设计要求和相应的国家标准。(图3-59)

(3)胶黏剂、嵌缝腻子、玻璃网格布等,应根据设计和基层的实际需要提前备齐。但胶黏剂应满足建筑物的防火要求,避免在高温下因胶黏剂失去黏结力使壁纸脱落而引起火灾。(图3-60)

（二）裱糊工程施工工艺

1.工艺流程

（原则上是先裱糊顶棚，后裱糊墙面）基层处理 → 吊直、套方、找规矩、弹线 → 计算用料、裁纸

→粘贴壁纸→壁纸修整。

2.裱糊顶棚壁纸

（1）基层处理：清理混凝土的顶面，满刮腻子。首先将混凝土顶土的灰渣、浆点、污物等清刮干净，并用笤帚扫净粉尘，满刮腻子一道。腻子的体积配合比为聚醋酸乙烯乳液1，石膏或滑石粉5，2%羧甲基纤维素溶液3.5。腻子干后用磨砂纸，满刮第二遍腻子，待腻子干后用砂纸磨平、磨光。

（2）吊直、套方、找规矩、弹线：首先应将顶子的对称中心线通过吊直、套方、找规矩的办法弹出中心线，以便从中间向两边对称控制。墙顶交接处的处理原则：凡有挂镜线的按挂镜线，没有挂镜线则按照设计要求弹线。

（3）计算用料、裁纸：根据设计的要求决定壁纸的粘贴方向，然后计算用料、裁纸。应按所量尺寸每边留出2～3cm余量，如果采用的是塑料壁纸，应在水槽内先浸泡2～3分钟，拿出，抖去多余的水，再将纸面用净毛巾沾干。

（4）刷胶、糊纸：在纸的背面和顶棚的粘贴部位刷胶，要注意按壁纸宽度刷胶，不适合过宽，铺贴时应从中间开始向两边铺贴。第一张一定要按已弹好的线找直黏牢，应注意纸的两边各甩出1～2cm不能压死，以满足与第二张铺贴时的拼花压控对缝的要求。然后依上法铺贴第二张，两张纸搭接1～2cm，用钢板尺比齐，两人将尺按紧，一人用劈纸刀裁切，随即将搭槎处两张纸条撕去，用刮板带胶将缝隙压实刮牢。随后将顶子两端阴角处用钢板尺比齐、拉直，用刮板及辊子压实，最后用湿温毛巾将接缝处辊压出的胶痕擦净，依次进行。

（5）修整：壁纸粘贴完后，应检查是否有空鼓不实之处，接槎是否平顺，有无翘进现象，胶痕是否擦净，有无小包，表面是不是平整，多余的胶是否清擦干净等，直到符合要求为止。（图3-61）

滑石粉　　腻子粉

图3-58　基础材料

图3-59　壁纸

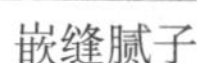

嵌缝腻子　　玻璃网格布

图3-60　辅材

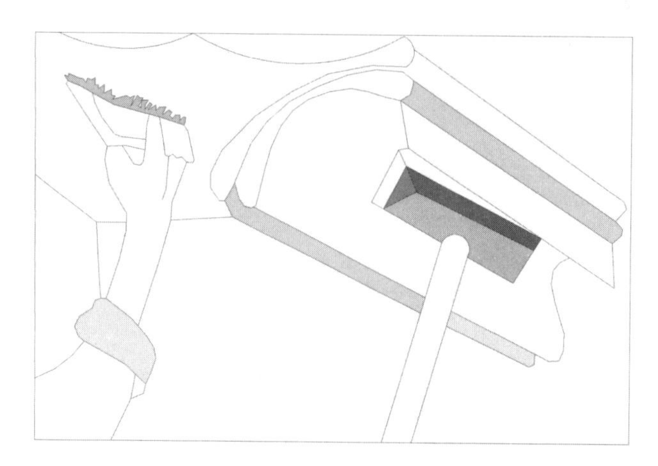

图3-61　壁纸顶棚裱糊方法

3.糊墙面壁纸

（1）基层处理：如混凝土的墙面可以根据原基层质量的好坏，在清扫干净的墙面上满刮1～2道石膏腻子，干后用砂纸磨平、磨光；若为抹灰的墙面，可满刮大白腻子1～2道找平、磨光，但不可以磨破灰皮；石膏板墙用嵌缝腻子将缝堵实堵严，粘贴玻璃网格布或丝绸条、绢条等，然后局部刮腻子补平。

（2）吊垂直、套方、找规矩、弹线：首先应该先将房间四角的阴阳角吊垂直、套方、找规矩，并且确定从哪个阴角开始按照壁纸的尺寸进行分块弹线控制（习惯做法是进门左阴角处开始铺贴第一张）。有挂镜线的按挂镜线，没有挂镜线的按设计要求弹线控制。

（3）计算用料、裁纸：按已量好的墙体高度放大2～3cm，按此尺寸计算好用料、裁纸，一般需要在案子上裁割，将裁好的纸用湿温毛巾擦后，折好待用。

（4）刷胶、糊纸：应该分别在纸上及墙上刷胶，其刷胶宽度应要相吻合，墙上刷胶一次不应太宽。糊纸时从墙的阴角开始铺贴第一张，按照已经画好的垂直线吊直，并从上往下用手铺平，刮板刮实，并用小辊子将上、下阴角处压实。第一张黏好留1～2cm（应拐过阴角约2cm），然后黏铺第二张，依同法压平、压实，与第一张搭槎1～2cm，要自上而下对缝，拼花一定要端正，用刮板刮平，用钢板尺在第一、第二张搭槎处切割开，将纸边撕去，边槎处带胶压实，并及时地将挤出的胶液用湿温毛巾擦净，然后用同样的方法将接顶、接踢脚的边切割整齐，并带胶压实。墙面上遇有电门、插销盒时，应在其位置上破纸作为标记。在裱糊时，阳角不允许甩槎接缝，阴角处必须裁纸搭缝，不允许整张纸铺贴，避免产生空鼓和皱褶。（图3-62）

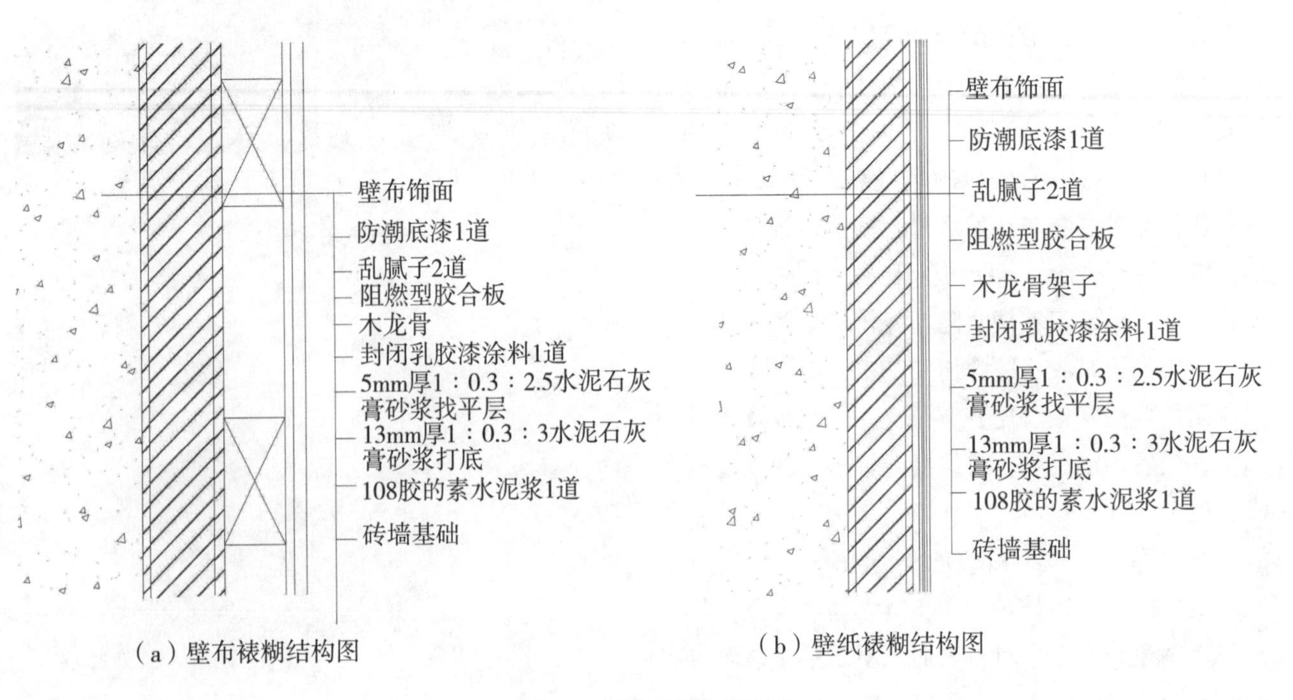

（a）壁布裱糊结构图　　（b）壁纸裱糊结构图

图3-62　墙面裱糊工艺结构

第四章　室内楼地面工程材料与施工工艺

一、水泥砂浆地面材料与施工工艺

水泥砂浆地面是室内地面装饰最普通、最基础、最简单的装饰工程。

（一）水泥砂浆地面的常用材料

（1）胶凝材料——水泥：水泥砂浆地面应选用的水泥标号应高于425号大厂硅酸盐水泥。（图4-1）

（2）细骨料：水泥砂浆地面所用的砂，应当采用中砂或粗砂，也可以两者混合使用，其含泥量应小于3%。（图4-2）

图4-1　硅酸盐水泥

图4-2　细骨料

（二）水泥砂浆地面的施工工艺

1. 施工准备

（1）基层处理：水泥砂浆地面多铺在混凝土、水泥炉渣、碎砖三合土等基层上，基层处理是防止水泥地面出现空鼓、裂纹、起砂等质量通病的关键工序。要求基层必须具有粗糙、洁净和潮湿的表面。具体做法为：清除垫层上的一切浮灰、油渍、杂质；表面较光洁的基层，应进行凿毛，并用清水冲洗，清洁基层；适宜在基层的砂浆或混凝土的抗压强度达到1.2MPa后，再铺设面层砂浆；铺设地面前，要再一次将门框校核找正，然后将门框固定，防止松动位移。

（2）找规矩。

（3）弹准线：抹灰前，在四周墙上弹一道水平基准线，作为确定水泥砂浆面层的标高依据。

（4）做标筋：面积不大的房间，可以根据水平基准线直接用长木杠抹标筋；面积较大的房间，根据水平基准线，在四周墙角处每隔1.5~2.0m用1：2水泥砂浆抹标志块，标志块大小一般是8~10cm。

（5）找坡度：对厨房、浴室、厕所、实验室、生产车间等用水房间的地面进行施工时，必须将流水坡度找好，有地漏的房间，要在地漏四周找出不＜5%的泛水，并要弹好水平线，避免地面“倒流水”或积水。

（6）材料配合比：面层水泥砂浆的配合比应当高于1：2，水灰比为1：0.3~1：0.4，要求搅拌均匀，颜色一致。

2. 施工工序

（1）铺抹素水泥浆结合层——地面面层铺抹（水泥地面压光需三次成活；压光过早或过迟都会造成地面起砂、起灰等质量事故）—— 养护（水泥砂浆地面层压实、压平、压光后，应该在常温湿润的条件下养护；适时养护：例如浇水过早易起皮，过晚则会易产生裂纹或起砂。一般夏季应在24小时后养护、春秋两季应在48小时后养护，养护时间应不大于7天，铺上锯木屑浇水养护，保持锯木屑湿润就可以了；在水泥砂浆面层强度不到5.0MPa前，不准在上面行走或进行其他作业，以防止破坏地面）。（图4–3）

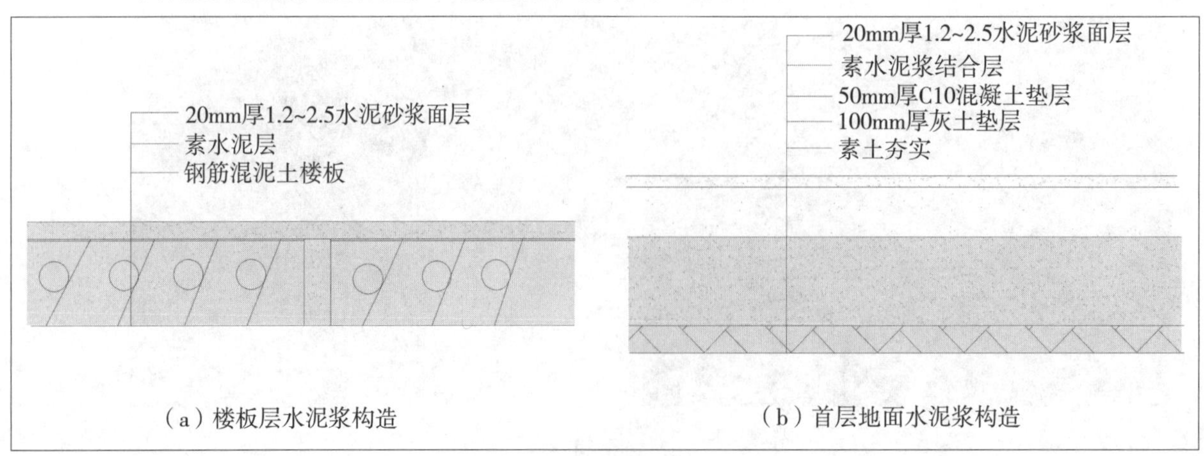

图4–3　水泥砂浆地面工艺做法

二、现浇水磨石面层材料与施工工艺

（一）现浇水磨石面层材料

1.材料的质量要求

（1）水泥：适宜采用高于425号的硅酸盐水泥，普通硅酸盐水泥、矿渣硅酸盐水泥；所使用的水泥必须有出厂证明或试验资料，同一种颜色的地面，应当使用同一批水泥。

（2）石渣：要求颗粒坚韧、有棱角、洁净，不能含有风化的石粒、杂草、泥块、砂粒等杂质。使用前用水冲洗干净，晾干，按照不同规格（大、中、小三种），品种、颜色分别存放。（图4-4）

图4-4　石渣

（3）颜料：选用耐碱、耐光的矿物颜料，掺入量应小于水泥质量的12%，并且以不降低水泥标号为宜。不论哪种色粉都要经过试验试配。同一种彩色地面、使用同一厂家生产的同一批次的颜料。（图4-5）

图4-5　颜料

（4）分格镶条：又叫嵌条，视建筑物的等级不同，一般选用黄铜条、铝条和玻璃条三种，另外也有不锈钢、硬质聚氯乙烯制品。嵌条用于现浇水磨石、人工磨光石等地面装饰材料的分界线。（图4–6）

图4–6　分隔镶条

（5）草酸与氧化铝：两者混合使用，可以用于水磨石地面面层抛光。（图4–7）

（6）地板蜡：石蜡熔化后配制（0.5kg配2.5kg煤油加热后使用），用于地板、水磨石地面等。（图4–8）

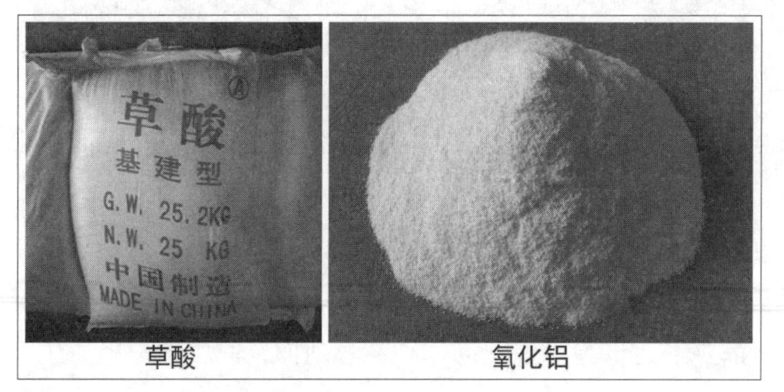

图4–7　草酸与氧化铝

图4–8　地板蜡

（二）现浇水磨石面层施工工艺

（1）基层处理：将混凝土基层上的浮灰、污物清理干净。

（2）抹底灰：抹底灰前地漏或安装管道处要临时堵塞。先用素水泥浆抹一遍，随即做灰饼、标筋、抹底灰，然后用木抹子搓实，最少两遍，24小时后进行洒水养护。

（3）弹线、镶条（或嵌条）：待底灰有一定强度后，方可在底灰上按设计要求弹线分格。

镶条安装的高度要比磨平施工面高出2~3mm，按照设计要求选用镶条。镶条时随手用刷子蘸水刷一下镶条及灰埂，使灰埂带麻面，方便与面层结合。镶条顶面要平直，镶嵌要牢固，镶条平接部分，接头要严密，侧面不能弯曲。已凝结硬化的灰埂一般应浇水养护3~5天。（图4–9）

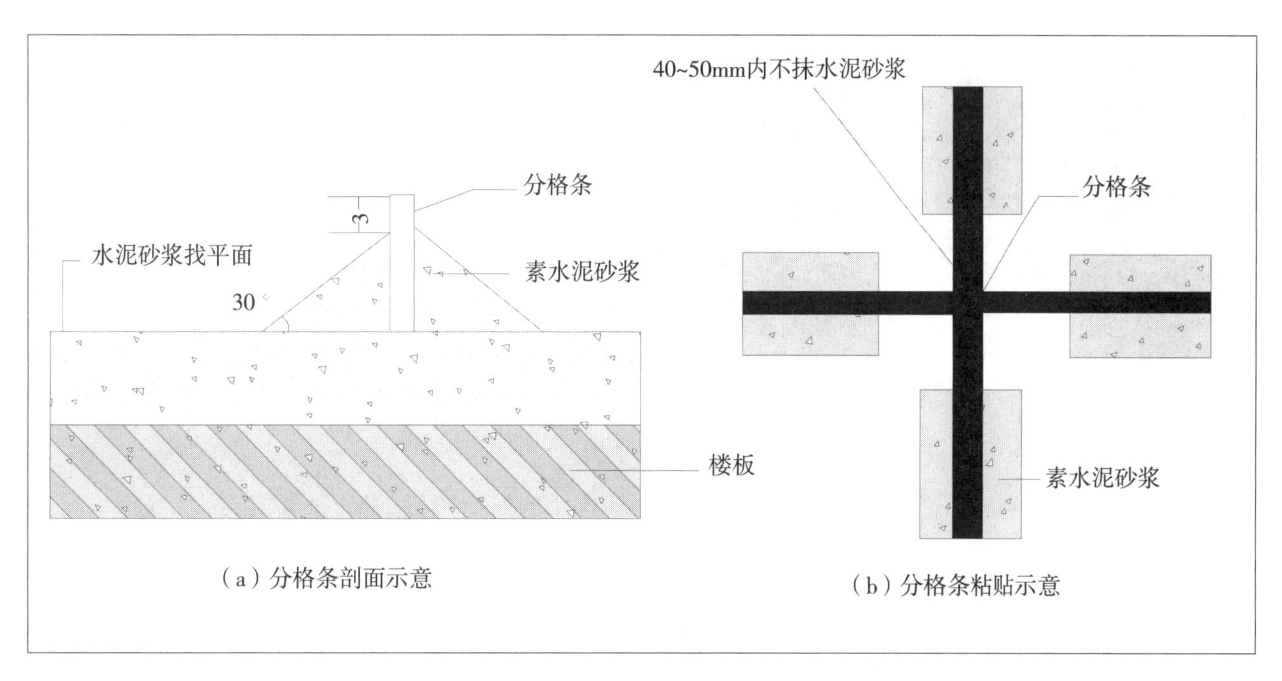

图4-9　现浇水磨石地面镶嵌分隔节点图

（4）罩面与养护：水泥石渣浆应搅拌均匀，搅拌前需预留20%的石子作为撒面用，其余平整地铺在结合层上，并高出镶条1~2mm。（同一操作面的色粉和水泥应使用同一批材料，一次拌和，并留取部分干灰作为修补之用）罩面后24小时开始养护，在2~7天内，要注意浇水保湿，温度在15℃以上时，每天至少浇水两次。

若在同一面层上采用几种颜色的图案，操作时应先做深色，然后做浅色；先做下面，后做镶边；等前一种水泥石渣凝固后，再铺后面一种水泥石渣，不能同时几种石渣罩面，以防止混色。

（5）水磨：开磨时间视所用水泥、色粉品种以及气候条件而定。水磨石面层应当使用磨石机分三次磨，开机前先试磨，以表面石渣不松动才可以开磨。具体操作时要边磨边加水，确保磨盘下有水，并随时清扫磨石浆。开磨时间过晚、面层过硬时，可以在磨盘下面撒少量过窗纱筛过的砂子助磨。

（6）涂草酸：磨面清水冲洗净、擦干，经3~4天干燥后，用布蘸草酸溶液擦，再用280号油石在上面磨研酸洗，清除磨面上所有污垢，到石子表面光滑为止，清水冲洗之后再擦干。

（7）打蜡：水磨石打蜡应该在其他工序全部完工后进行。在干燥发白的水磨石面层上，上地板蜡或工业蜡。（图4-10）

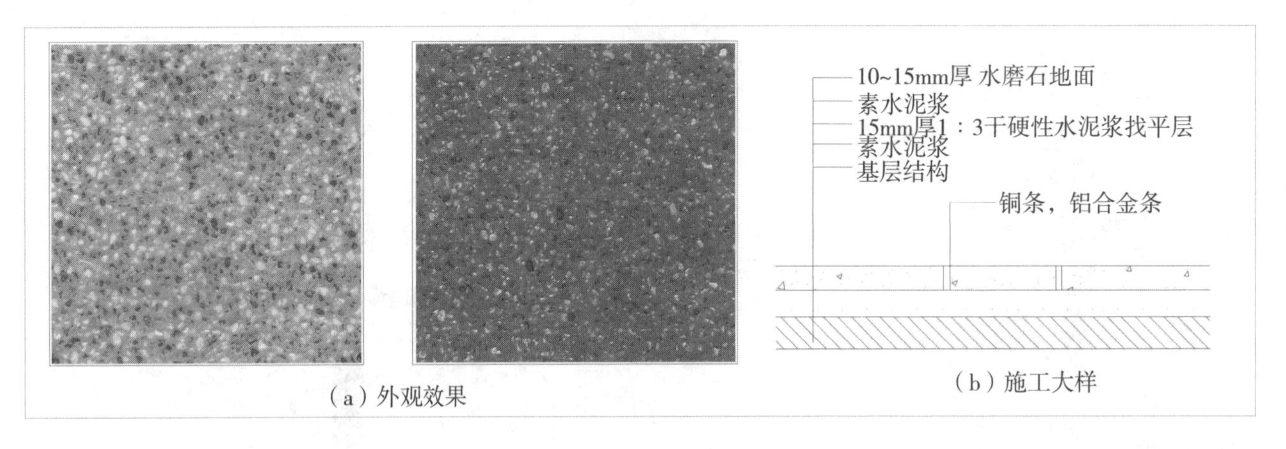

（a）外观效果　　（b）施工大样

图4-10　水磨石地面构造示意图

三、楼梯防滑条材料与施工工艺

（一）楼梯防滑条的常用材料

（1）材质：有不锈钢、黄铜、铝、铁等金属制品；此外，还有瓷砖、合成树脂制品。

（2）形状：金属防滑条的形状一般有两种形式：嵌填型——即在踏步槽中填充合成树脂，这种防滑条具有防滑效果好、声音小等优点，所以应用广泛；另一种为非嵌填型，即在踏步槽中什么也不嵌填的防滑条。（图4-11）

（3）附属件：在用锚固螺栓安装防滑条时，作为其附属件的锚脚和安装用的螺栓是必要的。用宽15mm、厚2.3mm、长100mm左右的扁钢作锚脚，小螺栓、木螺栓等用在显眼处时采用与防滑条同材质的较好。

图4-11　楼梯防滑条

（二）楼梯防滑条的施工工艺

（1）黏结安装施工法：本施工法是在基底及防滑条背面涂布胶黏剂，使防滑条粘贴在基底的施工方案。

（2）锚固安装施工法：预先在规定位置临时安装锚固件的防滑条，再用水泥砂浆等固定。

（3）砂浆安装施工法：用砂浆将瓷砖式防滑条仔细铺贴，等到硬化后装修踏步面的施工方法。砂浆宜用配合比（体积比）为1：3（水泥：砂）的，以干性砂浆为好。

（4）施工注意事项：

①粘贴安装施工法：一般选用环氧树脂类胶黏剂。黏结施工方法的要点是在环氧树脂胶黏剂完全硬化前要完全压紧，并且进行必要的养护。

②锚固安装施工法：锚固安装最重要是锚脚和安装用的螺栓要埋在混凝土中。

③砂浆安装施工法：因为瓷砖防滑条吸水率非常小，砂浆粘贴常常脱壳，故与基底的黏结必须十分注意。瓷砖宽度太小的脱壳率较高。（图4–12）

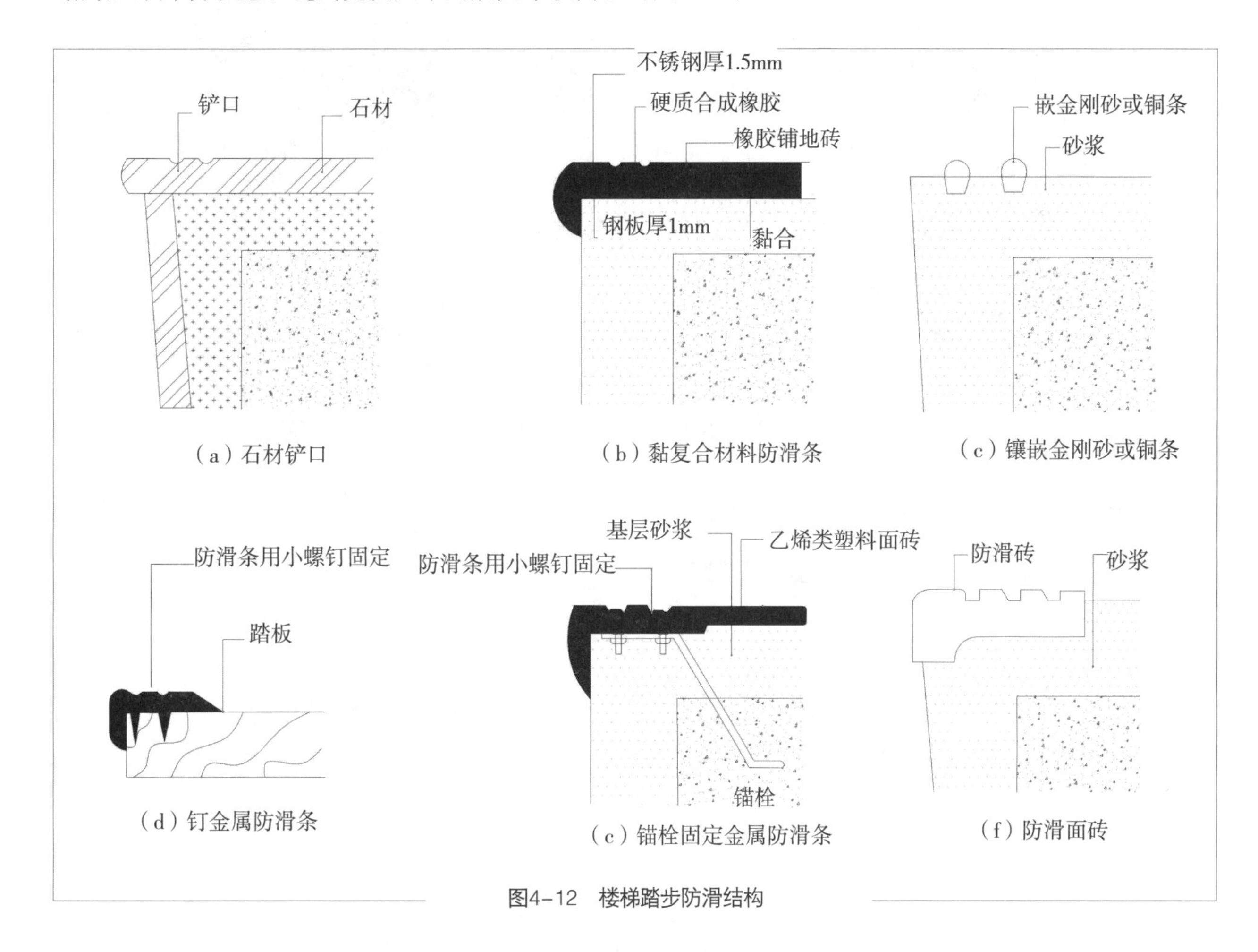

图4–12　楼梯踏步防滑结构

四、石材地面饰面材料与施工工艺

（一）石材地面饰面的常用材料

石材地面是指用大理石、花岗石板及预制美术水磨石板材等铺砌的地面面层，它经久耐用，可以拼接成各种图案，是一种比较高档的地面材料。铺贴的一般做法是在结构层上用15mm厚的1：3的水泥砂浆找平，然后用5mm厚1：2水泥砂浆做贴面层，最后铺砌石材板。

天然大理石：天然大理石指可以磨平、抛光的各种碳酸盐岩石以及含有少量碳酸盐的硅酸盐类的岩石，包括有变质岩和沉积岩类的各种大理岩、大理化灰岩、致密灰岩、砂岩、石英岩、蛇纹岩、石膏岩、白云岩等等。

天然花岗石：花岗石是从以火成岩中开采的花岗岩、安山岩、辉长岩、片麻岩为原料，经过切片、加工磨光、修边后成的不同规格石板。

美术水磨石：美术水磨石运用不同色彩进行组合，通过图案取得较丰富的变化。它是以彩色水泥为胶结材料，掺入不同颜色石子制成的。（图4-13）

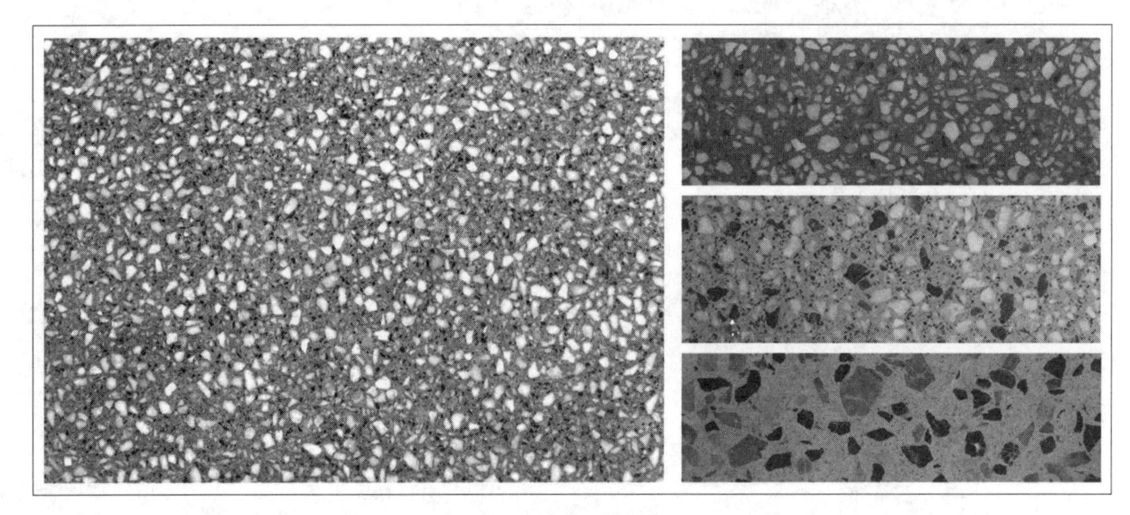

图4-13　美术水磨石

（二）石材地面饰面的施工工艺

1. 石材地面铺贴

室内地面所铺的石材多为磨光石板，也有亚光面板，目的是区别空间和防止滑倒。在阳台、屋顶平台处的地面也常用凹凸面板材，但是凹凸不能起伏太大，石材地面的铺贴质量要求是粘贴牢固稳定。

2. 施工前的准备

石材地面施工一般在顶棚、立墙饰面完工后进行。施工前要清理现场，检查铺砌或铺贴面部位有无水、暖、电等工程的预埋件，并且要检查石材的规格、尺寸、颜色、边角缺陷等，并将其分类归放。

3. 准备工序

基层的处理（楼、地面垫层的平整度、基层清理、凿毛地面等）—— 找规矩（根据设计要求，确定平面标高位置）—— 试拼（根据标准线确定铺砌顺序和标准块位置）—— 试排（根据设计图要求把板块排好，以方便检查板块之间的缝隙，核对板块与墙面、柱、管线洞口的相对位置，确定找平层砂浆的厚度，比如浴室、厕所等有排水要求的地面，应该找好泛水）。

4.板块浸水

板块是多孔材料，结合层砂浆厚度一般为10~15mm，如果使用干燥板块，则铺贴后水分很快被板块吸收，造成结合层砂浆脱水而影响砂浆的凝结硬化，影响砂浆与基层、砂浆与板块的黏结质量。所以，在施工前应将预制水磨石板块浸水湿润，大理石和花岗石板块洒水湿润。铺贴时以内湿面干比较适合。

5.摊铺砂浆找平层（结合层）

铺砌石板块的地面，不仅要求有平整度，而且不得有空鼓和裂缝现象产生。为此，要求找平层使用1∶2（体积比）的干硬性水泥砂浆。为了保证黏结效果，基层表面湿润后，还要刷以水灰比为0.4~0.5的素水泥浆，并且边刷边铺板块。

6.对缝及镶条

镶铺时，板块四角应当同时水平下落，对准纵横缝后，用橡皮锤轻敲振实，并且用水平尺找平。板块规格长宽度误差应该在1mm以内，对于大于此误差的板块应捡出，然后分尺寸码放。对于铜镶条的地面板块铺贴，镶条时，先将两块板铺贴平整，板间的缝隙略小于镶条宽度，对缝隙内灌抹水泥砂浆后抹平，用木锤将铜条敲入缝隙内，并且略高于板块平面，用手摸稍有凸感为准，最后擦去溢出的砂浆。

7.灌缝

对于无镶条的板块地面，应当在24小时以后进行灌缝处理。等到缝内的水泥凝结后，将面层清洗干净，3 天内禁止人走动或搬运物品。

8.踢脚板镶贴

预制水磨石、大理石、花岗石踢脚板，一般高度为100~200mm，厚度为15~20mm。施工方法有粘贴法和灌浆法两种。踢脚板施工前，应当认真清理墙面，提前浇水湿润。按需要将阳角处踢脚板的一端，用无齿锯切成45° 角，并且将踢脚板用水刷干净备用。镶贴时由阳角开始向两侧试贴，检查是否平直，缝隙是否严密，有没有缺边掉角等缺陷，合格后才可以实贴。（图4–14）

9.打蜡抛光

板块镶铺后24小时，洒水养护48小时，清水净洗表面，表面干燥后，才可打蜡抛光。

五、瓷砖瓷片地面材料与施工工艺

室内装饰常用的瓷砖瓷片有陶瓷釉面砖、陶瓷无釉面砖、陶瓷磨光砖，陶瓷马赛克等。这类材料质地坚硬，色泽多样，具有耐磨、耐火、耐酸碱、防水、易清洗等优点。它的施工方法基本采用铺贴法。

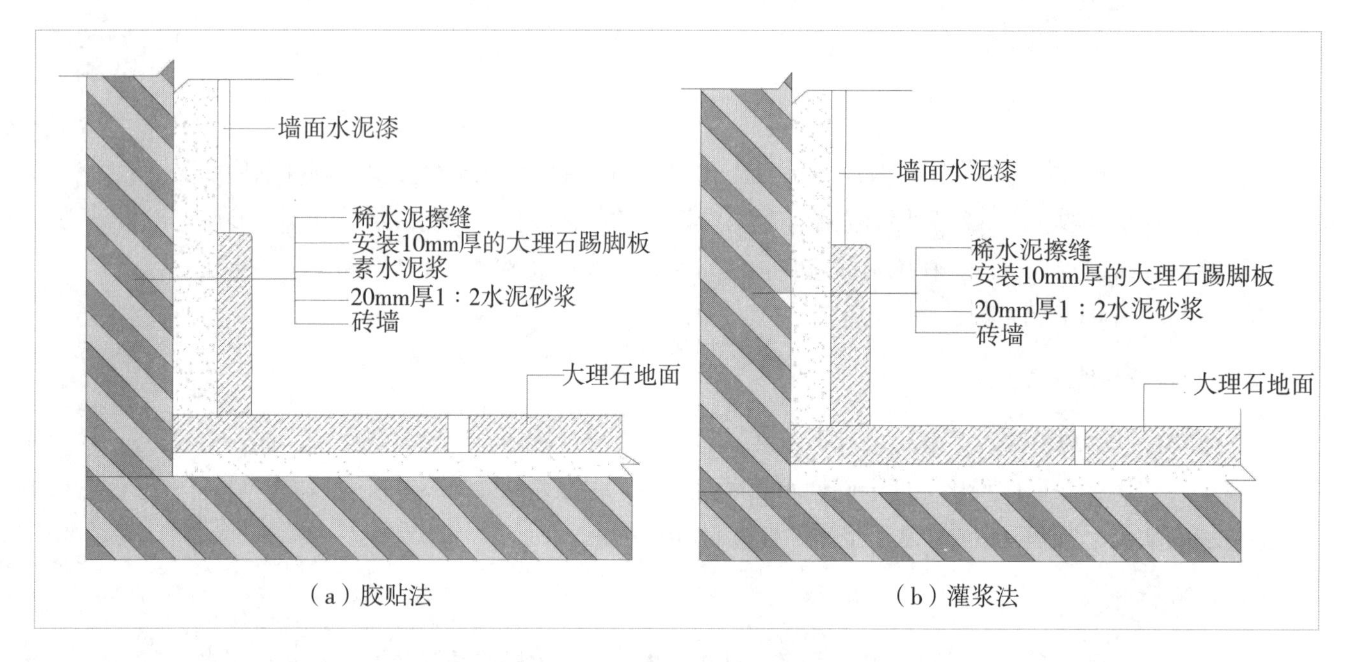

图4-14　大理石踢脚板安装示意图

（一）瓷砖瓷片地面材料

（1）陶瓷釉面砖：陶瓷制品的釉面，由陶瓷层和釉面层组成，釉面层由纳米材料与釉浆混合覆盖于陶瓷层的表面。由于在釉面添加了纳米材料，陶瓷制品在应用中，能驱除异味、释放负离子、增加能量、增强体质，对其使用者会起到一定的保健作用。

（2）陶瓷无釉面砖：表面不施釉的瓷砖，比如常见的抛光砖、陶土砖等。

（3）陶瓷磨光砖：磨光砖是花岗岩石材后的又一新型建筑材料。它用瓷质砖深加工而成，具有瓷质砖的一切优点，磨光后光亮如镜，豪华美观，与天然花岗岩相比较更加具有色彩艳丽柔和、理化性能稳定、耐磨损、耐腐蚀、抗弯曲强度高等优点。

（4）陶瓷马赛克：陶瓷马赛克是一种工艺相对古老、传统的马赛克。在其他琳琅满目的大方瓷砖中，它精细玲珑的姿态，复古典雅的风格更是显眼。

（二）瓷砖瓷片地面的施工工艺

1.瓷砖瓷片饰面的施工准备

（1）工具：常用工具有切砖刀、胡桃夹、橡皮锤、开刀、钢錾、电动手提无齿石材切割机和手提磨角机等等。

（2）施工前准备

基层处理（基层表面较光滑时应进行凿毛处理，对地表面进行清理）→湿润瓷砖（釉面砖在铺贴前应在水中充分浸泡，陶瓷无釉砖和陶瓷磨光砖应浇水润湿，以保证铺贴后不致吸走砂浆中水分而导致粘贴不牢）→ 弹线、分格、定位→预排 （预排要注意同一墙面的横竖排列，均不能有一行以上的非整砖。非整砖应该排在次要部位或阴角处，它的方法是：对有间缝的铺贴用间隔缝的宽度来调整。对缝铺贴的瓷砖，主要依靠次要部位的宽度来调整）。

（3）地面砖铺贴定位的两种方式：一种是瓷砖接缝与墙面成45°角称为对角定位法；第二种是接缝与墙面平行，称为直角定位法。弹线时，以房间中心点为中心，弹出相互垂直的两条定位线。在定位线上按瓷砖的尺寸进行分格，如果整个房间可排偶数块砖，则中心线就是瓷砖的接缝；如果排奇数块，则中心线在瓷砖的中心位置上，分格、定位时，应该距墙边留出200~300mm作为调整的区间。另外注意，如果房间内外的铺地材料不同，它的交接线应设在门框的中间位置；同时地面铺贴的收边位置不应在门口处，也就是不要使门口出现不完整的瓷砖，地面铺贴的收边位置应该安排在不显眼的墙边。

2.地面砖铺设施工工艺

（1）设置和铺贴地面标准高度面：在干净的地面上，摊铺一层1∶3∶5的水泥砂浆，厚度小于10mm；用尼龙线或棉线绳在墙面标高点拉出地面标高线，以及垂直交叉的定位线；按照定位线的位置铺贴瓷砖。用1∶2的水泥砂浆摊在瓷砖背面上，再将瓷砖与地面铺贴，并且用橡皮锤敲击瓷砖面，使其与地面压实，并且线的高度与地面标高线吻合。铺贴8块以上时应用水平尺检查平整度。铺贴程序，对于小房间（面积<40m²），通常是做T字型标准高度面；对于大面积房间，通常按照房间中心十字型做出标准高度面，这样方便多人同时施工。

（2）铺贴大面：铺贴大面施工是以铺好的标准高度面为标基进行的铺贴，铺贴时瓷砖要紧靠标准高度面开始施工，并且用拉出的对缝平直线来控制瓷砖的平直。铺贴时水泥砂浆应饱满地抹于瓷砖背面，并用橡皮锤敲实，以防止空鼓现象。对于卫生间、洗手间的地面，铺贴时应注意做出1∶500的泛水坡度。整幅地面铺贴完工后，需养护几天后，再进行抹缝施工。抹缝时，将白水泥调成干性团，擦抹在缝隙上，使其瓷砖的对缝内填满白水泥，再将瓷砖的表面擦净。（图4-15、图4-16）

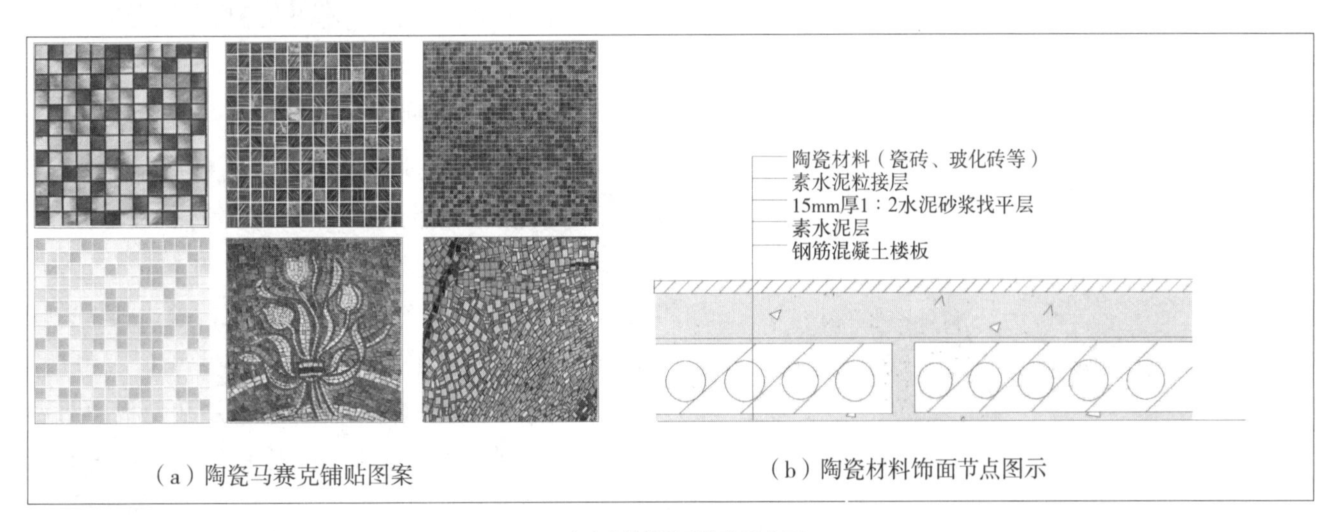

（a）陶瓷马赛克铺贴图案

（b）陶瓷材料饰面节点图示

图4-15　陶瓷材料地面结构示意图

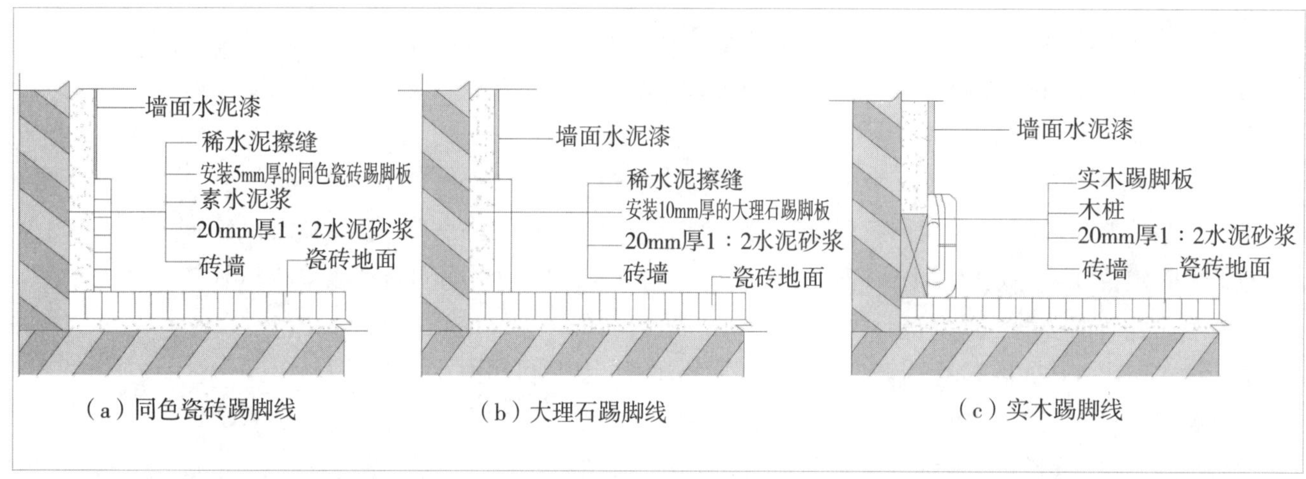

图4-16　陶瓷地面踢脚线做法示意图

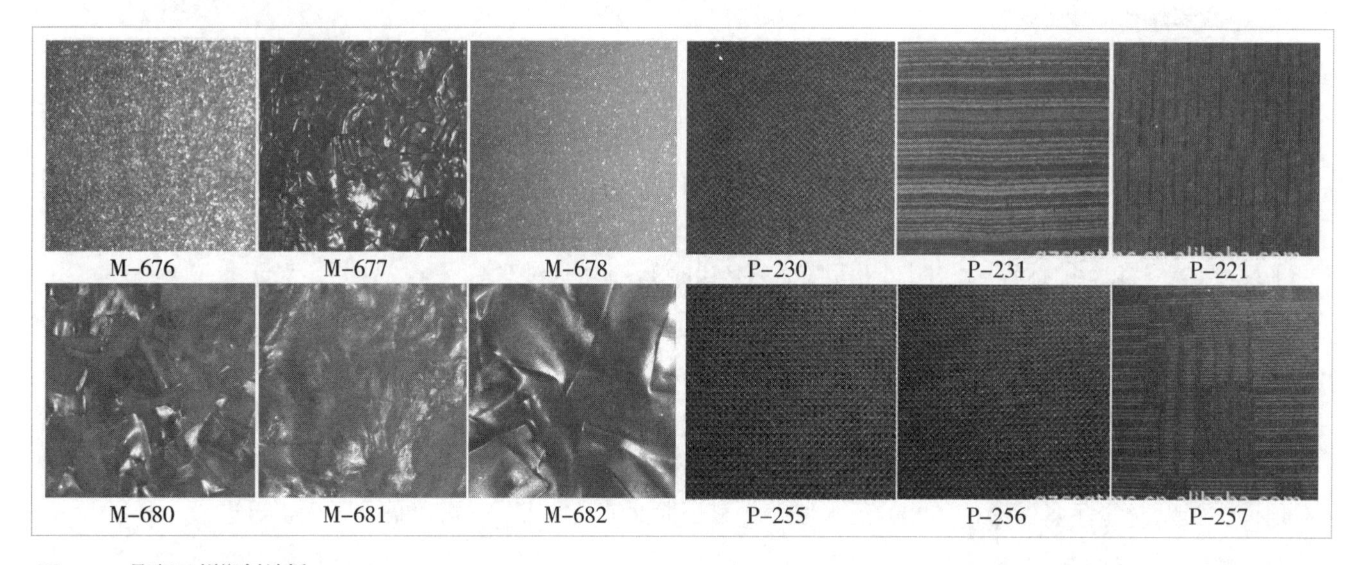

图4-17　聚氯乙烯塑料地板

六、塑料地面饰面材料与施工工艺

（一）塑料地面饰面材料

（1）聚氯乙烯塑料地板：施工前检查进场施工用的塑料地板（测量地板长、宽尺寸，其误差值在±0.4mm以内；检查地板的直角度，其误差值应<0.4mm（直角尺边与地板边的间隙）；测量地板的厚度误差，其误差应在±0.3mm以内；然后再抽查地板块的色差。（图4-17）

（2）塑料活动地板材料：塑料活动地板由可调支架、行条、骨架和面板组成。首先要检查活动地板的配件是否齐全，再检查面板基层与面层是否有脱离现象，然后检查面板的尺寸规格情况。（图4-18）

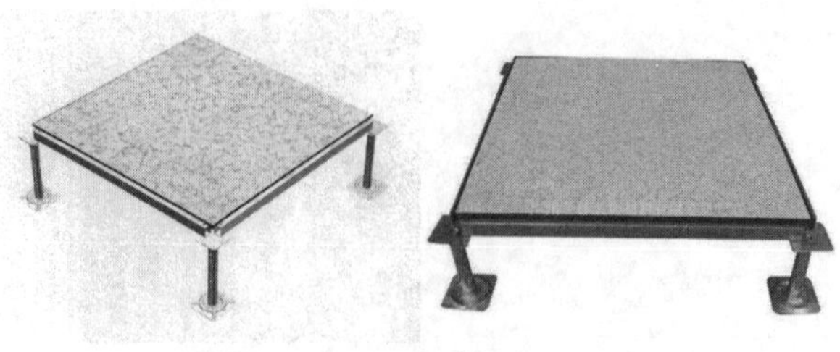

图4-18　塑料活动地板

（3）涂塑地面材料：木纹纸或图案纸、贴纸用的107胶水以及乙丁涂料或氨甲涂料。

（二）塑料地面饰面的施工工艺

（1）塑料地面饰面的常用工具：锯齿形涂胶刀（涂黏结剂专用）、画线器（曲线形塑料板裁切用，是一根金属杆；中间开槽以固定画针，画针离端的距离可以调节）、橡胶辊筒（滚压地面面层用）、墙纸刀（切割裁边塑料地板用）。

（2）常用塑料地板黏结剂：按产品黏结材料的成分不同分为乙酸乙烯系（V）、乙烯共聚系（E）、合成胶乳系（SL）和环氧树脂系（ER）。其中，V系和E系产品又有乳液型和溶剂型之分。

（3）基层处理

①基层处理要求：要求基层面平整、结实、有足够强度且表面干燥。如果基层不平整、砂浆强度不够，表面有油迹、灰尘、砂子等粒状物，或表面含油率过高，均会影响到塑料地板的黏结强度和铺贴质量，产生各种质量弊病，最常见的质量问题是地板起壳、翘边、鼓泡、剥落及不平整。

②混凝土、水泥砂浆基层处理：用2m直尺检查平整度，其空隙不得超过2mm，如果误差较大，就必须用水泥浆找平。水泥浆的配比为500号水泥：107胶=100：8。无论是新建房屋或翻修后的水泥地面，都要求基本干燥后再铺贴。在一般情况下，新铺设的水泥地面在夏季要有一周的干燥时间，在冬季需要两周左右。

③水磨石或陶瓷马赛克基层处理：先碱水清洗污垢，再用砂轮推磨，然后用清水冲擦干净。

④木板基层处理：基层的木格栅应坚实，突出的钉头应敲平，板缝可用黏结剂加老粉配制成腻子填补平整。

⑤钢板基层处理：应该刮去浮铁锈，然后用汽油擦干净，如果有凹陷或缝隙，用耐水黏结剂掺入填料批嵌平整。

（4）塑料地板铺贴工艺：

①人员安排：当房间面积较大时，铺贴人员以3~4人为宜，由2人分别在地面和块料背面上涂胶，由1~2人铺贴塑料地板，等到整间铺贴完毕后，再一起进行清理塑料地板的工作。

②铺贴工艺：弹线、分格、定位（用对角定位法与直角定位法两种方式在基层表面上进行弹线、分格、定位，需注意的是塑料地板的尺寸、颜色、图案。如套间的内外地板颜色不同，则分色线应设在门框踩口线外，分格线应设在门框中心线上，使门框中心线两侧地板对称，最好不要使门框中心线两侧出现小于1/2的窄条板材）。试胶（粘贴塑料地板时，最好采用熟悉的塑料地板粘贴剂，如对所铺贴的地板或粘贴剂不熟悉，就应该试胶）→铺贴（铺贴时，最好从中间定位线向四周展开，这样才可以保持图案对称和尺寸整齐）→清理（铺贴完成后，应当即时清理塑料地板表面，用棉纱蘸200号溶剂汽油，擦去从拼缝里挤出的多余胶水，最后打上地板蜡）。

③塑料踢脚板粘贴：首先在上口弹一水平线，然后在踢脚板底部和墙面同时刮胶，等到胶晾干后，从门口开始铺贴。最好三人一组，一人铺贴，一人配合滚压，另一人保护刚贴好的阴阳角处。铺贴结束后即时清理。（图4-19至图4-21）

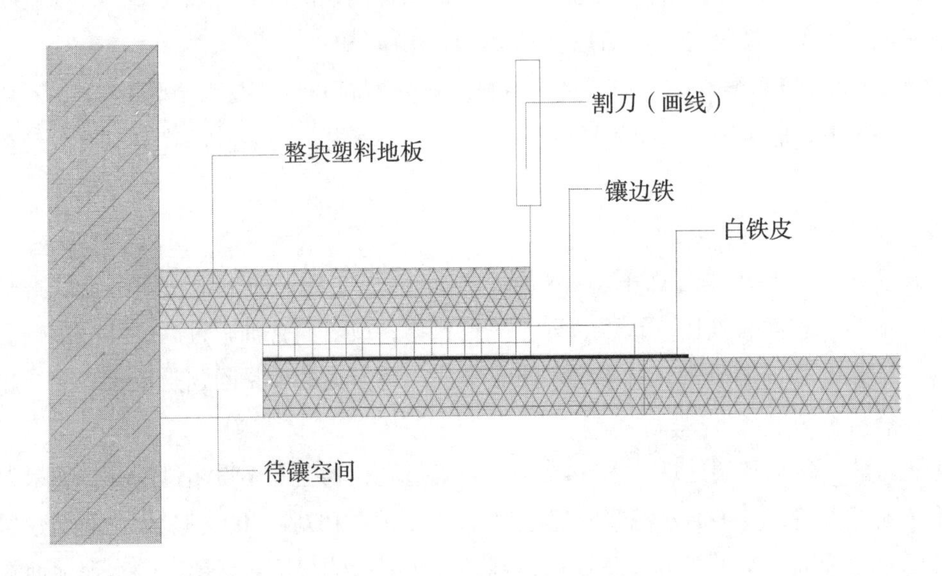

图4-19　镶边板块切割示意图

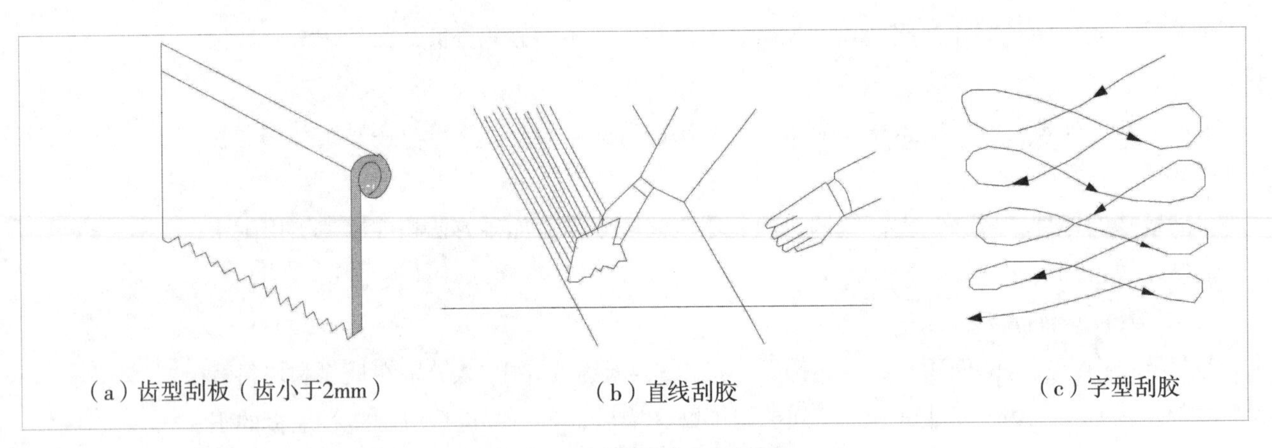

图4-20　地面基层刮胶示意图

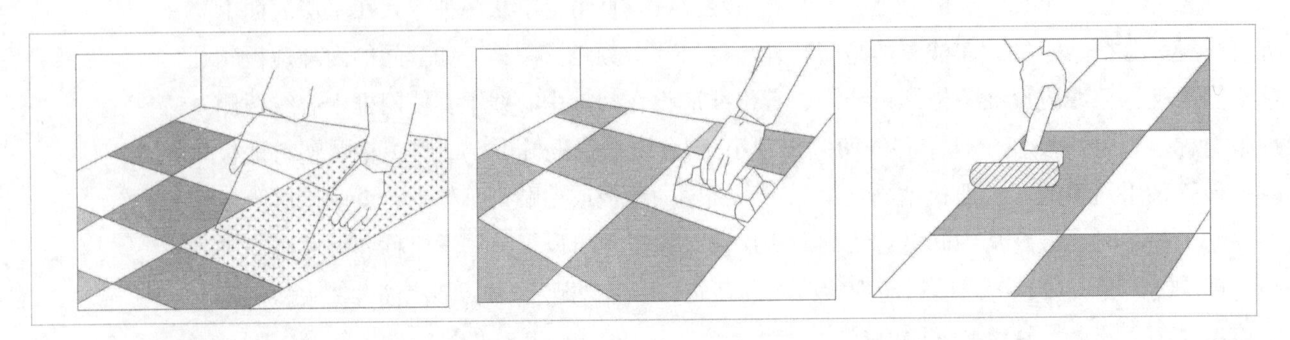

图4-21　贴压实示意图

七、木地板铺贴的材料与施工工艺

（一）地板的分类

1. 实木地板

实木地板是天然木材经过烘干、加工而制成的地面装饰材料，不经过任何衔接处理，该地板给人以自然、柔和、富有亲和力的质感，同时由于它冬暖夏凉、触感好的特性使其成为卧室、客厅、书房等地面装修的理想材料。实木地板常见的有平口地板、企口地板、指接地板、集成指接地板。（图4–22）

图4–22　实木地板

2. 实木复合地板

实木复合地板是统称，实际上它可按结构、面层材料、表面有无涂料饰与漆面工艺区分种类。该类地板的特点是尺寸稳定性较好，并保留了实木地板的自然木纹与舒适的脚感。实木复合地板的结构自上而下依次为：油漆耐磨层、珍贵表皮层、稳定基材层和平衡层。（图4–23）

图4–23　实木复合地板

3. 强化木地板

强化木地板也称浸渍纸层压木质地板。它由耐磨层、装饰层、高密度基材层、平衡（防潮）层组成。此类地板的特点是耐磨、款式丰富、抗冲击、抗变形、耐污染、阻燃、防潮、环保、不褪色、安装简便、易打理，可用于地暖等。（图4–24）

图4–24　强化木地板

4. 竹地板

竹地板是一种新型建筑装饰材料，它以天然优质竹子为原料，经过二十几道工序，脱去竹子原浆汁，经高温高压拼压，再经过3层油漆，最后红外线烘干而成。它有许多特点，首先它以竹代替木，保存了竹子原有的特点。其次，它的自然硬度比木材高出一倍多，而且不易变形。理论上的使用寿命达20年。竹地板收缩和膨胀要比实

图4-25　竹地板

木地板小。(图4–25)

竹木复合地板：此类地板是用竹材与木材为制作原料，通常用上好的竹材来作为它的地板与面板，采用杉木、樟木作为芯层材料。该类结构的地板既富有天然材质的自然美感，又有耐磨耐用的优点，而且防蛀、抗震。竹木地板冬暖夏凉、防潮耐磨、使用方便，尤其是可减少对木材的使用量，起到保护环境的作用。(图4–26)

图4-26　竹木复合地板

5.软木地板

软木地板不是由木材加工而成的，它的原料是栓皮栎树的树皮，经过机械设备加工成地板。这种软木地板脚感舒适自然、有弹性，可减轻意外摔倒造成的伤害，有利于儿童骨骼的生长。因板材外观形似软质厚木地板，而被人们误认为“软木”。因此至今还有人将该地板称为软木地板。(图4–27)

(二)地板铺装工艺

地板的装饰效果、质量和寿命的关键在于地板铺装时的规范以及铺装的质量。因而，在家庭装饰装修中地板铺装这一工艺被视为十分重要的一环。铺装单位与业主应严格验收，尽力让铺装效果达到最佳。

1.常用地板铺装方法

地板需要通过科学的铺装方法，才能成为用

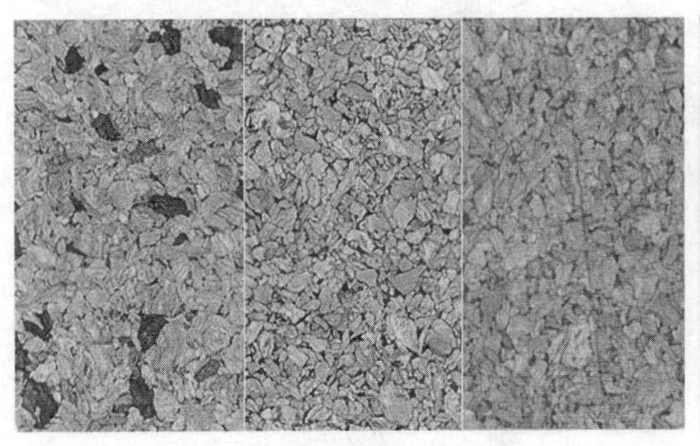

图4-27　软木地板

户可以享受的成品，在没有铺装之前，地板只是一个半成品。所以，地板铺装质量的好坏，会直接影响到新居中地板的美观、舒适度与使用寿命。因而，我们必须重视科学的铺装方案。常用的铺装方法有以下几种：

（1）直接粘贴法

施工需要在地面干燥、平整、干净的状态下将地板用胶黏剂黏在地面上，由于地面平整度有限，铺设过长的地板可能会产生起翘现象，因此更适合于长度在30cm以下的实木及软木地板的铺设，通常用于300mm×300mm-（50-60）mm以下的平口、企口、软木、竖木地板的铺装，有时也会用于低温辐射采暖（低热）地板的铺装。（图4-28、图4-29）

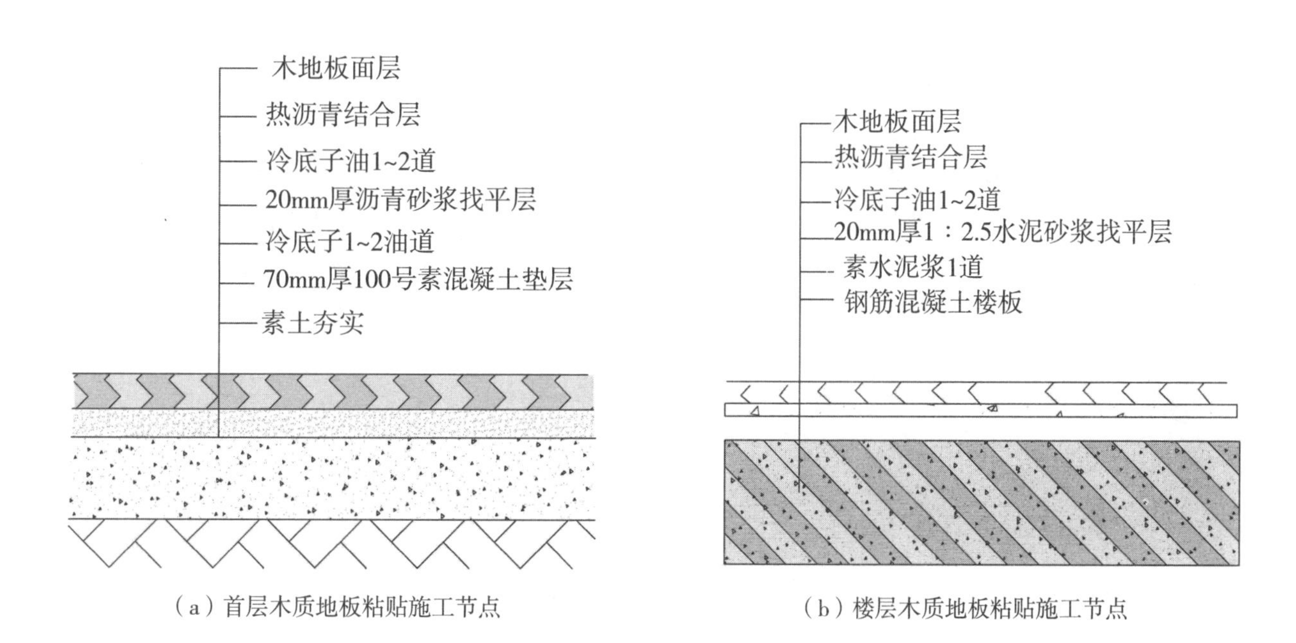

（a）首层木质地板粘贴施工节点

（b）楼层木质地板粘贴施工节点

图4-28　木制地板粘贴施工工艺

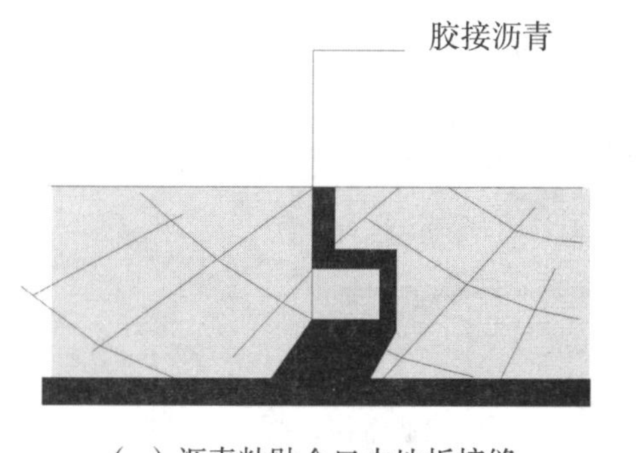

（a）沥青粘贴企口木地板接缝

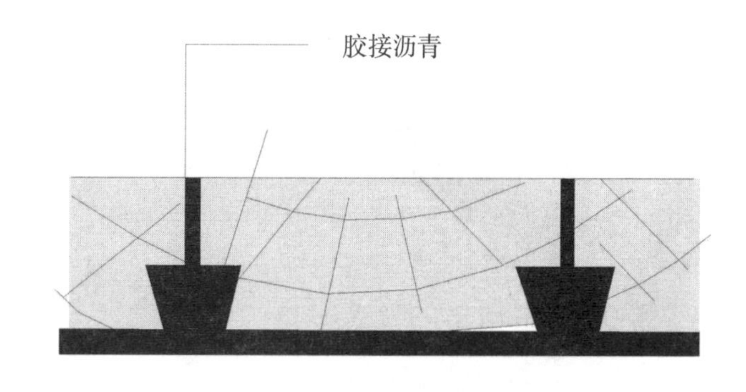

（b）沥青粘贴裁口木地板接缝

图4-29　木地板接缝形式

（2）龙骨铺装法（架铺）

龙骨铺装法可分为木龙骨铺装法与毛地板龙骨双层铺装法，这两种方法是实木地板（素板、漆板）和部分实木复合地板经常采用的铺装方法。该铺装方法的特点是在地面上先以间隔的方式打上牢固的木龙骨（木格栅），然后再将面层地板定在木龙骨上进行铺装。这种铺装法也是装饰地板最常用和最基本的铺装方法。（图4-30至图4-32）

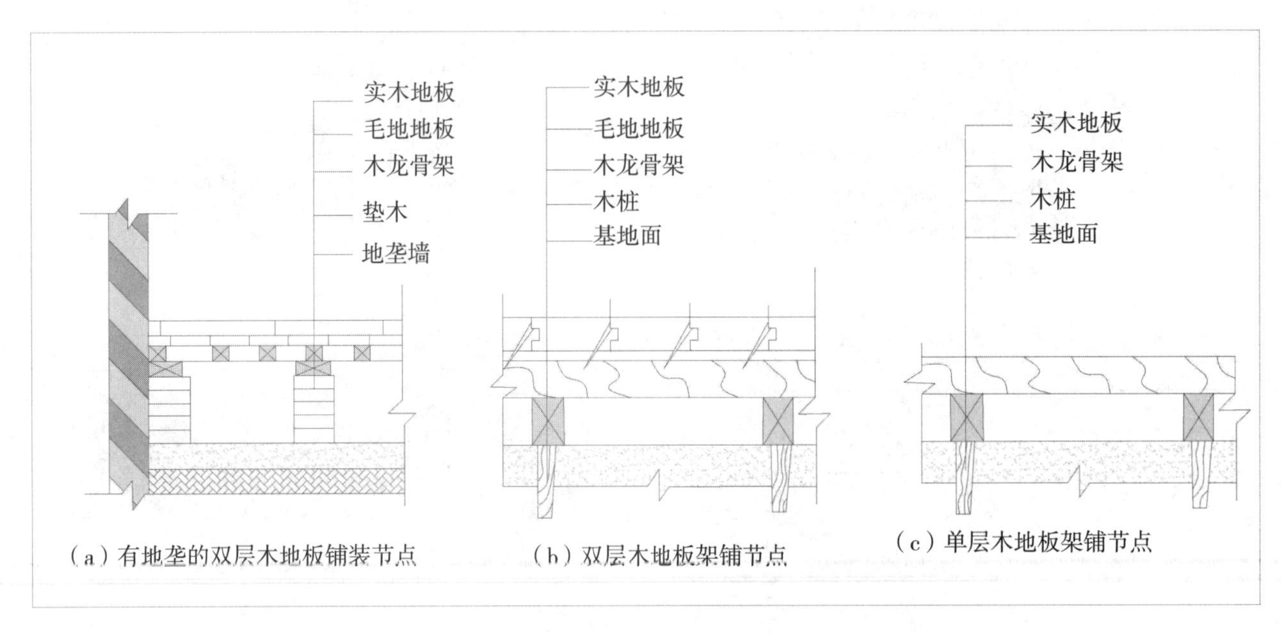

图4-30　木地板架铺安装示意图

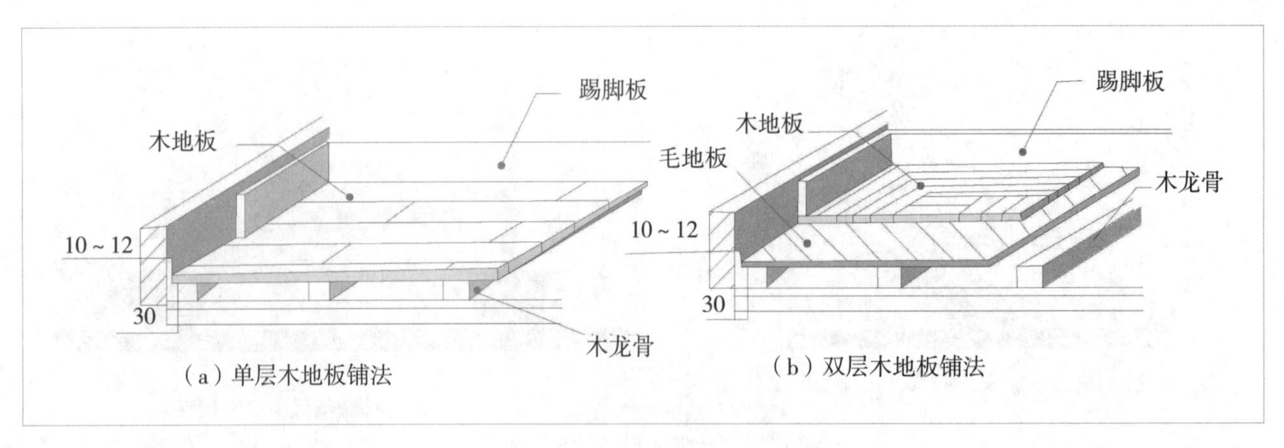

图4-31　实木地板架铺结构示意图

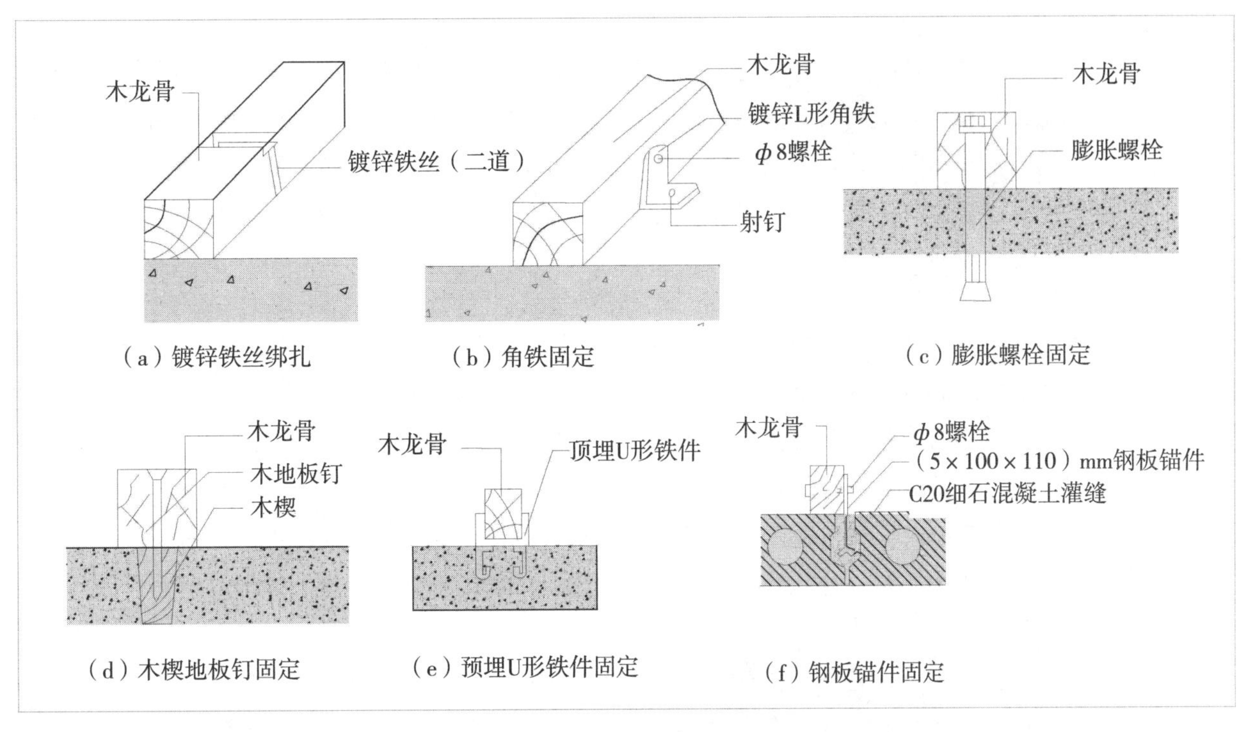

图4-32　木龙骨固定方法

（3）悬浮铺装法

悬浮铺装法是将木地板直接铺设在泡沫或专用于铺设木地板的铺垫板上的一种简单地板铺装方式。它主要的特点是不打木龙骨，适用于强化木地板和实木复合地板的铺装，近几年，也有部分低温辐射采暖（地热）地板的铺装也采用此种铺装方式。悬浮铺装法分为两种，一种为黏胶悬浮铺装法，另外一种不黏胶悬浮铺装法。二者之间的最大差别是黏胶悬浮铺装法在铺装时除了靠榫头和槽之间自然配合外，还要用胶黏剂黏结使其配合更紧密；而不黏胶悬浮装法靠榫头和榫槽相结合，更利于搬家装拆和缝隙调整。目前还有企业是采用分段悬浮铺装法，即在铺装实木复合地板时，一年内采用不黏胶悬浮法铺装，使实木地板在一年内经受四季环境干湿变化后，让木材胀缩充分稳定后，在第二年再采用黏胶悬浮铺装法铺装，使该地板能长期固定。

八、地毯材料与施工工艺

地毯，是以棉、麻、毛、丝、草等天然纤维或者化学合成纤维类原料为材料，经过手工或机械工艺进行编结、裁绒或者纺织而成的地面铺敷物。地毯的铺设，如果从固定地毯的方法上分类，可以分为固定式铺设和活动式铺设两种。固定式铺设有两种，一种是用倒刺板固定，一种是用胶黏结固定。

（一）地毯的种类与特点

地毯（地毡），是一种纺织物，它的基本功能是御寒、利于坐卧，最初仅仅只是铺地。在后段时期的发展过程中，逐步成为了一种装饰品，不仅有隔热、防潮、舒适等功能，也有赏心悦目的效果，这些功能让地毯成为了室内陈设的所需之物。如今的地毯种类繁多，其中地毯材质分类有：

纯毛地毯：纯毛地毯是以绵羊毛为原料，是世界上编织地毯中最好的原料。它的纤维长，拉力大，弹性好，纤维稍粗，有光泽，一般用于高级客房、舞台灯地面，做高级装修材料。(图4–33）

混纺地毯：混纺地毯通常用纯毛纤维和各种合成纤维混纺，用羊毛与合成纤维混合编织而成。混纺地毯的耐磨性比纯羊毛地毯高出五倍。不仅避免了化纤地毯静电吸尘的缺点，也避免了纯毛地毯容易腐蚀的缺点。同时其有保温、耐磨、防虫、强度高的优点，一般用于经济型装修住宅中。（图4–34）

图4–33 纯毛地毯

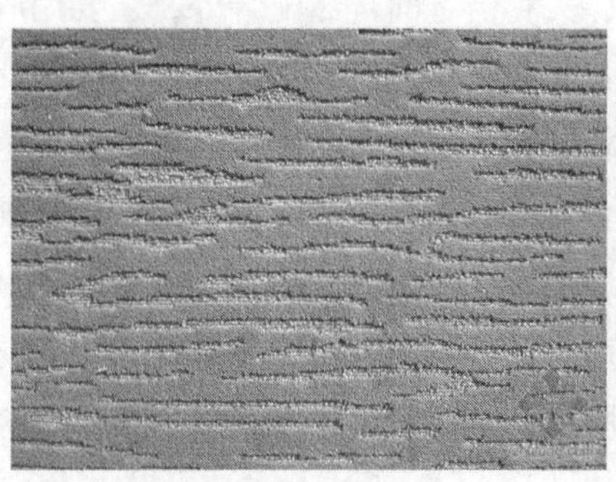

图4–34 混纺地毯

化纤地毯：化纤地毯又称合成纤维地毯，在外观与手感上类似于羊毛地毯，有耐磨、弹性好、防污防虫的特点。它的品种较多，其中以尼龙地毯居多。它是用纤维制成面层，然后与麻布缝合而成的。（图4-35）

塑料地毯：塑料地毯质地柔软，色彩鲜艳，不易燃，舒适耐用，不怕湿，无虫蛀，不霉烂，弹性好，耐磨，可根据面积任意拼接。在我国，在20世纪70年代由江苏无锡首创，以塑料为原料，经过高温熔化后喷成丝，再将丝制成地毯丝，用织机编制而成。一般适用于商场、舞台、住宅，也可以用于浴室（可起防滑作用）。（图4-36）

图4-35　化纤地毯

图4-36　塑料地毯

（二）地毯的等级

轻度家用级：通常铺设在不使用的房间或部位；

中度家用级或轻度专业使用级：通常用于主卧或是餐厅；

一般家用级或中度专业使用级：通常用于经常行动的地方，如起居室、走廊等；

重度家用级或一般专业用级：通常用于家中重度磨损的场所；

重度专业使用级：家庭装修一般不使用；

豪华级：地毯的品质好、纤维长，因而豪华气派。

（三）地毯铺贴的施工工艺

1.活动式地毯铺设

活动式地毯类型：活动式铺设是指将地毯明摆在基层上而不需将地毯同基层固定的一种铺设方法。铺设方法简单，更换容易，但是应用范围有一定的局限性，一般适用于以下几种情况：

（1）装饰性的工艺地毯：这类地毯主要是起装饰作用的手工艺性地毯，为了方便更换，采用活动式铺设。例如豪华宾馆的客房、比较讲究的客厅等较高级的建筑物地面，铺设活动式的艺术地毯，能够起到美化与烘托作用。

（2）方块地毯：这类地毯一般不加任何固定，平放在基层上就可以了。

2.基层要求

基层可以是水泥砂浆，也可以是木基层或其他材料。但是总体要求是：表面平整、光滑、不能有突出表面的堆积物。平整度可用2m的直尺检查，高低差应小于4mm。

铺设工艺：铺设活动地毯，首先要将基层清扫干净，并且应按所铺房间的使用要求及具体的尺寸，弹好分格控制线。铺设时，适宜先从中部开始，然后向两侧均铺。要保持板块的四周边缘楞角完整，破损的边角地毯不能使用。

铺设的具体操作是：一块紧靠一块，通常采用逆光与顺光交替铺设方法铺设，从而使铺设后的地毯产生一块亮、一块暗的艺术效果。在两块不同材质地面交接处，应选择合适的收口线条。如果两种地面标高一致，可以选用铜条或不锈钢条，起到衔接与收口作用。如果两种地面标高不一致，一般选用L形铝合金收口条，将地毯的毛边伸到收口条内，再将收口条砸扁，起到固定与收口的双重作用。

3.固定式铺设

在地毯铺设中，大量采用的是固定式铺设。固定地毯的目的是在地毯舒展拉平后，将地毯固结，使它不再变形，常用的固定办法有钉倒刺板条和胶黏贴等。

（1）倒刺板条固定式铺设。

①地毯及配件选择：从地毯的使用功能上，可以分为轻度家用级、中度家用级（轻度专业级）、重度家用级（中度专业级）、重度专业级、豪华级五个等级。色彩与图案也相当丰富，选用地毯需综合考虑。一般情况下，要根据铺设的部位、使用的要求以及装饰的等级综合平衡。地毯选购最好根据铺设的面积一次性购齐。

两种不同材质的地面相邻部位，要加设收口条或分格条，收口的目的一方面是固定地毯，另一方面是防止地毯外露毛边，影响美观。如室内卫生间或厨房地面，因为排水的原因，一般均应低于室内地面2cm左右，像这种有高低差的部位，常用L形铝合金收口条。对于同一标高的两种不同材料的地面相交部位，适宜用分格条进行收口。分格条一般用铜条或不锈钢条。上述材料，在购买地毯时，应当一并购齐，地毯使用效果如何，与材料选择是否妥当有关。（图4–37至图4–44）

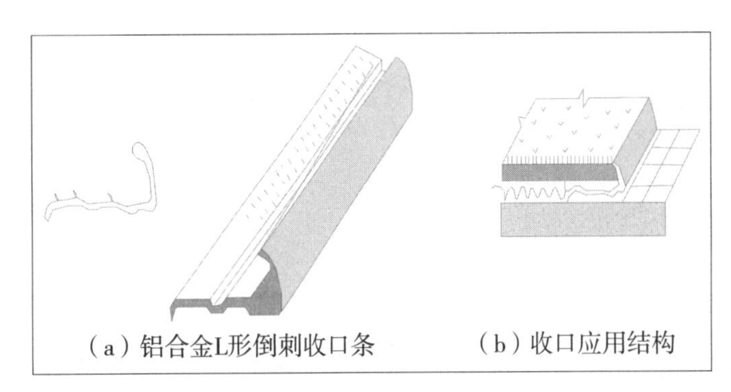

图4-37 地毯收边处理

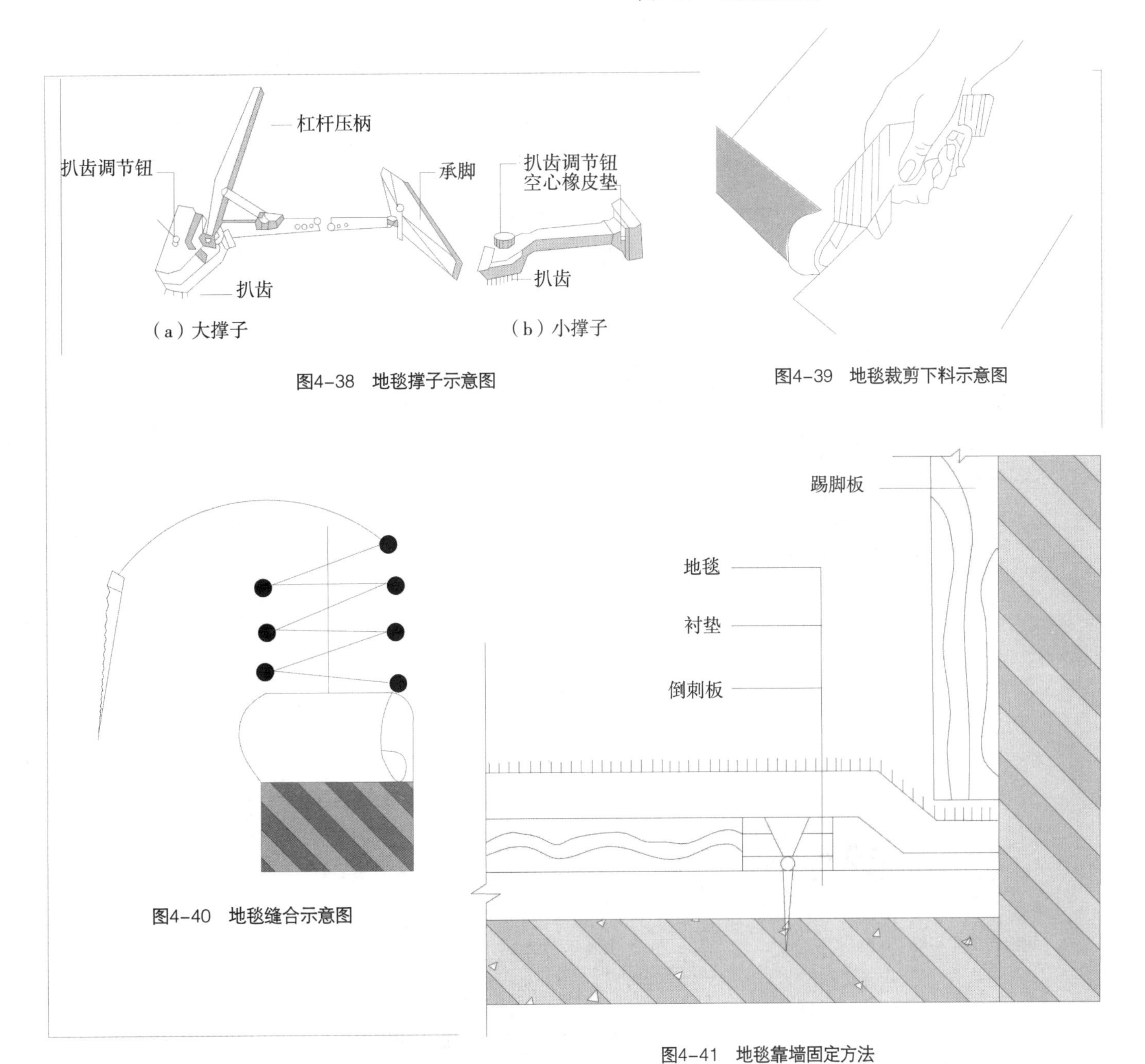

图4-38 地毯撑子示意图

图4-39 地毯裁剪下料示意图

图4-40 地毯缝合示意图

图4-41 地毯靠墙固定方法

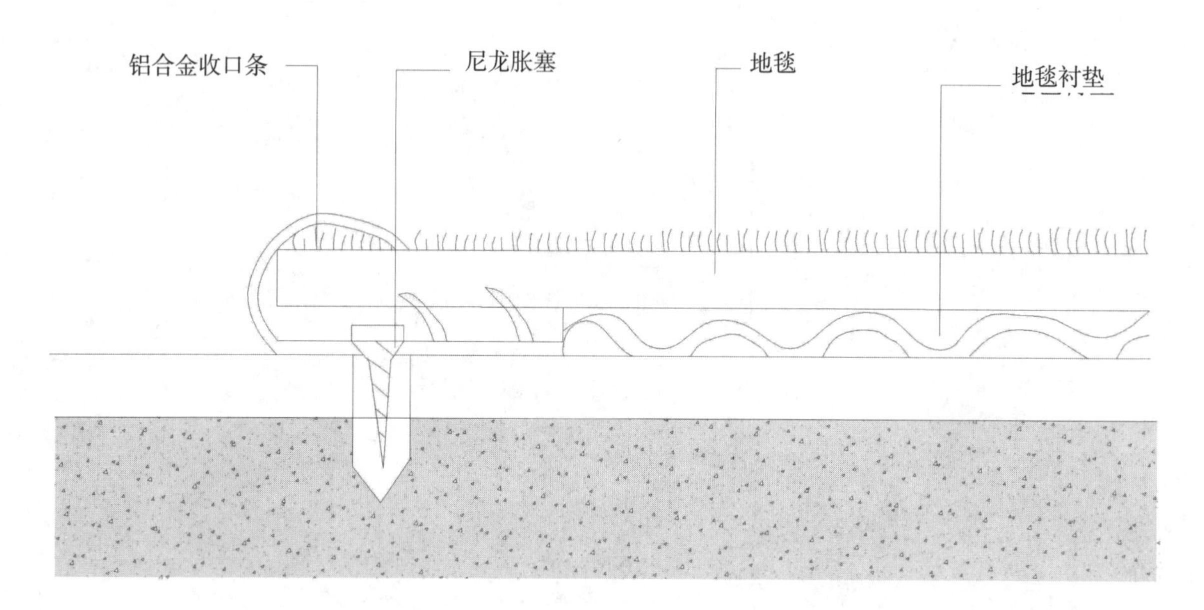

图4-42　门边收口示意图

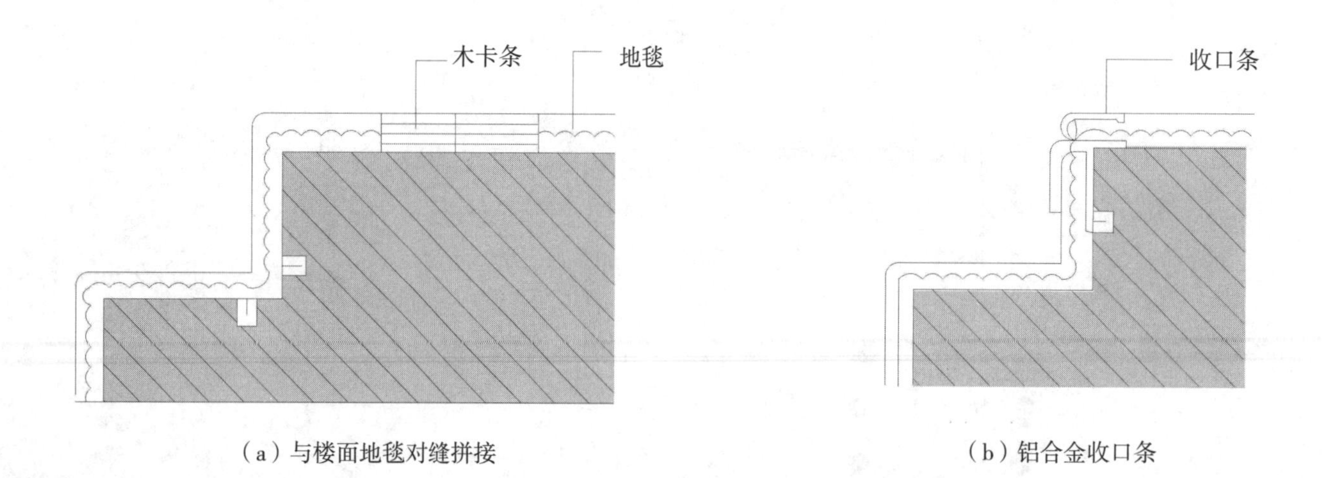

图4-43　楼梯地毯收口示意图

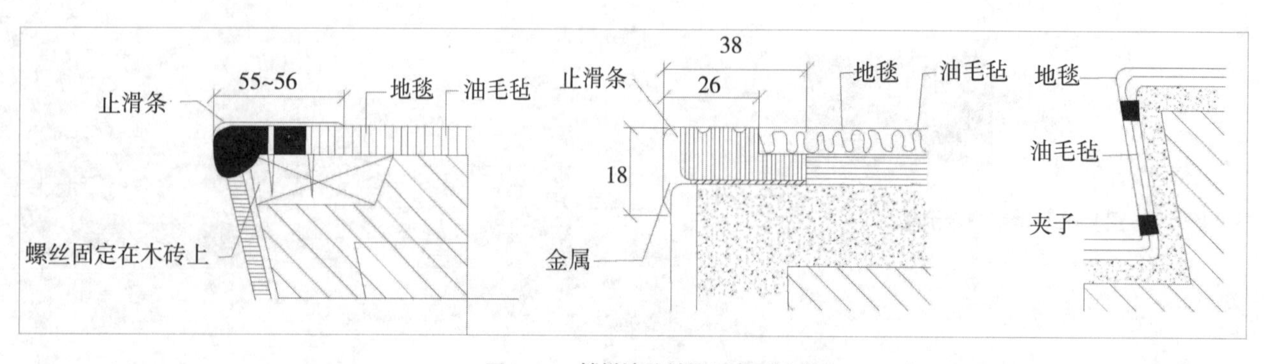

图4-44　楼梯地毯铺设示意图（单位：mm）

②铺设地毯的常用工具。

裁毯刀：有手推剪刀和手握剪刀两种类型；地毯撑子：用于地毯的拉伸，有大撑子和小撑子两种；扁铲：主要用于墙角或踢脚板下边的地毯收边；墩拐：倒刺板固定地毯时，如果遇障碍物，不能直接用榔头将倒刺砸倒，应该用墩拐垫着砸。此外，还有用于缝合用的尖嘴钳子、熨斗、地毯修边器、直尺等。

③基层的要求：能够铺设地毯的基层做法较多，总的要求是：具有一定的强度，表面平整。用2m的直尺检查，平整度应＜4mm。基层表面应当干净，无灰渣、油污等杂物。基层应干燥，含水率应＜8%。

④踢脚板固定：踢脚板不仅保护墙面的底部免遭碰撞，也是地毯的收口处理。铺设地毯的地面，常用的踢脚板有木踢脚板、塑料踢脚板。塑料踢脚板可用粘贴剂直接黏到基层上；木踢脚板用平木螺钉固定，然后用腻子补平。固定时，应当离地面砖8mm左右，以方便将地毯的毛边掩到踢脚下板的下面。

⑤倒刺板的固定与地毯的铺设：采用成卷的地毯铺设地面，用倒刺板将地毯固定的办法。倒刺板要离开踢脚板8~10mm，方便用榔头砸钉子，如果是大厅，在柱子周围也要钉上倒刺板条。采用倒刺板固定地毯，一般要放泡沫波垫，用胶黏到基层。刷胶时不宜满刷，而是采用点刷的办法，将波垫固定。垫层不要压住倒刺板条，应该离开倒刺板10mm左右，防止拉伸地毯时影响倒刺板上的钉尖对地毯底面的勾结。

⑥裁毯与缝合：量好所铺地毯部位的细部尺寸，便可在地毯背面弹出尺寸线，然后用手推剪刀从毯背裁刀。如果是圈绒地毯，裁割地毯时应当从环毛的中间切开，如果是割绒地毯，应当注意地毯切口整齐，将裁好的地毯虚铺在垫层上，然后再将地毯卷起的拼接处进行缝合。如果地毯拼缝较长，适宜从中间向两端缝，背面缝合完毕后，在缝合处刷5~6cm的白乳胶，然后将裁好的白布条贴上，以保护接缝处不被划破或勾起。然后用弯针在接缝处做绒毛密实的缝合，经弯针缝合后，可以做到在表面不显拼缝。

⑦拉伸与固定：地毯缝合完毕，要进行拉伸。先要将地毯的一条边固定在倒刺板上，然后将地毯的毛边掩到踢脚板下面，拉伸地毯要用地毯撑，将地毯固定在倒刺板上，将毛边掩好，对于长出的地毯，用裁割刀将它割掉。一个方向拉伸完毕，可进行另一个方向的拉伸，直至四个边都固定在倒刺板上。

⑧清理：地毯铺设完毕时，表面往往有不少脱落的绒毛，等到收口条固定后，用吸尘器清扫一遍即可。铺设后的房间，一般应该禁止人在上面大量走动，否则会增加清理的工作量。

4.黏结固定式铺设

用胶黏结固定地毯，一般不放垫层，把胶刷在基层，然后将地毯固定在基层上。刷胶有满刷胶和局部刷胶两种。使用胶黏地毯，地毯一般要具有较密实的基底层，一般在绒毛的底部粘上一层2mm左右的胶，有的采用橡胶，有的则用塑胶，有的也使用泡沫胶层。不同的胶底层，对耐磨性也影响比较大。

第五章　涂料、油漆工程材料与施工工艺

一、涂料工程的常用材料及施工工艺

（一）涂料工程材料

1. 涂料的组成

（1）定义：涂料是一种能在物体表面涂饰的东西，它是能够与基体材料很好黏结并形成完整而坚韧保护膜的物料；是一种常用的装饰饰面材料，在建筑上主要能够起到装饰和保护的作用；涂料是油漆与一般涂料的总称。

（2）组成：各种涂料的组成成分都会有所不同，但其基本组成有：成膜物质、颜料（填充料）、稀释剂及其他辅助材料。

①成膜物质：也称胶黏剂，作用是将涂料的其他组成成分黏结在一起，并且附着在被涂的基层表面形成坚韧的保护膜，存在着较高的化学稳定性和一定的机械强度，包括天然树脂或者合成树脂。

②颜料：也可以称为填充料，它不会溶于水、油、树脂的砂粒物或有机粉状物质。颜料可以使涂料具有必要的色彩和遮盖力，增强防护的能力；可以阻止紫外线穿透能力；可以提高漆膜的耐久性和抗大气老化的作用。颜料分很多品种，按化学组成可分为无机颜料和有机颜料；按来源可分为天然颜料和人造颜料；按作用可以分为着色颜料、防锈颜料和体质颜料。

③溶剂：也可称为稀释剂，在涂料中可以起到很大的作用，是一种能溶解油料、树脂，又比较容易挥发的有机物质。常用到的溶剂有：松节油、松香水、酒精、汽油、苯、丙酮、乙醚等。

④辅助材料：为了能够改善涂料的这种性能，在涂料中我们还需要加入一定量的辅助材料，这些辅助材料包括催干剂、增塑剂、固化剂等。

2. 涂料的基本类型

（1）有机涂料：我们常用的有机涂料有三种：溶剂型涂料、水溶性涂料和乳胶涂料（乳胶漆）。

①溶剂型涂料：主要成膜物质是有机高分子合成树脂，稀释剂一般可以作为有机溶剂，还可以加入适量的颜料、填料（体质颜料）和辅助材料，是经过研磨而做成的一类涂料。

②水溶性涂料：主要的成膜物质是水溶性树脂，以水为稀释剂，并且可以加入适量颜料、填料及辅助材料，是经过研磨而成的一类涂料。

③乳胶漆涂料：将合成树脂以0.1～0.5μm的极细微粒分散在水中构成的乳液（加入适量乳化剂）为主的主要成膜物质加入适量颜料、填料及辅助材料，是经研磨而成的一类涂料。

（2）无机涂料：无机涂料是一种以无机材料作为主要成膜物质的涂料，是全无机矿物涂料的简称，大多数会用在建筑、绘画等日常的生活领域。

3. 涂料的选择

在室内装饰中，首先要按照施工图中规定的涂料来施工，但是在有的施工图当中，只是注明“墙面涂料或者内墙涂料”而并没有注明涂料的品种的时候，我们就必须根据具体的情况再来选择适当的涂料。

（1）按照建筑装饰部位的选择：对于一些公共场所，例如大厅、餐厅、走廊等处的墙面和顶面，所要选用的涂料应该具备良好的抗老化性、耐污染性、耐水性、保色性和较强的附着性；对于一般房间或人流量较少的场所，我们应该选用的涂料应该要具有一般的防火、防霉，防沾污和易刷洗的性能；对于浴室、厕所、厨房等场所，所用涂料应该具备有耐水防火、防霉、防沾污、易刷洗等性能。

（2）按饰面基面材料选择涂料：

①混凝土和水泥基面：要求选择能有良好的耐碱性和遮盖性的涂料；

②石灰和石膏墙面：很多涂料都可以适用，但也并不是所有的涂料都能够适用，如JHN84-1耐擦洗内墙涂料就不能在石膏墙面上涂刷；

③木基面：涂刷的涂料应该是非碱性涂料，因为碱性涂料对木基面会有破坏性。

（3）按地理位置和气候特点选择：建筑物所处的地理位置不同，饰面经受的气候条件也会不同。

①炎热多雨的南方：所用的涂料一定要有好的耐水性，而且应该要具有好的防霉性，否则霉菌很快繁殖会使得涂料失去装饰效果；

②严寒的北方：对涂料的耐冻融性有较高的要求，即要求内墙涂料有良好的低温施工性能；

③雨季施工：应选择干燥迅速并且能够具有较好耐水性的涂料。

（4）按装修标准选择涂料：高档涂料应该使用于高级装修中，并且采用三道成活的施工工艺，使面层涂膜具备有较好的耐水性、耐沾污性和耐维修性，从而让它达到较好的装饰效果和耐久性。一般的装修可以选择施工比较简单的普通涂料。

4. 涂料的主要技术性能

（1）遮盖力：采用能够使裁定的黑白格遮盖所需涂料的质量或者涂料中颜料的着色力表示，单位为g/m^2或者N/m^2。

（2）黏度：不同的施工方法要求涂料会有不同的黏度值，有的可能还会要求具有触变性，上墙不会流淌，抹压起来又会很容易。

（3）细度：细度的大小影响着涂膜表面的平整性和光泽，可以用刮板细度计测定，用μm数表示。

（4）附着力：涂料的附着力表现在涂料与基层的黏结力上。

（5）抗冲击性与抗冲击强度。

（6）硬度。

（7）耐冻融性：涂料中成膜物质的柔韧性好，能够有一定的延伸性，则它的耐冻融性也会较好。

（8）耐洗刷性：涂料的耐刷擦次数越高，则耐洗刷性能也会越好。

（9）黏结强度。

（10）耐磨性：地面涂料的耐磨性是一个很重要的性能。

（11）耐老化性：涂料中的成膜物质会受到大气中光、热、臭氧等因素作用而发生分子的降解或者关联，使涂层发黏或者变脆，失去它原有的强度和柔性，从而导致涂层出现开裂、脱落、粉化、变色、褪色之类的老化现象。

（12）耐污染性。

（13）耐碱性：建筑装饰涂料大多数以砼、含石灰抹灰等碱性材料为装饰对象。由于碱性的影响会使涂层剥离、脱落或变色、褪色。

（14）最低成膜温度：对于乳液型涂料而言，这是一项很重要的性能。

（15）耐温性：在规定的温度范围内涂料性能的变化，包括耐热性、耐寒性和高低温度交变性。

5. 室内装饰常用涂料

（1）乳胶漆：又可以称为合成树脂乳液内墙涂料，是以合成树脂乳液为基料的薄型内墙涂料。它具备色彩丰富、透气性好、涂刷容易等优点。乳胶漆一般都用于室内墙面装饰，不太适宜厨房、卫生间、浴室等潮湿的墙面。（图5–1）

（2）多彩内墙涂料：是将带色的溶剂型树脂涂料，掺入到甲基纤维素的水溶液中搅拌而形成溶剂型油漆涂料的混合悬浊液。它具备有涂膜、有弹性、耐磨损、耐污染、耐洗刷和色彩鲜艳等类型的特点。多彩内墙涂料适用于建筑物内墙和顶棚的装饰。（图5–2）

（3）腻子：它主要由基料、填料、水和助剂等组成，可以用来填平、补齐基层表面的凹坑、气孔、麻面、擦伤等缺陷。涂料施工用的腻子应当具有良好的可塑性和易刮涂性，干燥以后应具备黏结牢固、不起皮、不龟裂和粉化、易于打磨等特点。常用的有大白水泥

图5-1　乳胶漆

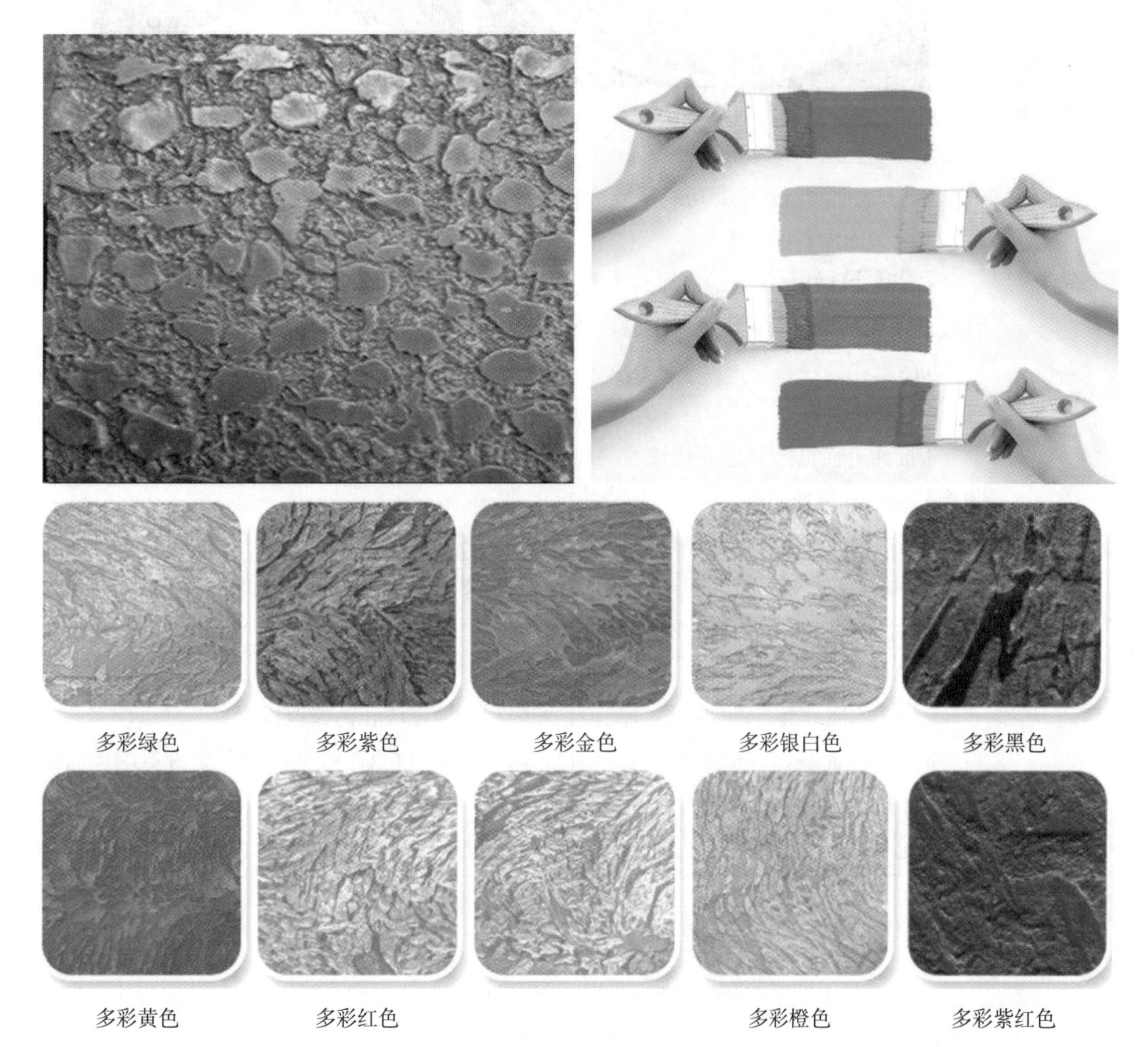

图5-2　多彩内墙涂料

腻子、水性石膏腻子、油性石膏腻子等。针对耐擦洗乳胶漆涂料适合选择成品大白水泥腻子来使用。

（4）底漆：底漆可以起到很好的封闭作用，能够有效阻止墙体内的有害物质对表层面漆的影响。乳胶漆的面漆与底漆应当配套使用。（图5–3）

图5–3　内墙底漆

（5）地面涂料：主要功能是装饰和保护室内地面。

①对地面涂料的要求：

a.耐碱性良好。因为地面涂料主要是涂刷在水泥砂浆的基层上，而基层往往带碱性，因此要求使用的涂料具有优良的耐碱性能。

b.耐水性良好。

c.耐磨性良好。

d.抗冲击性良好。地面比较容易受到重物的撞击，要求地面涂层受到重物冲击以后，不会轻易地开裂或脱落。

e.与水泥砂浆有好的黏结性。

f.涂刷施工方便，重涂起来容易。但是为了要保持室内地面的装饰性，地面涂层磨损或受机械力局部被破坏后，需要进行重涂。

②常用地面涂料种类：

a.用于木质地面，例如：聚氨酯漆、酚醛树脂地板漆和钙酯地板漆。

b.用于地面装饰，形成无缝涂布地面等，例如：过氯乙烯地面涂料、聚氨酯地面涂料和环氧树脂厚质地面涂料等。

（二）涂料工程的施工工艺

1. 基层处理

（1）混凝土墙面：必须要进行批嵌，批嵌的腻子一般用成品腻子。第一遍应当注意把墙面上的水气泡孔、砂眼、塌陷不平的地方刮平，第二遍要注意找平大面，然后用0~2号砂纸打磨。

（2）白灰墙面：如果表面已经压实平，可以不刮腻子，但要用0~2号砂纸打磨，磨光时应当注意不得去破坏原有基层。如果表面不够平整，仍需批嵌腻子找平。

（3）石膏板墙面：必须选用腻子批嵌石膏板的对缝处和钉眼处。因此石膏板墙面吸水快，不能直接涂刷水溶性涂料或者水乳性涂料，否则会影响涂刷质量，所以，在批嵌腻子后，要刷一道107胶，胶和水的比例为1∶3。

（4）木夹板基面：必须要用腻子批嵌木板对缝处和钉眼处，第一遍批嵌要找平大面，用0~2号砂纸磨平。

（5）旧墙面：应当清除浮灰，铲除起砂翘皮，油污处能铲除则可以铲除干净，不能铲除的用洗涤剂刷洗干净。对清理好的墙面，要用腻子批嵌二次，以促使整个墙面的平整光洁。第二遍可以用稠腻子嵌缝洞或者用107胶水加滑石粉调成稀腻子找平大面，然后可以用0~2号砂纸打磨，也可用在手提式电动打磨机上进行打磨操作。

2. 涂刷施工工艺

（1）涂刷前的准备工作。

①主要材料准备：涂料在使用前应当充分搅拌均匀后才能去涂刷，冬季施工若发现涂料有凝冻的现象，可以加温处理，加热时将涂料桶放在热水盆或者桶内，搅拌涂料至凝冻完全消失。若涂料因水分或者溶剂蒸发变稠，则需根据不同涂料进行稀释处理。

②机械、工具准备：空压机、刷涂需油刷、排笔和塑料小桶，滚涂施工用的长绒毛滚子和中号塑料桶。

③遮盖保护：用塑料布或者其他材料将不喷涂部位完全遮挡好，防止破坏或者弄污其他饰面。

④气候环境：涂刷材料施工应在室内温度大于10℃的条件下进行；潮湿的天气和雨天最好不要施工。

（2）水溶型涂料施工工艺。

①涂刷条件：不能在潮湿的墙面上涂刷，一般为墙面批嵌材料已经硬结，但是手摸微有潮湿感时涂刷，否则会造成涂层迟干、遮盖力差、结膜后的涂层出现渍纹而造成色泽不一致的现象。

②涂刷方式：涂刷可用排笔或漆刷施工。排笔着力小但是涂层厚，漆刷着力大但涂层薄。在气温高、涂料黏度小、容易涂刷的时候，可以用排笔施工；在温度低、涂料黏度大、不易涂刷时候，宜用漆刷施工。一般施工时，第一遍要稠一些，第二遍用排笔使上墙的涂料层薄而均匀，色泽一致。待第一遍涂料干后用砂纸打磨后，才可以进行第二遍涂刷。第二遍涂刷时要注意上下接槎处要严，一面墙要一次性完成，以免色泽不一致。

③涂刷顺序：先顶棚后墙面，一般两人配合，距离不要太远，防止接槎处理得不好。

④防止色差：施工时应当认真检查涂料的色彩，例如几桶涂料中存在着色差，应将涂料倒入到大桶中搅拌均匀后再施工。需配色的涂料，应当一次性配足使用量。

⑤涂刷用具：涂料应当用塑料桶或木桶存放。涂刷之后，排笔、漆刷应当用清水洗净，妥善存放，切忌去接触油剂类材料，以免涂刷时油缩，结膜之后出现水渍纹。对于一个班次剩余的涂料应集中地放入一个桶中封口存放。

（3）乳胶漆的施工工艺：各种乳胶漆在涂刷时，可用手工排笔刷漆法，也可用机械喷涂法。

①喷涂：喷涂的空气压缩机压力控制在0.5~0.8MPa，排气量为0.6m^3，根据气压、喷嘴直径、涂料稠度调整喷斗的气节门，以将涂料喷成雾状为准。喷涂的时候，手握喷斗一定要稳，出料口要与墙面垂直起来，喷斗距离地面在500mm左右，离墙过近时将会出现过厚、流挂、发白等现象。喷斗要垂直墙面，不可上下倾斜，以免出现虚喷发花，要求一道紧挨着一道，不能有漏喷、挂流的现象。先喷涂门、窗的侧边，然后喷涂大面，因为门窗侧边往往容易漏喷。一般顶棚墙面喷涂两遍即可以成活，两遍的间隔时间为2小时。

②刷涂：刷涂可使用排笔，先刷门窗口，然后竖向横向涂刷大面两遍，其间隔时间为2小时。上下涂刷层的接头要接好，流平性也要好，颜色应该均匀一致。

（4）喷塑涂料施工工艺。

①喷塑涂料的涂层结构：

a.底油：底油是首先涂布在基层上的涂层，它的作用是渗透到底层内部，增强基层的强度，同时又对基层表面进行封闭，并消除基层表面有损于涂层附着的因素，增加骨架涂料与基层之间的结合力，其成分为乙烯－丙烯酸酯共聚乳液。

b.骨架材料：骨架材料是喷塑建筑涂料特有的一层成型层，是喷塑涂料的主要构成部分，喷涂在底油之上再经过滚压就能够形成质感丰满新颖美观的立体花纹图案。

c.面油：面油能够在喷塑涂层的表面层面油内加入各种耐晒的彩色颜料，使喷塑涂层具有柔和色泽。面油分为水性的和油性的两种，水性表面无光泽，目前市面大都采用水性面油。

②喷塑涂料施工工艺：喷塑操作的环境温度应在5℃以上，湿度不宜超过85%，最佳的施工条件为：气温27℃左右，湿度50%，无风，基面墙体干燥。施工工序是：刷底油→喷点料（骨架材料）→滚压点料→喷涂或涂刷面油。喷点时空压机为0.5MPa。底油的涂刷用排笔或者漆刷进行，主要要求是均匀和不漏刷。（图5-4、图5-5）

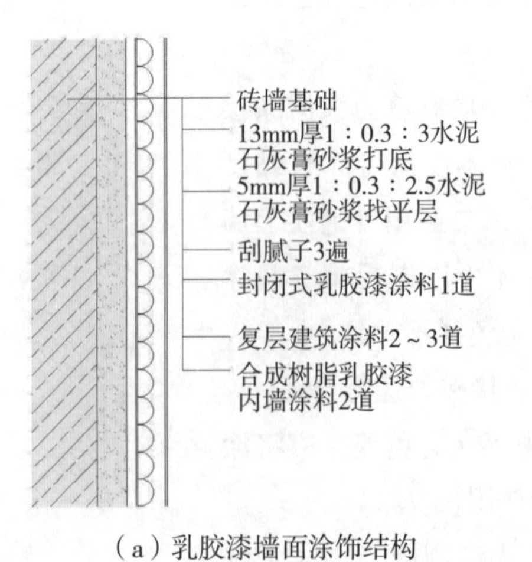

（a）乳胶漆墙面涂饰结构

13mm厚1：0.3：3水泥
石灰膏砂浆打底
5mm厚1：0.3：2.5水泥
石灰膏砂浆找平层
刮腻子3遍
封闭式乳胶漆涂料1道
水性绒面中层涂料2道
水性绒面涂料面层
3～4道

（b）水性水泥漆漆面涂料涂饰结构

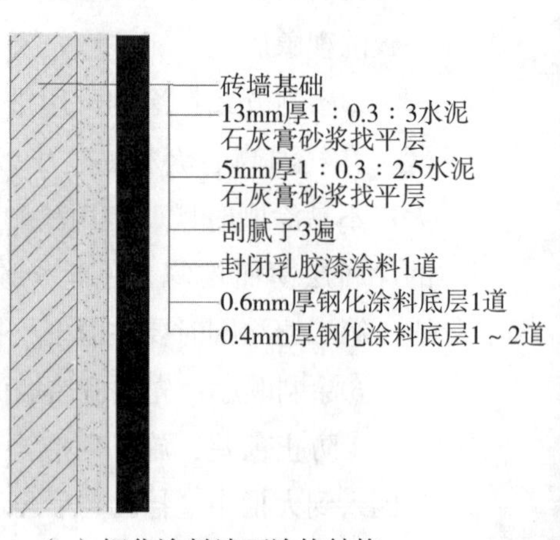

（c）钢化涂料墙面涂饰结构

图5-4　涂料类饰面结构组成

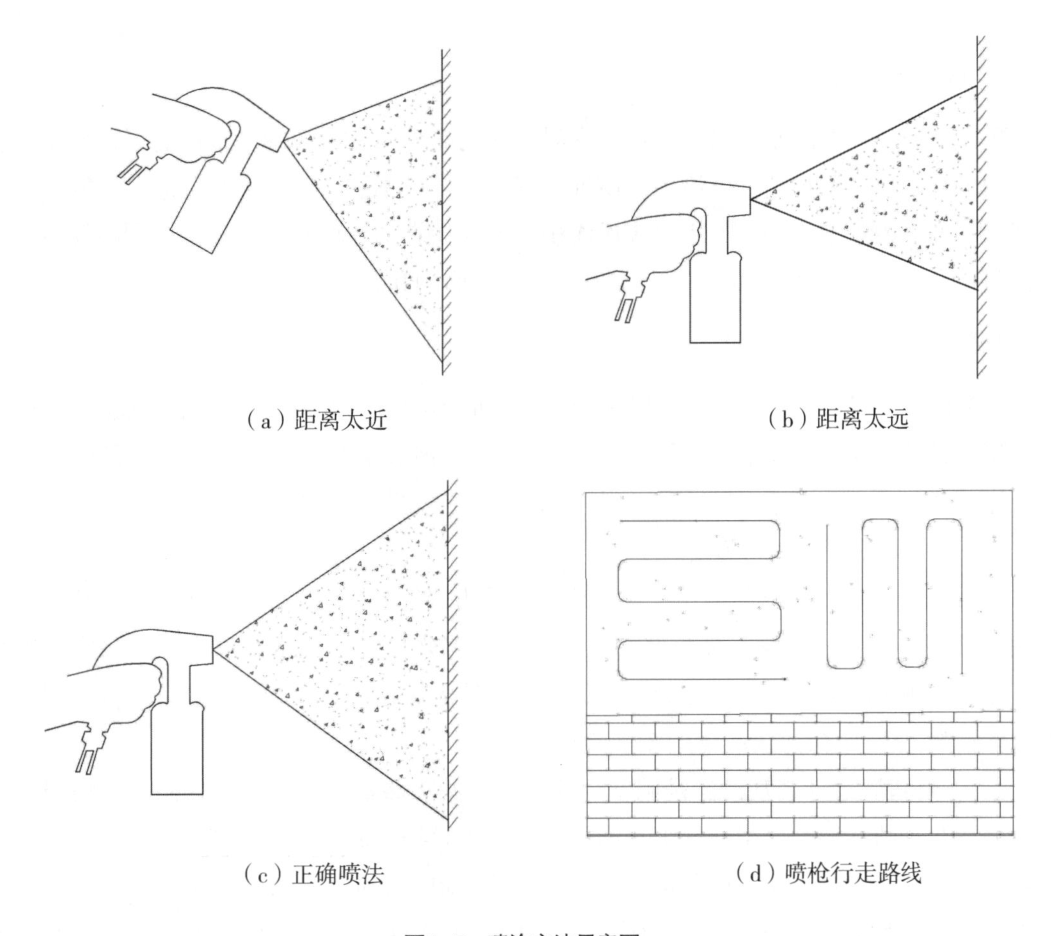

（a）距离太近　（b）距离太远

（c）正确喷法　（d）喷枪行走路线

图5-5　喷涂方法示意图

（5）施工要点：喷点施工的主要工具是喷壶和喷嘴，有大、中、小三种之分，分别可以喷出大点、中点和小点。可以按装饰面的要求选择不同的喷嘴。喷点时喷壶要拿正，喷嘴距离墙面300~500mm，喷点后的5~10分钟内，用塑料辊筒涂上溶剂来滚压喷点。滚压时应注意用力一致，压点要掌握出力的大小，只要将喷点的凸面上压出一个平面就可以了。喷涂面油应在喷点施工12小时后进行，第一道滚涂水性面油，第二道可用油性面油，也可以用水性面油。

二、油漆工程的常用材料及施工工艺

（一）油漆涂料

1. 定义

基本原料是植物油（有机溶剂）和天然漆（合成树脂）生产的一类有机涂料，称为油漆涂料。

2. 常见油漆涂料

常见的油漆涂料包括天然漆、调和漆、清漆和特种油漆。

3. 调和漆

调和漆是在熟干性油中加入颜料、溶剂、催化剂等调和而成的最常用的一种油漆。它质地均匀、较软、稀稠适度、漆膜耐腐蚀、耐晒，经久不裂、遮盖力强、耐久性好、施工方便，一般适用于室内钢材、木材表面涂刷。调和漆有油性调和漆、磁性调和漆等品种。油性调和漆适于室外面层涂刷；磁性调和漆又叫多脂调和漆，常用于室内装饰。

4. 清漆

清漆是一种不含颜料的成分，以树脂为主要成膜物质，涂膜呈透明状，无遮盖作用的一类漆。清漆是由合成树脂、干性油、溶剂、催干剂等配制而成的。油料用量较多的时候，漆膜柔韧、耐久且富有弹性，但是它的干燥会较慢；油料用量较少时，它的漆膜坚硬、光亮、干燥快、比较易脆裂。

（1）聚氨酯清漆：属聚氨酯漆类，成膜物质为聚氨基甲酸酯。聚氨酯清漆的特点有：①漆膜光亮、厚实、丰满，而且装饰性强；②具有优良的耐化学药品性；③漆膜坚硬耐磨，是各类漆中耐磨性最好的品种。它的不足之处为保色性和保光性较差，不太宜用于室外物体涂饰，还有它的价格较高，有一定的毒性。

（2）硝基清漆：硝基清漆是硝基漆的一种，硝基漆俗称“喷漆”，硝基清漆又称为“清喷漆”。硝基漆是以硝酸纤维素酯作为主要成膜物质的一类漆。硝基（清）漆的特点有：①靠溶剂挥发且干燥，固化速度快；②漆膜坚硬，抗张力强度高，能够抛光打蜡，光亮度高，装饰性好；③容易修补和保养。它的不足之处为涂膜的附着力差，耐热、耐气候、耐化学药品性不良；固体成分含量低，涂膜薄，不丰满；稀料消耗大，施工时对环境污染大，易引起中毒和火灾。

（3）丙烯酸清漆：常温干燥，具有良好的耐候性、耐光性、耐热性、防霉性及附着力，但是耐汽油性较差。适于喷涂经阳极氧化处理过的铝合金表面。在木材涂饰中用作封闭剂，漆膜坚硬光亮，能够绝缘，干燥迅速，遇热水易泛白，附着力较好，主要适用于木器、家具等，易受潮受热影响的物件不宜使用。

5. 特种油漆

室内装饰装修中常用的特种油漆有各种防锈漆和防腐漆。防锈漆是用精炼的亚麻仁油、柚油等优质干性油作为成膜剂，加入红丹、锌铬黄、铁红、铝粉等防锈颜料制成的一类漆。其中红丹漆是使用最为广泛的防锈底漆。常用的防腐油漆有：生漆、沥青漆、环氧漆、酯胶漆、过氧乙烯漆等。

6. 混色油漆

（1）混色油漆：按设计要求选用混色油漆种类，常用的有硝基磁漆、手扫漆、醇酸磁漆等及配套底漆，混色油漆的颜色可以根据设计选定颜色由厂家去统一调配或者自行配制。表面光泽度分为亮光、半亚光和亚光。

(2)填充料：原子灰、石膏粉、大白粉、颜料等，所用腻子应按照油漆的性能配套使用。

（3）稀释剂：硝基稀料、醇酸稀料、松香水等。

7. 金属油漆

它是由氟树脂、优质颜填料、助剂、固化剂等一起组成的，是一种双组分常温固化型涂料。

（1）特性：漆膜坚韧、附着力强，具备有极强的抗紫外线能力、耐腐蚀性和高丰满度，能全面提高涂层的使用寿命和自洁性。

（2）应用：适用于金属、木材、塑料、建筑物外墙的罩面保护，也可作环氧、聚氨酯、丙烯酸系列等涂料罩面来保护装饰。

（二）木材面油漆施工工艺

要具备油漆方面的一些基本知识和色彩方面的基本知识，并将熟练的操作技巧与油漆理论知识结合起来，才能够掌握油漆施工的工艺。油漆工艺往往根据不同的材料、不同的底层和不同的环境条件等因素而有所变化。

1.木门窗混色油漆工艺

（1）施工程序：基层处理→刷底子油→满刮腻子→嵌补腻子→砂纸磨光→刷第一遍油漆→修补腻子→细砂纸磨光→刷第二遍油漆→水砂纸磨光→刷最后一遍油漆。

（2）基层处理：主要包括清理灰尘及表面残留的砂浆还有灰膏对局部嵌补。

（3）刷底子油：除木窗柜的外侧刷氟化钠溶液外，所有部位均匀地刷一道清油，为了防止漏刷，往往会加入一些红土。

（4）嵌补腻子：在满刮腻子干结打磨后，可用一些强度高的腻子修补，修补部位如钉眼、裂缝、缺楞掉角等。每刷完一遍油漆后再用细砂纸进行打磨。刷最后一道漆之前，应用水砂纸对第二遍漆膜进行研磨，以获得光滑平整的表面。对于高级的木门窗涂刷，最后一遍漆适宜选用磁漆，增加表面的光亮和它的光滑程度，使漆膜更加丰满。

2. 木装饰表面硝基清漆工艺

（1）施工程序：基层处理→润粉着色→封闭底色→砂磨→刷水色→刷漆片（虫胶清漆）→拼色→砂磨→刷涂硝基清漆两遍→砂磨→擦涂第一遍硝基清漆→砂磨→擦涂第二遍硝基清漆→湿磨→抛光打蜡。

（2）基层清理：硝基清漆对基层的要求严格，一切影响涂层质量的附加物（灰尘、油脂、磨屑等）都需要清理干净，并且用砂纸打磨，使基层见到新面。如果是浅色，本色装饰还需要进行木材的漂白。所有的虫眼、钉眼均需要用腻子补平。

（3）润粉着色：水粉或油粉，根据木材情况而定。

（4）砂磨：要用0 号或者1号干砂纸打磨。

（5）刷水色：要对照样板刷一道水色。

（6）刷漆片：这道工序是硝基清漆的底漆，一般是用浓度20%~25%的虫胶清漆刷两遍。

（7）拼色：如果发现涂层色彩局部与样板有差距，可调配适当的配色进行拼色。

（8）刷涂硝基清漆：一般刷两遍，也可增加次数。第一遍硝基漆可适当稠一点，香蕉水可以适量地少加一些，采用1：2的比例调配。第二遍香蕉水可适当多加一些，采用的比例为1：3，每遍都需要干燥30~60分钟。

（9）砂磨：涂层干燥后，用240~300号水砂纸蘸肥皂水全面湿磨。

（10）擦涂第一遍硝基清漆：用软布蘸硝基清漆擦涂，第一遍的黏度可以大一些，比例为1：1。

（11）砂磨：涂层干燥后，最理想是隔1~2小时，使涂层能够彻底干透，然后用240~300号水砂纸湿磨。

（12）擦涂第二遍硝基清漆：比第一遍黏度小些，比例为1：1.5，待涂层干燥之后，用水砂纸（用400号）湿磨，要磨至光滑平整，表面出现乌光为好。

（13）漆膜抛光打蜡：用砂蜡抛光，最后再上光蜡。

3. 木装饰涂刷丙烯酸清漆

（1）施工程序：基层清理→润粉着色→砂磨→底色封闭→刷第一遍醇酸清漆→砂磨→拼色→第二遍醇酸清漆→砂磨→第三遍醇酸清漆→砂磨→刷丙烯酸清漆→砂磨→刷最后一遍丙烯酸清漆→湿磨→抛光。

（2）工艺特点：用醇酸清漆打底，然后再上丙烯酸清漆，与硝基清漆相比，工期缩短，更利于建筑施工现场。

4. 木装饰聚氨酯清漆

（1）施工工序：基层处理→嵌补腻子→砂磨→刷水色→涂刷第一遍聚氨酯漆→拼色→砂磨→涂刷聚氨酯清漆3～4遍→湿磨→抛光打蜡。

（2）工艺特点：涂刷第一道聚氨酯漆是起封底的作用，可适当地稀释一些。因为聚氨酯漆型号较多，选用时务必按照产品说明书操作，不可凭自己的经验盲目套用。聚氨酯漆与硝基漆相比，在同样装饰效果下，漆膜的保护性超过硝基漆，聚氨酯漆固体含量高于硝基漆，如果要达到同样厚度的漆膜，涂刷次数要比硝基漆要少，可以简化操作工艺，缩短施工的工期。

（三）美术油漆施工工艺

1. 仿木纹涂饰

在装饰面上用涂料仿制出如黄菠萝、水曲柳、榆木等硬质木材的木纹。多用于墙裙装饰。基本工序为：底面涂料→弹线分格→刷面层涂料→做木纹→干刷轻扫→画分格线→刷罩面清漆。

（1）涂刷底层涂料：主要工序有：基层处理→涂刷清油→刮第一遍腻子→磨平→刷第一遍涂料（调合漆）→刷第二遍涂料（调合漆）。底层涂料以米色等与木材的本色近似的颜色为好。

（2）弹分格线：仿木纹涂饰的分格，要考虑横、竖木纹的尺寸比例关系的协调，一般立木纹高约为横木纹的4倍左右。

（3）刷面层涂料：面层涂料的颜色要比底层深，不得掺快干油，适宜用干燥结膜较慢的清油，刷油的时候不宜过厚。

（4）用干刷轻扫做木纹：用不等距锯齿橡皮板在面层涂料上做曲线木纹，然后用钢梳或者软干毛刷轻扫出木纹的棕眼、形成木纹。

（5）画线分格：待面层干燥后画分格线。

（6）刷罩面漆：待木纹、分格线干透后，表面涂刷一道清漆，要求刷得均匀、不漏刷、不皱皮。

2. 仿石纹涂饰

仿石纹涂饰是在装饰面上用涂料仿制出如大理石、花岗石等天然石等石纹。基本工序为：底层涂料→画分格线、挂丝棉→喷色浆、取下丝棉→画分格线→刷清漆。

（1）涂饰底层涂料：其主要工序有：基层处理→刷清漆一遍→刮第一遍腻子→磨平→刮第二遍腻子→磨平→刷第一遍涂料（调合漆）→刷第二遍涂料（调合漆）。底层涂料的颜色色调应与石纹协调。

（2）画线、挂丝棉：将底层涂料的表面清理干净，用软铅笔画出石纹拼缝。可以将丝棉用水浸透，拧出水分，甩开再使其松散，用钉挂在木条或木板方框上，用手整理丝棉成斜纹状，但是不宜拉成直纹。将整理好的丝棉方块，靠附在墙面上。

（3）喷色浆、取下丝棉：石纹色浆分水色浆和油色浆。用深、浅、虚、实形成石纹。喷涂顺序为浅色、深色最后喷白色。三次喷涂完毕后，等待30分钟，就可以取下丝棉，将丝棉洗净。

（4）画线：待石纹干透后，在原铅笔道处画2mm宽的粗铅笔线。

（5）刷清漆：全部工序完工后，涂刷一遍清漆，要求刷匀、刷到、不流坠、皱皮、注意养护。

（四）金属油漆的施工工艺

1.一般金属涂料的施工方法

（1）主要施工工具：喷砂除锈机、钢丝刷、小锤、砂布、砂纸、圆盘打磨机等及其辅助工具。刷涂工具：油刷、开刀、牛角板、刮板等其他辅助工具。

（2）主要材料：防锈涂料、磷化底漆、厚漆、调合漆（磁性、油性调合漆）等及其辅助材料。

（3）施工操作步骤：

①基层处理：金属构件在工厂制成后应预先刷一遍防锈材料。运进工地后，放置时间较长已有部分剥落生锈，就应该再刷一遍防锈涂料。

②刷防锈涂料：常用防锈涂料有红丹防锈漆、铁红防锈漆等。刷防锈漆时，金属表面必须干燥，刷漆时，一定要刷满刷匀。防锈漆干后，用石膏油性腻子将缺陷处刮平。腻子中可以适当地加入厚漆或红丹粉，以增加其硬化。腻子干后应打磨平，并且将其清扫干净。

③刷磷化底漆：磷化底漆由两部分组成，一部分是底漆，另一部分是磷化液。涂刷时以薄为宜，不能涂刷太厚，否则效果较差。一般情况下，涂刷24小时后，可用清水或者毛板刷除去表面的磷化剩余物。

④刷厚漆：操作方法与刷防锈漆相同。

⑤刷调合漆：一般金属构件只要在表面上打磨平整，清扫干净即可以涂刷涂料。涂刷顺序为：从上到下，先难后易。构件的周围都要刷满刷匀。

⑥施工注意事项：擦涂料的棉纱应保持清洁，没有零碎的棉纱头黏在涂料上；调好的磷化底漆必须要在12小时内全部用完；磷化液的使用量必须要按照比例确定，不可以任意增减它，磷化底漆的配制须在非金属容器中内进行；薄钢板制作的屋脊、檐沟和天沟的咬口处，应用防锈油腻子填补密实；防止锈漆应在设备、管道安装就位前刷涂。

2. 钢门窗刷涂混色涂料施工工艺

（1）主要施工工具：基层处理工具有钢丝刷、小锤、铲刀、砂布、砂纸等及辅助工具。刷漆工具有油刷、开刀、牛角板、掏子、刮板等及辅助工具。

（2）主要材料：涂料材料有清油、熟桐油、厚漆、防锈漆（红丹防锈漆、铁红防锈漆）、调合漆（磁性调合漆、油性调合漆）、汽油等及辅助材料。

（3）施工操作步骤：

①基层处理：钢门窗上的浮尘、灰浆必须要打扫干净。

②刮腻子：用牛角板在钢门窗上满刮一遍石膏腻子。要求刮薄收净，需要均匀平整无飞刺。

③刷第一遍厚漆：要将厚漆与清油、熟桐油和汽油按比例配制，并且将其稠度以达到盖底、不流淌、不显刷痕为宜。刷漆应厚薄均匀，刷纹通顺。待厚漆干透后，在底腻子收缩或者残缺处，再用石膏腻子补抹一次。待腻子干后，最后打磨平整。

④刷第二遍厚漆：涂刷方法要与第一遍相同。第二遍厚漆刷好后，安装门窗的玻璃，然后用湿布将玻璃内外擦干净。应用1号砂纸或旧砂纸轻磨一遍，最后打扫干净。

⑤刷调合漆：涂刷的方法同前。由于调合漆黏度较大，涂刷时要多刷多理，刷油饱满，不流不坠，使之光亮、均匀、色泽一致，刷完后要仔细检查一遍，如果有瑕疵必须及时修理。

⑥施工注意事项：底层腻子中应当加入适量防锈漆、厚漆。调腻子的时候要以不软、不硬、不出蜂窝，挑丝不倒为宜；刷涂料前应当清理周围环境，防止尘土飞扬，影响质量；每遍涂料后，应将门窗用风钩或者木楔固定起来，防止扇框涂料黏结而影响质量和美观；即时清理滴在地面、窗台及墙上的涂料。

第六章　门窗工程材料与施工工艺

一、概述

新购置的房屋大多数是毛坯房（未装修的房子）。在房屋装修中一个很大的项目就是包门窗套、安装室内门。在我国过去的房屋室内装饰装修中，大多数只讲究实用。随着室内装饰行业的逐步兴起，人们的生活品质的提高，人们越来越关注房屋中空间的美化和装饰。从而，在门框的基础上，发展为门套，即将安装门后剩余的墙壁给包起来，一则是美观漂亮，二则是起到对墙壁保护的作用。

二、木饰面门（套）、窗（套）的常用材料与施工工艺

木饰面的门（套）、窗（套）在制作过程中能与室内的其他装修用的饰面板材达到协调统一，克服了直接购置的实木门（套）、窗（套）进行安装造成的实木门（套）、窗（套）与其他装修用饰面板材在材质、木纹、色泽、色差等方面的不协调统一性。

1. 木饰面门（套）、窗（套）的常用材料

木工板：是厚度为12mm或15mm的机拼无缝、杨木材质的细木工板。（图6–1）

图6–1　木工板

图6-2　胶合板

胶合板：是厚度为12mm、平滑工整、无剥离、无脱层的优质胶合板。（图6-2）

饰面板：是木纹的纹理清晰、自然、美观，没有木材上的缺陷，色差较小的装饰面板。（图6-3）

木线条：是没有木材上的缺陷的各类装饰用品质好的木线条、采口条。（图6-4）

五金配件：品质优良的各类五金配件（锁、门碰、合叶、拉手等）。（图6-5）

其他：品质优良的白乳胶、弹性腻子、硝基清漆、聚酯清漆。

图6-3　饰面板

图6-4　木线条

2. 常用工具

电动工具：射钉枪、空压机、电锯、电刨、喷枪、电钻等。

一般工具：钢圈尺、直尺、黑斗、排刷、粗（细）砂纸等。

3. 木饰面实心门的制作工艺

木饰面实心门的常见板材组合方式：制作木饰面实心门时应注意将门的厚度控制在35~45mm之间（常用的板材搭配方式有两种形式：一种是中央层选用15mm的细木工板、两侧分别用九厘胶合板构成木饰面门的基层粘贴，再在其基层两外侧贴3mm饰面板，门的总厚度为39mm；另一种则是中央层选用十二厘的胶合板、两侧用12mm的细木工板构成木饰面实心门的基层粘贴，再在其基层两外侧贴3mm的饰面板，门的总厚度为42mm）。

木饰面的实心门基层板材的黏结方式：为了防止变形，饰面的实心门在制作时其基层板之间不能整体用白乳胶进行相互粘贴，应该将两侧基层板锯成长条状后进行粘贴，粘贴时长条侧板间应预留10~15mm的伸缩缝隙；基层板在粘贴后应立即将门重叠水平放置在平整光滑地面上，并用砂袋等重物将其重压5~6天后，待基层板材间黏结牢固后方可粘贴饰面板；木饰面门的固定成型后其饰板面平整度允许偏差但应小于2mm。

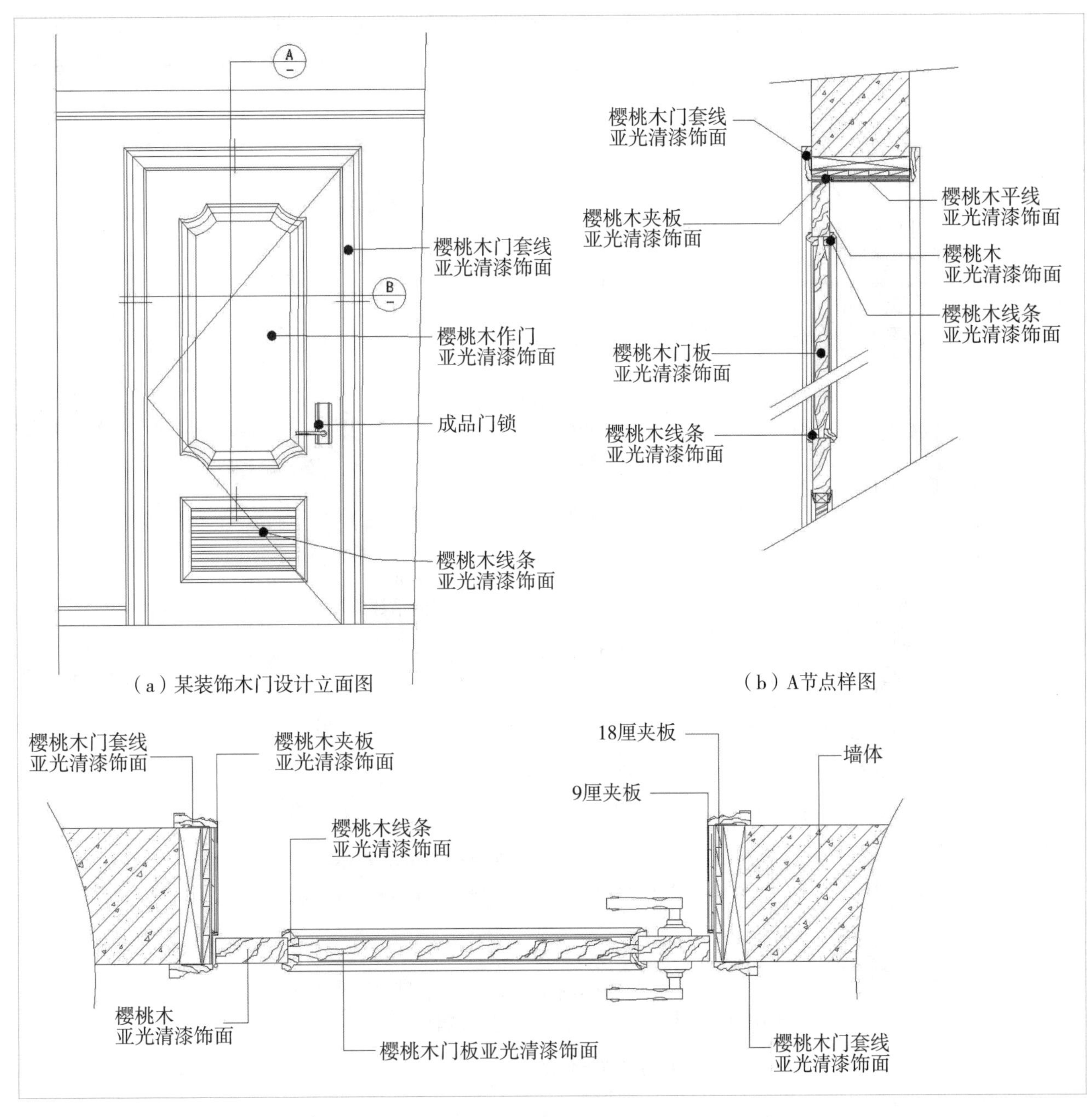

图6-5 木饰面门设计及节点大样图

饰面板的粘贴：选择木饰的面门为材料的面层饰面板时，应需注意饰面板上木纹的走向，并且注意其切割的大小尺寸。全部的面板都是使用完整的板材的，一般的不再进行板材的拼接（在装饰施工的时候，有经验的木工，通常首先是从购置的全部饰面板中，选择出木纹相近或者相似、无色差的饰面板作为木饰面门的面板，这样能保证室内所制作的木饰面门在颜色、外观上保持统一性），用饰面板白乳胶与基层进行黏结，并用射钉压薄木片从而进行加固。

确定五金配件的安装位置：在自制的木饰面实心门上开凿合页槽、锁孔，安装门碰、拉手等工序时，应与门框相对应并且注意施工的位置。

木饰面门的安装：木饰的面门通过合页，固定在门框上。应保证固定好的门是开启自如，门的闭合做到严密且无缝隙，并与门框、门套是紧密结合的。（图6-5、图6-6）

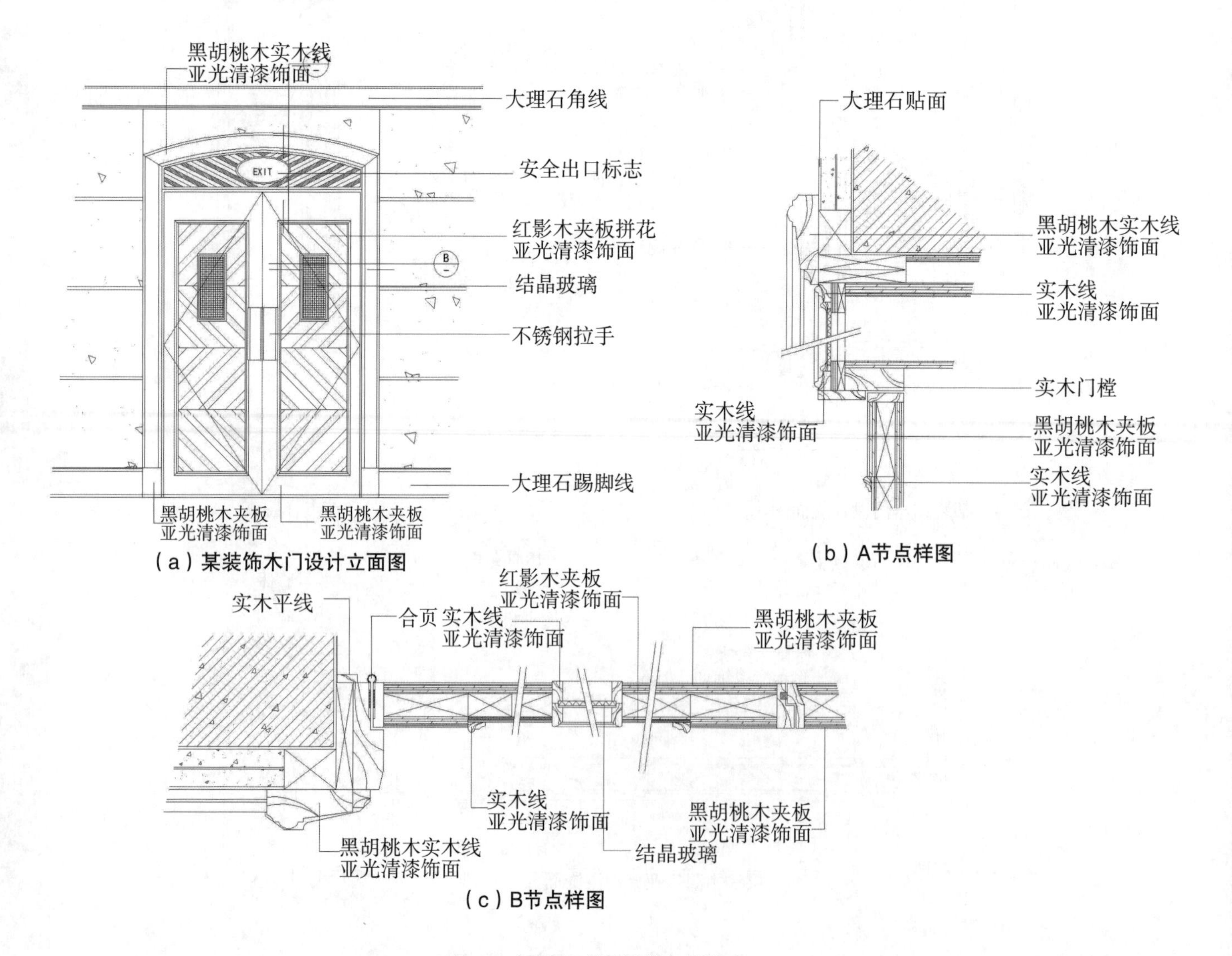

图6-7　木饰面门设计及节点大样图

4. 门套与窗套的制作工艺

门、窗套的高度与宽度：室内各小门套的高度与其宽度（一般在60～80mm）必须一致，大门套宽度一般100～120mm；室内各窗套的高度与宽度（一般80～100mm）也必须一致。

门、窗套的基层板材与饰面板：一般选用优品质九厘胶合板或15mm细木工板制作门、窗套的基层板；面板则用在木饰面门相同的饰面板。

门、窗套收边方式：门、窗套饰面板材收边有两种形式，其一是小阴角线收边法，其二则是硬碰肩法。用小阴角线收边法收边过渡时很自然，尤其适合有小孩及老年人的家庭中采用；而用硬碰肩法制作则是成本低，要求饰面板反面需用细刨刨成45°倒角后再进行角与角的对接，其施工难度大，但装修效果简洁、明快，在实际使用的过程中易碰角或易被损坏，因此在有小孩及老年人的家庭中不适合用此包法。

5. 木饰面门、门窗套的油漆工艺

（1）木作工程中的修补与打磨：自制木饰面实心门、门窗套完工后，饰面板表面往往会留有射钉枪眼或缝隙或磨痕，此时不可直接进行油漆，需用弹性腻子对其进行填补，然后用沾水的细砂纸对其进行打磨，直到表面光洁平整为止。

（2）油漆施工工艺。

施工的环境：房间内应保持通风的良好性、洁净无灰尘。

清漆的选择：在冬春两季，气温较低，应选择干得较快的硝基清漆，硝基清漆一般涂刷8遍以上，才能保证其涂刷后，有一定肉质感；而在夏秋两季，则可选择漆层较为厚、干燥缓慢的聚酯清漆，涂刷一般应在6遍以上。

注意事项：每次涂刷完后，需要等待漆膜完全干后，再对其进行打磨，这样可进行第二次涂刷，且每次涂刷的方向应该一致。最后一次涂刷的时候，必须用纱布过滤，得以除去油漆中的少量杂质和不溶解物后再用细毛刷进行再次涂刷。

三、铝合金门窗制作与安装施工工艺

（一）铝合金门窗的种类

（1）门：主要有平开门和推拉门两种（平开就是以合页为轴心，通过旋转开启。传统的木门窗都是平开式的）。平开门又分为内开和外开两种。

（2）窗：除了推拉窗（包括左右推拉、外开）外，还有一种上悬式开启的窗。不同的开启方式有着不同的特点：

推拉窗：优点是美观、简洁、大窗幅，大块玻璃，视野开阔，采光率高，卫生清理方便，使用方便灵活，安全可靠，寿命长，占用空间少，安装纱窗更方便等。目前应用最广泛的就是推拉式的窗户。缺点是两扇窗户不能同时打开，通风性差一些，有时密封性也稍差。

平开窗：开启面大，通风好，密封性好，同时隔音、保温、抗渗性能优良。内开式的窗户清理卫生方便；外开式的窗户开启时不占空间。缺点是窗幅小，视野不开阔。外开窗开启要占用墙外的一块空间，刮大风的时候易受损；内开窗则更是要占用室内的一部分空间，不方便使用纱窗。

上悬式：是在平开窗的基础上发展出来的新形式。既可以平开，又可以从上方推开。在窗户关闭时，向外推窗户的上部，便可以打开一条10cm左右的缝隙，打开的部分悬在空中，通过铰链等与窗框固定，所以叫作上悬式。它的优点是：既可以通风，又可以保证安全，因为窗户不能完全打开，所以可以起到防盗作用。

（二）铝合金门窗的型材

铝合金门窗型材的规格主要有：35系列、38系列、40系列、60系列、70系列、90系列等。35系列、38系列，是指铝合金型材的主框架宽度分别是35mm和38mm。封闭阳台通常用70系列和90系列的，小于70的型材，在坚固程度上难以保证。（图6-7）

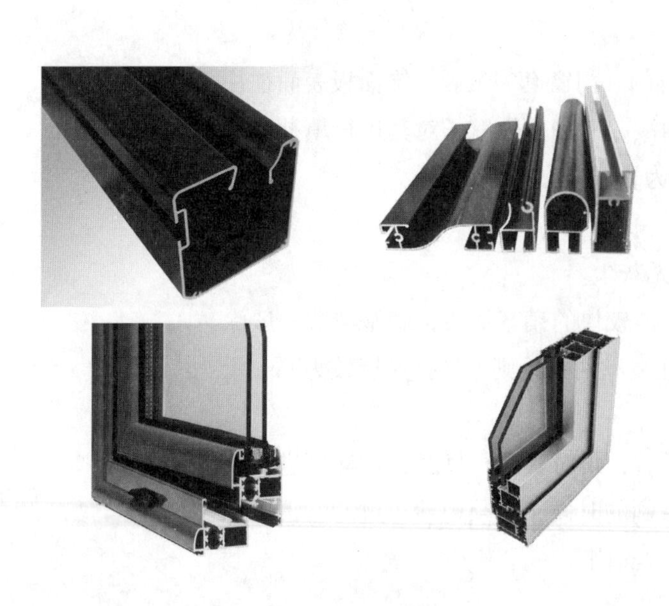

图6-7　铝合金门窗型材

1. 铝合金门窗的制作

主要的工序为：断料→钻孔→组装→保护（包装）四道工序。

断料：使用切割设备断料，应注意切割的准确度，特别是切割一定角度的斜面时，更加应引起注意。如平开窗的横竖杆件，采用的是45℃角与其对接；方正则是铝合金门窗制作的重要质量指标，因为只有方正时，才能保证其开启灵活，关闭严密，方正时常用对角线差控制。当对角线的长度大于或等于2000mm时，对角线的差应小于3mm，当对角线的长度在2000mm以内时，对角线的差应小于2mm。断料时要注意同一批料要一次下齐，并要求其氧化膜的色彩一致；推拉的门、窗下料采用直角切割，平开门、窗则采用45° 角度斜切。

钻孔：由于铝合金的门窗是采用螺丝连接，所以不论是横竖杆的组装，还是配件的固定，均需要对其进行钻孔，并且钻孔的位置要准确，注意不可在型材的表面反复对其改钻孔。钻孔前要先在工作台上画线，否则，准确度则难以得到保证。

组装：因铝合金门窗类型的不同，有不同的组装方式。一般常有45° 角对接、直角对接、垂直插接这三种。

（1）横竖杆件的固定，一般均是采用连接件或者铝件，用螺丝、螺栓、铝拉钉等对其进行固定。如平开窗在45° 角的对接处，则型材的内部需要加设铝角，然后再用撞角的办法将其横竖杆件连成整体。组装中所使用的螺丝，宜用不锈钢的螺丝。镀锌的螺丝因其为锌表面则容易被破坏，所以用不久后大多数会出现锈蚀现象。

（2）铝合金门窗的配件，因为均是使用的成品，所以安装时按正确的位置固定即可。各样的密封条，也是工厂生产的成品，且固定密封件的凹槽，已经随着断面一次挤压成型。凸出断面的尺寸以及嵌入密封材料的深度、宽度，均已做了合适的考虑，所以在组装时，只需将其压进去、装进去即可。（图6-8、图6-9）

保护与包装：铝合金门窗在组装完成后，应对其进行表面的保护。常用办法是在组装完成后，用塑料胶纸将所有的型材表面包起来；也可用厚一些的塑料薄膜将型材外包；这样做的主要目的是防止型材的表面受损伤。因为窗框、扇组装完毕后，往往土建施工还正在进行，从而操作中会不慎落下水泥砂浆，如果不及时清理，待凝固后再清理，型材的氧化膜会受到破坏。特别是铝合金门窗、框，因安装较早，若不注意保护，其表面受损的程度会很严重。

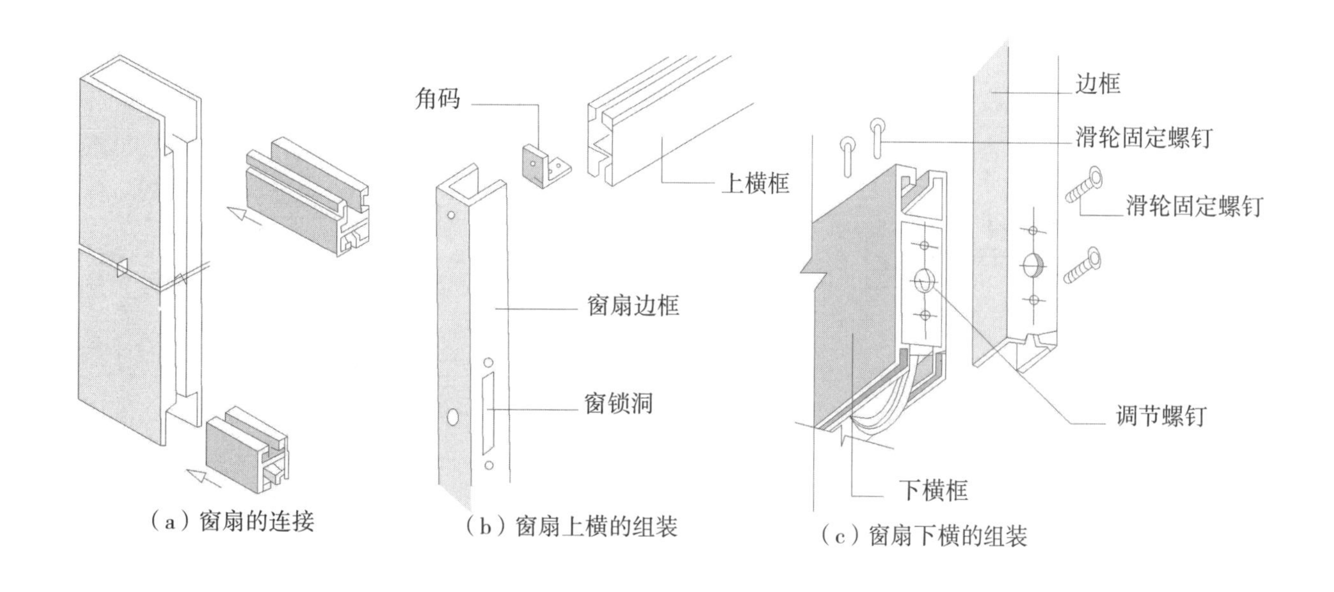

图6-8　铝合金门窗扇组装示意图

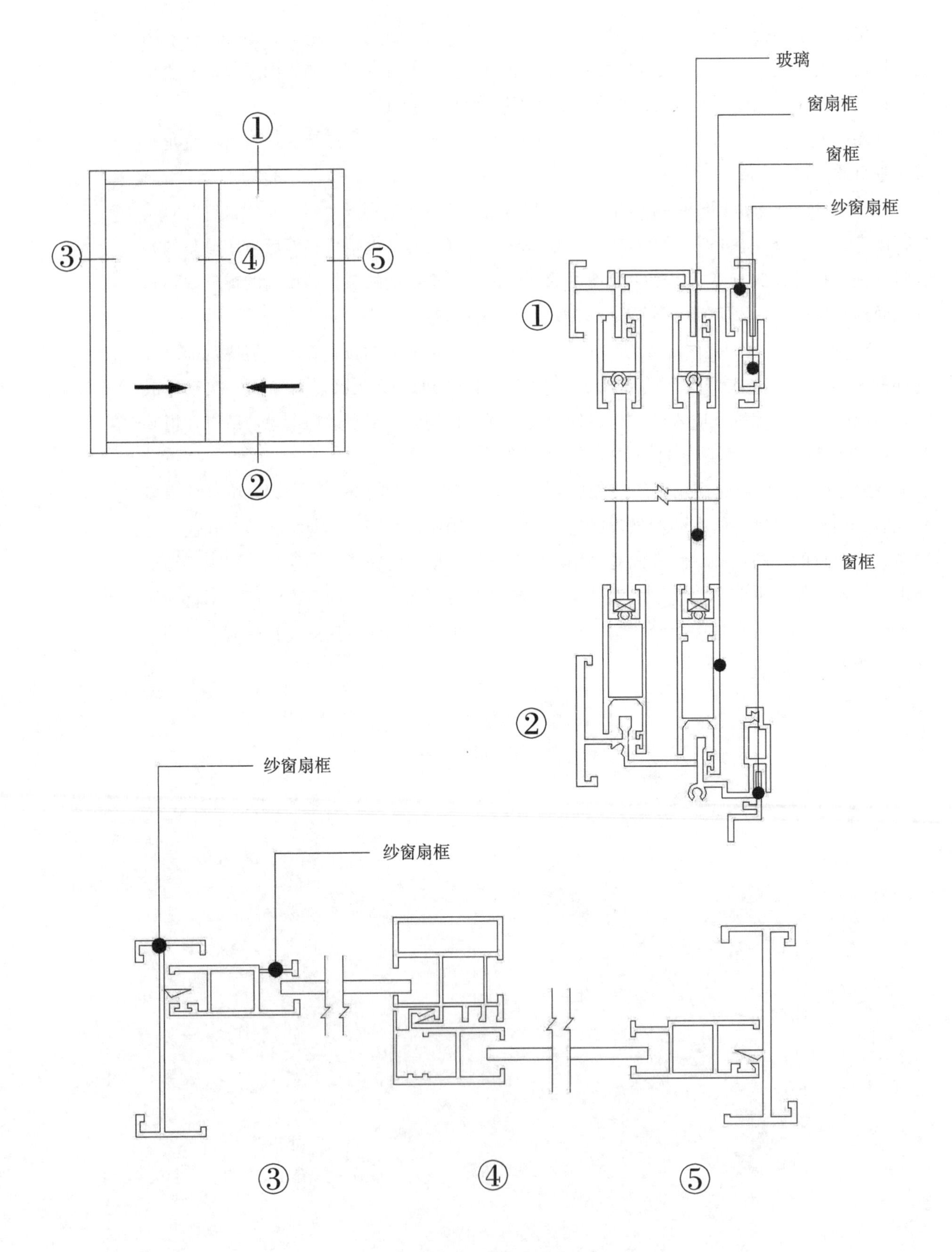

图6-9 带纱窗铝合金推拉窗组成节点

2. 铝合金门窗的安装

铝合金门、窗的安装方法不太一样，不同类型的窗在安装的具体构造上也是会有所差别的。所以，对于铝合金门、窗的安装，只能就一些基本程序提出基本的操作步骤和方法。

放线：铝合金门、窗一般都是后塞口的，在结构施工期间，按设计洞口的尺寸留出；洞口尺寸应比门、窗加工的尺寸略大；窗框与结构之间的间隙，应视不同的饰面材料而定。总之，饰面层在与门、窗框垂直相交的地方，饰面层与门、窗框的边缘应正好吻合，而不应该让饰面盖住门、窗框。放线时，应注意以下几个方面：

（1）门窗处于同一立面的水平及垂直方向应该做到整齐一致。

（2）在洞口弹出门、窗的位置线，门窗可以立于墙的中心线的部位，也可将门、窗立于其内侧，使门、窗框的表面与饰面齐平。

（3）对于门、窗，除了以上提到的确定位置外，还要特别注意室内地面的标高（室内地面饰面应该与地弹簧的表面标高一致）。

固定门、窗框：按照弹线的位置，应该先将门、窗框临时用木楔固定，待检查上下位置、立面垂直、左右间隙符合要求以后，再用射钉将镀锌锚固板固定在结构上面。镀锌锚固板是铝合金门、窗框固定的连接件，锚固板的一端固定在门、窗框的外侧，而另一端则用射钉枪固定在密实的基础上。

填缝：对于铝合金门、窗的框较宽的，如果像钢窗框那样，仅靠内外抹灰的时候挤进一部分灰是不能将其饱满的。所以，对于比较宽的窗框，应该专门对其进行填缝。填缝中所用的材料，原则上应该达到密闭、防水的目的。目前用得较多的一般是水泥砂浆。在填缝时应该注意，由于水泥砂浆呈强碱性，pH值达到了11~13，对于型材的氧化膜有一定的腐蚀作用。因此，当用水泥砂浆做填缝材料的时候，门、窗的外侧应刷上防腐剂。

铝合金门、窗扇安装：门、窗扇的安装，应该在土建施工工作基本完成的情况下进行。因为施工中多工种作业，为了保护型材不受到破损，应该合理安排其工程的进度。如门、窗扇已经制作完毕时，安装只要将扇就位即可。平开窗安装前，应先固定窗铰，然后再将窗铰与扇固定。（图6-10至图6-12）

3. 装玻璃

门、窗安装的最后一道工序是安装玻璃，包括玻璃的裁割、玻璃的就位和玻璃的密封固定。当玻璃单块的尺寸较小时，可用双手夹住将其就位。如一般的平开窗，便较多地用此方法。当单块的玻璃尺寸较大的时候，为了便于操作，往往用玻璃吸盘。

玻璃就位后，应即时用胶条对其进行固定。型材镶嵌玻璃的内槽，一般有三种形式：

（1）用橡胶条挤紧，然后再在胶条上面注入硅酮系列的密封胶。

（2）用1cm左右的橡胶块，然后再注入硅酮系列的密封胶，硅酮胶的色彩宜同氧化膜。注胶中使用胶枪时，要注得均匀、光滑，且注入的深度不宜小于5mm。

（3）用橡胶压条封缝、挤紧，表面不再注胶。玻璃应摆在凹槽的中间。内、外两侧的间隙应不小于2mm，否则会造成密封时的困难；但也不能大于5mm，否则胶条起不到挤

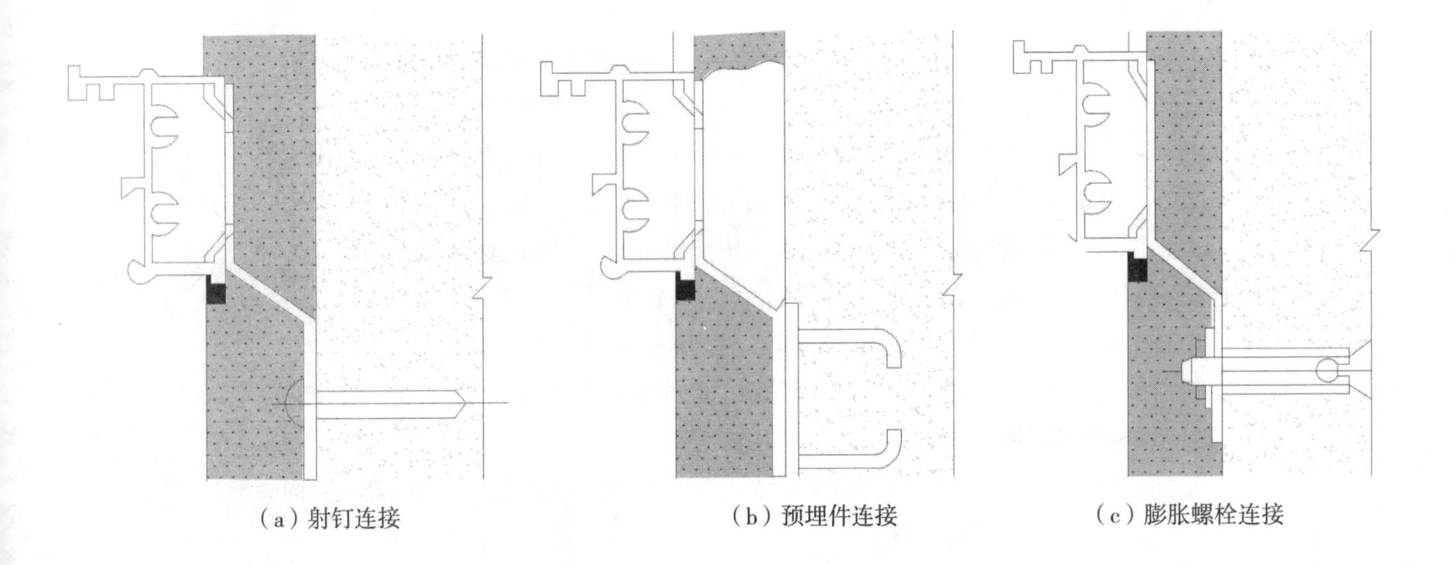

图6-10　铝合金门窗安装方法示意图

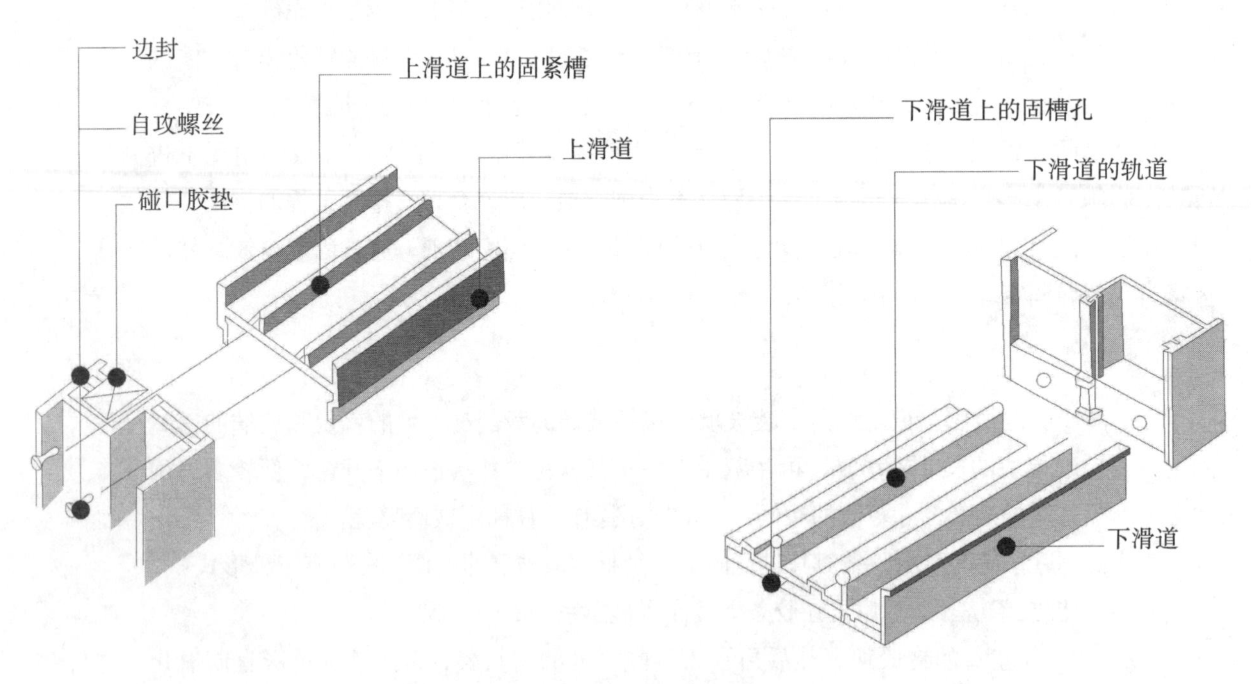

图6-11　铝合金门窗安装示意图

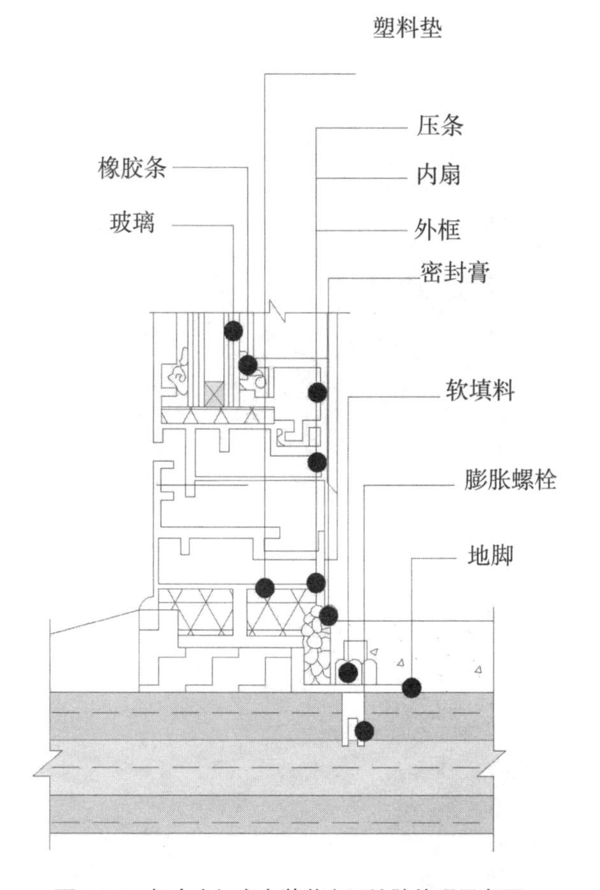

图6-12 铝合金门窗安装节点及缝隙处理示意图

紧、固定的作用。玻璃的侧下部不能直接坐落在金属表面上，而应用氯丁橡胶垫块将玻璃垫起，氯丁橡胶块厚3mm左右。玻璃的侧边及上部，都应该脱开金属表面一段的距离，从而避免玻璃胀缩而发生变形。（图6-13）

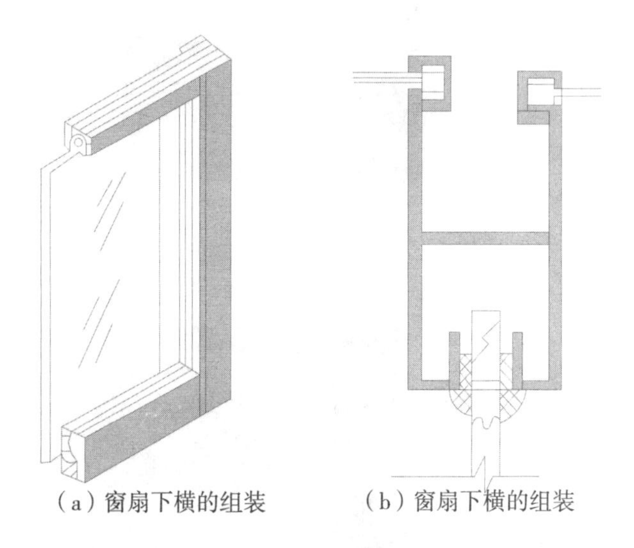

图6-13 玻璃安装

清理：铝合金门、窗在交工前，应该将型材表面的塑料胶纸撕掉。如塑料胶纸在型材表面上留有胶痕，则可用香蕉水对其清理干净，对玻璃进行擦洗，对浮灰或其他杂物，应全部清理干净。用双头的螺杆将门拉手上在门扇两侧。至此，铝合金门的安装操作基本完成。安装铝合金门的关键是要保持上下两个转动部分在同一轴线上。

四、窗帘盒的常用材料与施工工艺

1. 窗帘盒的常用材料

九厘板：九厘板是指9mm厚的密度板，其实是胶合板的一种类型。是将原木沿年轮方向旋切成大张单板，经过干燥、涂胶后按相邻单板层木纹方向相互垂直的原则组合、胶合而成的板材。（图6-14）

图6-14　九厘板

图6-15　石膏板

石膏板：石膏板是以建筑石膏为主原料而制成的一种材料。它是一种重量轻、强度较高、厚度较为薄、加工较为方便以及隔音绝热和防火等性能较好的建筑材料，是当前着重发展的新型轻质板材之一。（图6-15）

细木工板：细木工板俗称为大芯板，是由两片单板中间胶压拼接木板而成的。细木工板的两面胶黏单板的总厚度不能小于3mm。

2. 窗帘盒安装

窗帘盒是安装窗帘时的轨道、遮挡窗帘上部的安装结构，可以用其增加装饰效果。窗帘盒分为单体窗帘盒和暗装窗帘盒两种类型。

单体窗帘盒：单体窗帘盒以木制占多数，也有用塑料制成的成品，但是效果不佳。单体窗帘盒一般用木楔、铁钉或者膨胀螺栓固定在墙面上，安装的程序如下：

（1）定位画线：施工图中窗帘盒的具体位置画在墙面上，用木螺钉把两个铁脚固定在窗帘盒顶面的两端。按照窗帘盒的定位位置和两个铁脚间的间距，画出墙面上固定铁脚的孔位。

（2） 打孔：用冲击钻在墙面画线位置打孔，如果用M6膨胀螺钉固定窗帘盒，则需要用直径8.5mm冲击孔头，孔深大于40mm；如果用木楔木螺钉固定，则其打孔直径必须大于18mm，深度大于50mm。

（3）固定窗帘盒：通常用于膨胀螺钉或者木楔配木螺钉的固定法。膨胀螺钉是将连接于窗帘盒上面的铁脚固定在墙面上，而铁脚又用木螺钉连接在窗帘盒的木结构上；一般塑料窗帘盒自身都具备固定耳，可以通过固定耳将塑料的窗帘盒用膨胀螺钉或木螺钉固定于墙面。

暗装窗帘盒：暗装形式的窗帘盒的主要特点是与吊顶部分结合起来，常见的有内藏式和外接式这两种。

（1）内藏式的窗帘盒：需要在吊顶施工时一并做好，其主要的形式是在窗顶部位的吊顶处做一条凹槽，方便在此安装窗帘导轨。

（2）外接式的窗帘盒：在平面吊顶上，做出一条通贯墙面的遮挡板，窗帘轨就装于吊顶平面上。（图6–16、图6–17）

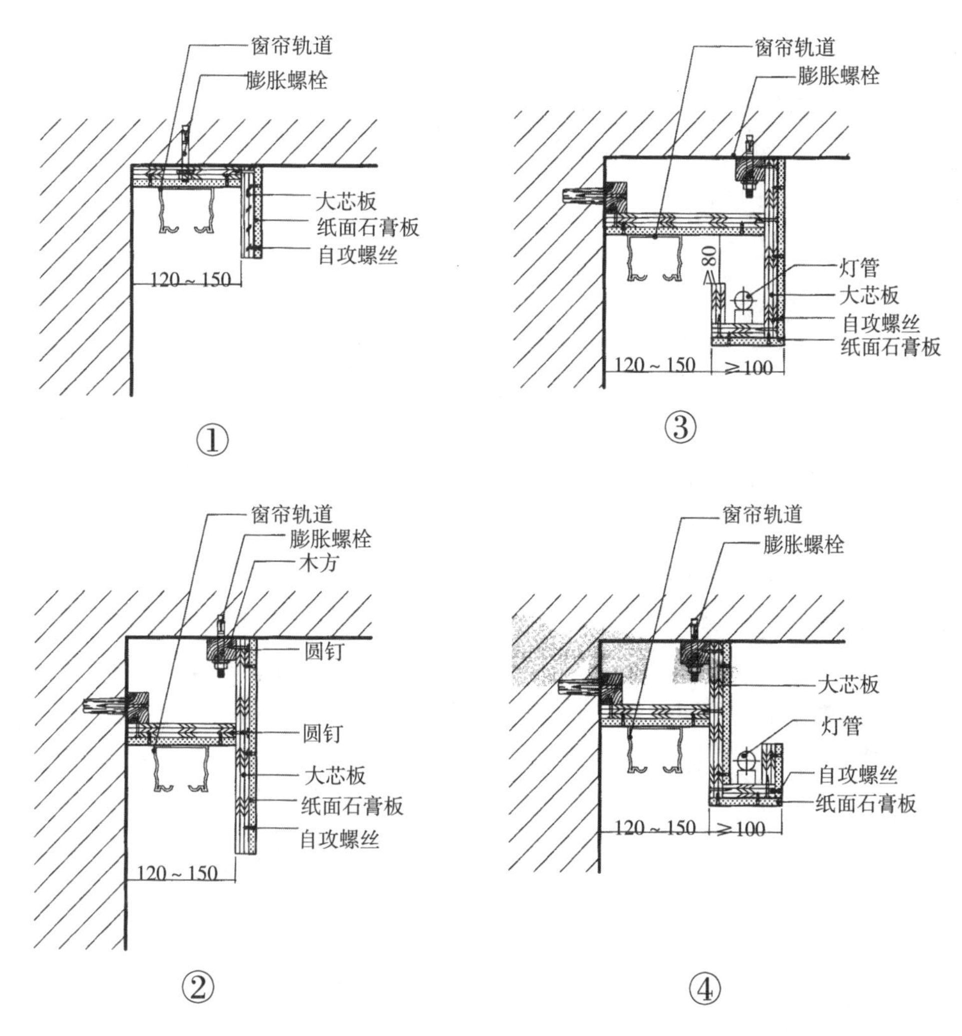

图6–16　窗帘盒制作工艺一（单位：mm）

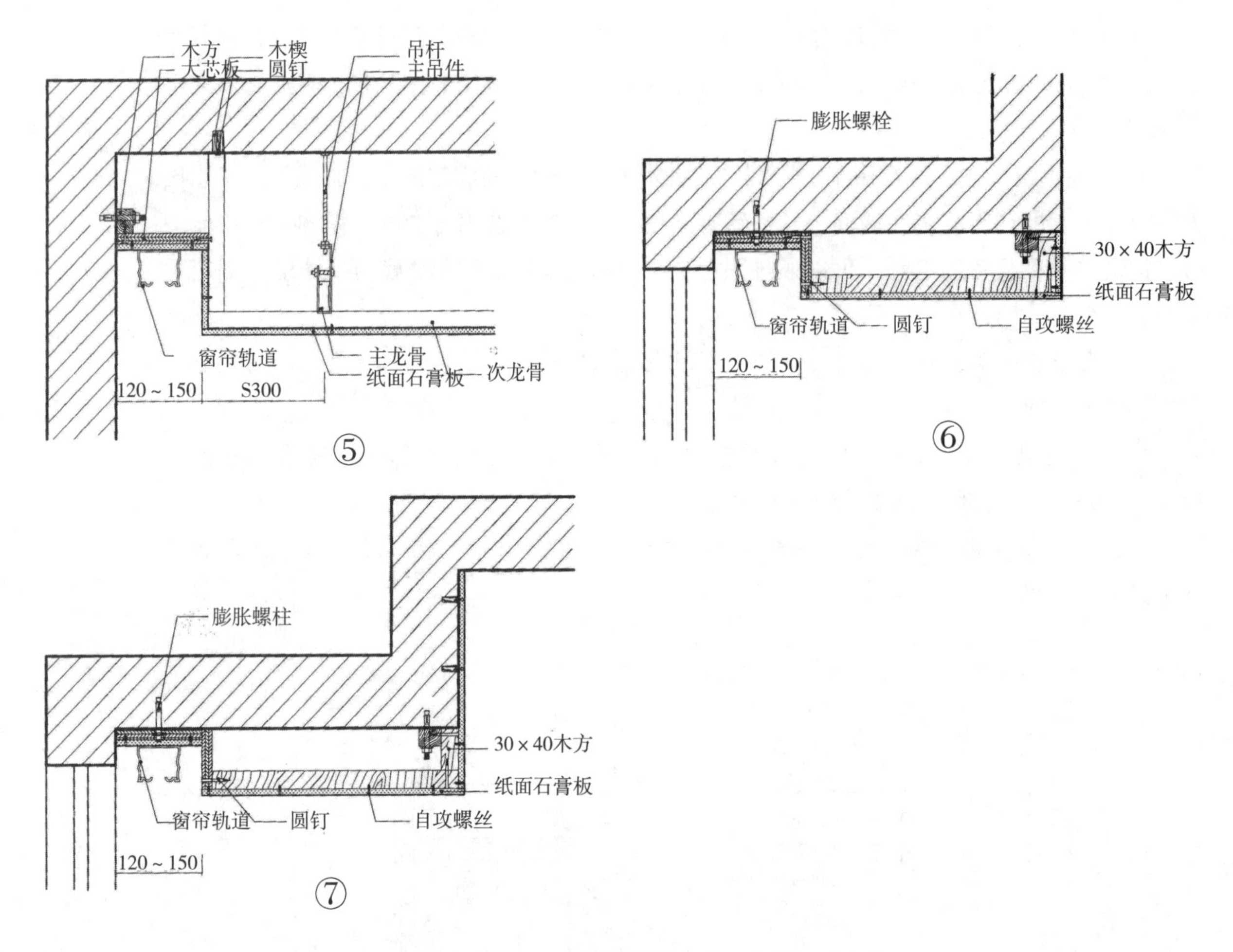

图6-17　窗帘盒制作工艺二（单位：mm）

窗帘盒的安装要求：窗帘盒的净空尺寸包括有净宽度和净高度这两种。在安装前，根据施工图中对于窗帘层次的要求来检查这两个净空尺寸。如果宽度不够，则会造成窗帘过紧不好拉动闭启；反之宽度则过大，窗帘与窗帘盒间又因空隙过大破坏美观。如果净高度不够时，不能起到遮挡窗帘上部结构的作用；反之高度过大，则会造成窗帘盒的下坠感。下料后，单层窗帘的窗帘盒净宽度一般为100～120mm，双层窗帘的窗帘盒净高度一般为140～160mm。窗帘盒的净高度要根据不同的窗帘来决定。一般布料窗帘其窗帘盒的净高为120mm左右，垂直百叶窗和铝合金百叶窗的窗帘盒净高度则一般为150mm左右。

规范与标准篇

第七章　电工施工工艺规范

为确保施工用电及装修后用电的安全美观，方便实用，便于维修，电工施工必须持证上岗，且遵守本规范。

电力施工程序：施工前的检测与准备→电路交底与定位→项目经理对电路布局进行确认→电路改造材料计划及材料验收→全房弹水平线→开槽→底盒安装→布线、布管→电路检测→电路图绘制→电路改造工程量核对→封槽→开关、插座面板及辅助计划→灯具安装→开关、插座面板安装→开关、插座通电验收。

一、施工前的检测与准备

（一）需准备的工具和仪表

场强检测仪、插座检测仪、网络检测仪、有色粉笔（除红色）、摇表、万用表、钢丝钳、十字启、一字启、试电笔等。

注：场强仪、摇表等仪表在开工当天，由项目经理从公司带到开工现场。

（二）配电箱的检测与摇测

检测流程：打开箱盖→查看、试验→摇测→装上箱盖。

1.打开箱盖

拧出固定配电箱箱盖的螺丝，将箱盖置于稳妥的地方，为防止螺丝丢失，宜将其拧在原来的丝扣上。

2.查看、试验

（1）根据总进线线径大小判断原电路的总负荷，是否三相四线制，电源分几个回路，分别是什么回路，是否有地线，地线接地是否良好，原有线路的老化程度等。

（2）查看原电路是否有漏电保护器。如有，在通电状态下按动试验按钮，检查漏电保护器动作是否可靠，同时试验其他空气开关，看其是否灵活、正常。

3.摇测

断开总电源开关，用摇表摇测各线对地电阻，以及线与线之间的绝缘电阻，对地电阻必须大于0.5MΩ。

4.装上箱盖

确认各项检测正常后，装上箱盖。

（三）弱电的检测

弱电的检测是指电视线路、监控线路、网线和电话线路的检测。找到电视、电话、网络的入户处，用场强仪检测房间各点的电视信号，信号在60~80dB之间为佳；用万用表检测室内电话线、网线，每芯单独检测其通断情况。

（四）原房开关、插座的检测

（1）打开照明回路电源，按每个房间的开关，看其是否均亮灯。原房导线线径应符合以下要求：照明回路用≥1.5mm^{2}的铜芯线，插座回路用≥2.5mm^{2}的铜芯线，空调回路用≥4mm^{2}的铜芯线。单个用电负荷大于4kW，应使用6mm^{2}以上的铜芯线。如配电箱有二个或二个以上照明回路，则确定每个回路分别对应控制的线路。〔附：负荷计算公式P（功率）=U（电压）×线径×8A（8A为平均值）；如1.5的线径所承受的最大额定功率为：P=220×1.5×8=2640W〕

（2）拆下开关面板，查看其线径大小是否符合标准，电线是否分色。

（3）逐一合上每个插座回路的电源，检测每个插座由哪个回路控制且是否通电，单相插座是否按左零右火上接地，三相插座是否三相一接地（接零）的要求接线。

（五）要求业主提供原有强、弱电布置图，相关电路、电路图纸和资料，询问业主是否已购买好足够的施工临时用电。

（六）相关标准和要求

如所测数据不符合相关标准和要求，则要告知业主，要求物业整改。当各项检测完全符合要求，方可动工。

二、电路交底与定位

（一）工具与器材

卷尺、平水管、平水尺、彩色粉笔、铅笔等。

（二）电路定位流程

定位准备→设计师、业主对项目组交底→确定位置。

1.定位准备

（1）开工前两天内，项目经理必须认真阅读审查全部施工图纸。

（2）了解图纸及相关的定位内容。

①平面布置图：了解全房电器的布置，使用功能是否齐全。

②天花板布置图：确认灯的位置、款式及安装的高度。

③家具、背景立面图：家具中酒柜、装饰柜、书柜内部是否安装灯具。

④水电示意图：对灯具、开关、电器插座进行定位。具体定位以现场放样为准。

⑤橱柜图纸：对厨房电器进行定位，如消毒柜、微波炉、抽油烟机、电冰箱、热水器等。

⑥卫生间立面图：对镜前灯、开关、插座、热水器等进行定位。

2.设计师、业主对项目组交底

（1）确认热水器、饮水机、空调、电脑、电视、音响、洗衣机、餐厅电火锅等电器的位置及安装要求。

（2）要求业主楼上、楼下、卧室、过道等灯具采用双控或多控并确认位置。

（3）确认顶面、墙面以及柜内灯具的位置、控制方式。客厅、餐厅、楼梯间的花灯灯泡或筒灯、射灯较多时，应询问业主是否采用分组控制及确认控制的方式。

（4）空调定位时，应考虑是单相还是三相电源，同时要考虑主机位置及管道的布置。热水器定位时，一定要明确其具体类型及功率大小。整体浴室的定位可由厂家协调完成。

（5）电话定位须询问业主是否用子母机，子母机旁应加电源插座。音响定位时须明确音响的类型、安装方位，是前置、中置，还是后置，是壁挂还是落地以及是否由厂家布线。

（6）根据电话的入户情况，如果有两路电话线，应该和客户确认哪些房间共一个号码，哪些房间需要两个号码，并确认具体位置。

（7）确认网络的路由器位置及各网络端口的位置。

（8）确认业主是否有其他相关的特殊要求。

3.确认位置

综合业主和设计师的意见并对照图纸，确定各种电器用电的准确位置及开关，电视、电话、网络、音响位置，并用彩色粉笔（不用红色）在墙面上做好记录。

（三）电路定位的相关标准和要求

电路定位必须精准、全面、一次到位。

三、项目经理对电路布局进行确认

（1）根据房型的布局、用电器的功率大小，进行计算，确定回路数量。项目经理根据用电量的负荷合理安排回路，经业主认可并且注意核实原标注与实际的回路是否一致，不能减少原有回路个数。

（2）根据图纸，结合基础装修产品目录检查是否有遗漏。

（3）根据使用功能的布局，以走线长度最短为原则，确定弱电箱的位置。原房有弱电箱的除外。

（4）电路布局必须遵循就近原则，严禁绕线（注：厨房灶台上方800mm以内，严禁横向走管线）。

（5）复式楼、别墅每层必须单独设置总空气开关。

四、开槽

（一）工具与器材的准备

手锤、尖錾子、扁錾子、电锤、切割机、开凿机、墨斗、卷尺、水平尺、平水管、铅笔、灰铲、灰桶、水桶、手套、防尘罩、风帽、垃圾袋等。

（二）工艺流程：弹线→开槽→清理

（1）弹线：根据电器用电的具体位置和线路的走向弹线，弹线必须横平竖直，清晰可见。

（2）开槽：用切割机、开凿机、电锤或用手锤等凿到相应深度。砂灰墙开凿必须先用切割机切到相应的深度，再用凿子开槽，砖墙开槽深度为线管管径+12mm。

（3）清理：开槽完毕后，应及时清理垃圾，并要求洒水防尘。

（三）相关标准和要求

（1）同一槽内有2根以上线管时，注意管与管之间必须有≥10mm的间缝。

（2）顶棚是空心板的，严禁横向开槽。在两块板之间开槽须顺缝开槽或将线管布置在板的空心处。

（3）在混凝土上开槽绝不可伤及其钢筋结构。

五、底盒安装

（一）工具与器材的准备

卷尺、水平尺、平水管、铅笔、钢丝钳、小平头镗子、灰铲、灰桶、水桶、手套等。

（二）流程

弹线和定位→底盒安装前的处理→湿水→底盒的稳固→清理。

（1）弹线和定位：在距地面1350mm墙面弹一水平线，以该水平线为基准，确定开关、插座、空调插座等高度。

（2）底盒安装前的处理：将对应的敲落孔敲去，有两个或多个底盒并排安装在一起时，底盒间如存在连线时应将其相应的孔敲穿并装上锁扣。

（3）湿水：用水将安装底盒的洞湿透，并将洞中的杂物浮尘清理干净。

（4）底盒的稳固：用1∶3的水泥砂浆将底盒稳固地安放于洞中，并确保其平正，相邻底盒在同一水平线上，并与墙面相平。

（5）清理：将稳固好的底盒及锁扣里的水泥砂浆及时清理干净。

（三）相关标准和要求

（1）进门开关底盒边距地面距离1.2~1.4m，侧边距门套线距离必须≥70mm，距门口边为150~200mm，开关不得置于单扇门后及柜体上，并列安装相同型号的开关距水平地面高度误差≤1mm，特殊位置（床头开关等）的开关应该按业主要求进行安装，同一水平线的开关水平误差≤5mm，同一个房间内的底盒保证在同一水平线上。

（2）在贴瓷砖的地方，应尽量装在瓷砖正中，不得装在腰线和花砖上，严禁一个底盒同时破坏四块瓷砖。

（3）并列安装的底盒之间应留有4~5mm缝隙或根据相关要求。

（4）底盒尽量不要装在混凝土上。

（5）如底盒装在封石膏的地方，则需用至少2根20mm×40mm木方，将其稳固于龙骨架上。

六、布线布管

（一）工具和器材的准备

钢丝钳、电工刀、弯管器、剪切器、手锤、阻燃冷弯电线槽管、电线、线卡、线管直接、黄蜡套管、接线端子、人字梯等。

（二）布线布管流程

配管→穿线→固定→接头→整理。

（1）配管：根据线径的大小，将线管配好，转弯处用弯管器冷弯。连接处必须胶结。

（2）穿线：根据要走的线路，将电线穿管。

（3）固定：布管完毕，用线卡间距800~1000mm将其固定。

（4）接头：在底盒内，将相应电线的线头按标准牢固接好，先用防水胶带包缠，然后用绝缘胶布绝缘处理，或用接线端子连接；连接时，建议采用插线式弹簧连接器。

（5）整理：进入盒内的电线，线头保留150mm左右，线头用绝缘胶布分别缠好，并用Φ16mm线管绕圈，美观、整齐地置于盒内。

（三）相关标准和要求

1.管与管、管与箱（盒）连接的要求

（1）管与底盒连接时必须套用锁扣。

（2）当电线直线段长度超过15m或转弯超过3cm时，必须增设接线盒。

（3）暗管在墙体内严禁交叉，严禁没有接线盒跳槽，严禁走斜道。

（4）电话线可与网络线或电视线走在一根管内，网络线与电视线严禁在同一根管内。

（5）地面多根线管并排布置时，每5根线管间必须预留100~150mm间距，避免影响木地板施工。

2.管内导线要求

（1）导线在管内严禁接头，接头应在接线盒（箱）内。

（2）管内导线的总截面积，应小于线管截面的40%，单根PVC管内部走线不得超过3根，也不能故意多布管。

（3）绝缘导线在空心板内敷设时，应注意导线穿入前，需将板孔内积水杂物清理干净；导线穿入时，必须用黄蜡管护线，严禁损伤导线的保护层。

3.室内配线基本要求

（1）使用导线其额定电流（导线截面面积×8A）必须大于线路的正常工作电流。

（2）导线必须分色，红色为相线，蓝色为零线，黄线双色线或黑色线为地线，其他颜色线一般为控制线。

（3）导线在开关盒、插座盒内留线长度不大于150mm；若是两个插座或多个插座并排的地方，其线不宜断开，应根据实际长度留线。

（4）凡进入底盒的线，线头均需用绝缘胶布缠好，用Φ16mm的电线管绕圈，美观、整齐地卷放入盒内。

（5）地线和公用导线通过盒内不可以剪断直接通过的，也应在盒内留有一定的余地。

（6）如遇大功率电器，分线盒内的主线达不到负荷要求时，必须走专线。且线径的大小和空气开关负荷的大小必须相配。

（7）浴霸控制线应根据安装要求考虑是放7根还是9根，必须从插座回路取电。

（8）强排热水器须配置带开关的插座，插座高度宜为1600~1700mm。

（9）镜前灯电线出墙必须套黄蜡管，长度200~300mm，离地高度宜为1800mm。

（10）卧室、过道、别墅和复式楼的楼梯间的灯具开关必须使用双控。

（11）电视机定位时，必须考虑机顶盒的摆放位置。

（12）弱电导线（电话、电视、网线）与强电导线严禁共槽共管，弱电线槽与电线槽的间距≥500mm。

（13）弱电布局必须采用发散式布局，严禁串联。弱电线必须在总进线点设立接线盒，每个网点需独立布线，弱电箱必须预留电源。所有弱电源入户底盒，必须保留。弱电布置完成后，弱电箱内各线头必须用标签纸标注通向各房间的名称。

（14）如客户选用等离子挂式电视机，宜在电视机屏幕后以及下边底盒间预埋一根Φ75mm的PVC管，两端必须安装底盒，建议在电视背景处增加网络插座。

（15）室内门铃对讲等弱电信号专线的移位，必须通知物业指派专人施工。

（16）光纤布线要求：

①入户光缆，是皮质光缆，采用LSZH（无卤低烟）护套，其内部光纤的材质就是玻璃丝，光缆规格为2.0mm×3.1mm标准尺寸，预埋布置的光纤应使用防潮、防止鼠咬的铠装光纤；

②光纤不同于网线和双绞线，施工和使用时应自然平直，不得扭胶、打圈接头、不受外力挤压和损伤，否则很难修复，光缆不能进行90°直角转弯敷设，光缆弯曲半径要大于15mm；

③多条光纤穿过一根PVC管时，保证一次性穿过，不可分次穿光纤，穿线前应全面试穿；

④不允许架空布置光纤，每间距800~1000mm必须使用尼龙扎带绑扎或线卡固定；

⑤穿管时管两端要加护套，所有电缆经过的管槽连接处都要处理光滑，不能有任何毛刺，以免损伤电缆；

⑥拽线时每根线拉力应不超过11kg，多根线拉力最大不超过40kg，以免拉伸电缆导体；

⑦电缆一旦外皮损伤以至芯线外露或有他严重损伤，损伤的电缆段应更换，不得接续，接续的电缆无法满足信号传输要求；

⑧布线期间，电缆拉出电缆箱后尚未布放到位时如果要暂停施工，应将电缆仔细缠绕收起，妥善保管，不得随意散置在施工现场，绑扎点间距不大于500mm，不可用铁丝或硬电源线

绑扎；

⑨所有的管口都要安放塑料护口，施工人员应携带护口，穿线时随时安放；

⑩电缆在出线盒外余长500mm，控制箱外约1.5m，余线应仔细缠绕好收在出线盒内或控制箱内；

⑪在配线箱处从配线柜入口算起余长为配线柜的（长+宽+深）+50cm，配线箱内必须配置电源，配线箱尺寸应考虑保证其他路由等设备的放入；

⑫每一条线缆，对应的房间和插座位置不能弄错；

⑬两端的标号位置距末端25cm，贴浅色塑料胶带，上面用油性笔写标号或贴纸质号签再缠透明胶带；

布线完成后，所有的电缆应全面进行通断测试。测试方法：把两端电缆的芯全部剥开，露出内芯。在一端把数字万用表拨到通断测试挡，两表笔稳定到一对电缆芯上；在另一端把这对电缆芯一下一下短暂地接触。如果持表端能听到断续的“嘀嘀”声，就证明是光缆线，每根电缆的所有芯都要测。这样测试能发现的问题是断线和标号错。

4.相关指令性文件的规定

为适应住宅发展需要、满足家用电器对供电的需求，应遵循相关指令性文件的规定：

（1）用户配电箱的相关规定。

①规定照明、插座、空调至少按三个以上回路设计敷设。照明回路功率≥3500W时必须增加照明回路，普通插座回路功率≥4400W时必须增加回路，3匹以上空调柜机必须设置单独回路。

②为确保用电安全，配电箱内必须配置漏电保护器，空开的额定电流与回路的用电负荷相匹配。

③配电箱内线的保留长度不得少于配电箱的半个周长。

④配电箱底边距地面不少于1.5m，配电箱内每个空开应注明用电回路的名称。

⑤配电箱内导线应绝缘良好，排列整齐，固定牢固，严禁露出铜线。

⑥配电箱的进线口和出线口宜设在配电箱的上端口和下端口，接口牢固。

（2）原用户电能表的负荷不能满足要求，必须请用户要求物业公司更换新表。

（3）开关必须串联在相线上。

（4）照明路线的规定：

①照明路线建议采用2.5mm^{2}的铜芯线。茶几及餐桌下应考虑预留地插。

②室内照明线路每一单相控制回路的电流严禁超过10A，所接灯头数不宜超过25个，但花灯、彩灯、多管荧光灯除外。

③灯具在吊顶内的布线有接头处必须用三通、四通接线盒。由接线盒引入灯具的绝缘导线，应采用黄蜡套管保护导线，不应有裸露部分。

（5）普通插座布线一般采用2.5mm^2（厨房插座4mm^2）铜芯线。计算负荷时，凡没有固定负载体的插座，均按1000W计算。

（6）空调布线时，室内挂机主线应用4mm^{2}线，大功率的柜机应用4mm^{2}线。

（7）大功率的电器，如“奥特朗”快速热水器等必须使用6mm^{2}以上的专线。智能便器必须预留插座。

（8）在厨卫及有水的地方，开关插座如需移位，严禁在墙内接头，所有接头应在底盒内。其他地方的开关插座如需移位，原有底盒应尽量保留，非得封闭不可的开关、插座接头必须非常牢固，并做好防水处理。4mm^{2}以上的线用20mm的PVC管；厨卫及潮湿的地方强电严禁走地，厨房灶台上方800mm以内，严禁横向走管线，地面PVC管接头必须打胶。

（9）强电布线布管完毕后，必须用摇表摇测，确认其对地电阻大于0.5MΩ以上。

（10）套管必须用管卡固定于槽内，固定间距不得大于1m，钉钢钉的一边应靠下或靠右。

（11）混凝土上布线可以用黄蜡管，其他墙面严禁用黄蜡管。

（12）如有地暖施工时，地面管线必须在离墙300mm以内铺设。

5.吊顶内布线管规定

所有吊顶内线管必须固定，固定方法为：先将轻钢龙骨固定在墙面两端，线管固定在轻钢龙骨上（使用木方法的必须做好防火处理）。严禁采取破坏顶面的任何固定方式，严禁直接固定在吊顶龙骨以及落水管上，同时也严禁使用原灯线绑扎固定的方式。

七、检测

（1）用摇表摇测新敷设线路间导线及导线对地电阻是否≥0.5MΩ。

（2）新敷设的电路通电，用试灯或试电笔检测每个回路是否通电。

（3）电话线安装后，必须用万用表进行通路试验。电视线安装后，必须用微型电视或场强仪进行检测。网线安装后，要使用网络检测仪或万用表进行试验，以保畅通。

（4）检测完毕必须用盖板对应保护底盒。

八、电路图的绘制

重新布置和改造的电路，必须在客户代表核尺之前绘制出强电布置图、弱电布置图，图纸必须字迹清晰，图纸上须有线路标高、走向以及相关的配电说明和图例。等电路图绘制好，由项目经理和工程主管审核签字后，才能通知客户代表及客户，去实地核尺验收，核尺及验收合格后，交到财务方能结二期款工资。

九、核对电路改造工程量和验收

工程主管、客户代表、项目经理参与电路隐蔽工程验收。工程主管负责参与电路的检测，参照电路图，审核是否有错误或绕线现象。客户代表和客户一起核实电路的工程量，并记录电线的用量。在封槽之前必须与业主全部核对清楚，并请客户签字认可。注意分清包工包料和包工不包料两种情况。

十、封槽

工具和器材的准备：平头镗子、木镗子、灰桶、灰铲、水泥、中砂、细砂、801胶等。

封槽流程：调制水泥砂浆→湿水→封槽。

调制水泥砂浆：调制配比为1∶3的水泥石浆补墙面槽或配比为1∶4的水泥砂浆补灰墙槽。混凝土、顶面补槽用801胶和水泥浆，再掺入少许细砂。

湿水：用水将应补槽处湿透。

封槽：用镗子将调制好的水泥砂浆补槽。

相关标准和要求：

（1）补槽之前，项目经理组织班组长、客户代表和业主对隐蔽工程进行核尺，经工程主管验收后，并要求业主、客户代表签字认可。

（2）补槽不能凸出墙面，并低于墙面1~2mm。

十一、开关、插座面板及辅料计划

当前期隐蔽工程完工后，在退场之前必须把开关、插座、辅料计划造出来。灯具计划应和业主、设计师充分沟通，如有特殊情况应充分说明（如射灯的大小、变压器的类型等）。

十二、灯具的安装

（一）工具和器材的准备

电锤、Φ6mm锤花、Φ8mm锤花、手锤、卷尺、铅笔、螺丝刀、试电笔、钢丝钳、胶塞、防水胶带、绝缘布胶带、扳手、手套、人字梯等。

（二）灯具安装流程

定位→打孔或开孔→接线→固定件安装→装灯罩。

1.定位

根据图纸和灯具的安装要求，确定所装灯具的准确位置，并用铅笔在其所装位置的中心做记号。

2.打孔或开孔

（1）直接装在顶棚和墙面的灯具，根据其定位确定打孔的具体点，用电锤打孔，将胶塞敲进，再将固定灯架的固定件稳固装于其上。

（2）对于嵌入式灯具，应根据其定位，在相应的位置开孔。

3.接线

根据控制方式，接好控制线和零线。

4.固定件安装

将灯具固定在顶棚、墙面上，嵌入式灯具固定在专设框架上。

5.装灯罩

将灯罩安装稳固，并对灯具进行保护。

（三）相关标准和要求

（1）在所有灯具安装前，应先和业主一起检查验收灯具，查看配件是否齐全，灯具玻璃是否破碎，和业主一起确定灯的具体安装位置，并注明于包装盒上。

（2）采用钢管作灯具吊杆时，钢管直径不应小于10mm。

（3）吊链式灯具的灯线不应作受力线，灯线的长度必须超过吊链的长度，灯线与吊链应美观地编结在一起。

（4）同一室内或同一场所成排安装的灯具，应先定位，后安装，其中心偏差≤2mm。

（5）灯具组装必须合理、牢固，导线接头必须牢固、平整。有玻璃的灯具，固定其玻璃时，接触玻璃处须用橡皮垫子，且螺丝不能拧得过紧。

（6）镜前灯一般要安装在距地1.8m左右，但必须与业主沟通确定，旁边应预留插座。

（7）当灯具重量≥1.5kg时，必须用膨胀螺栓固定。

（8）嵌入式灯具的安装须符合下列要求：

①灯具应固定在专设的框架上，导线在灯盒内应预留余地，方便维修拆卸。

②灯具的边框应紧贴顶棚面且完全遮盖灯控，不得露光。圆形嵌入式灯具开孔宜用锯齿形开孔器，不得露光。

③矩形灯具的边框必须与顶棚的装饰直线平行，灯与灯的中心偏差≤2mm。

（9）日光灯管组合的开启式灯具，灯管应排列整齐，其金属或塑料的间距片不应有扭曲和缺陷。

（10）射灯应配备相应的变压器，当安装空间小于100mm×100mm时，则不得使用变压器。如果安装空间过于狭窄或用Φ40mm的灯架时，宜选用迷你型变压器。另外，安装时需检查变压器与灯珠是否匹配。

（11）普通灯带的剪断只能以整米断口，如灯光槽长4.5m，则灯带应为5m。LED灯带是以3个LED为一组的串并联方式组成的电路结构，每3个LED即可以剪断单独使用。LED灯带的连接距离一般15~20m。如果超出了这个连接距离，则LED灯带很容易发热，影响LED灯带的使用寿命。为避免前后端色差以及亮度差，单根LED灯带不超过5m（12V）和10m（24V），长度过长时采用LED灯带和电源并联的方式连接，根据灯带实际数量选择电源，变压电源功率考虑盈余20%；插头及尾部做好防水处理。

十三、开关插座面板的安装

（一）工具和器材的准备

钢丝钳、剥线钳、螺丝刀、试电笔、绝缘布胶带、防水胶带、电工刀等。

（二）开关插座面板安装流程

试灯→接线→清理→固定。

（1）试灯：用相线接触每根控制线，确定每根控制线所控制的灯或灯组。

（2）接线：接好开关的相线；接好插座的相线、零线、地线。

（3）清理：用工具轻轻将盒内残存的灰块和杂物清除掉，再用布将盒内的灰尘擦干净。

（4）固定：用螺丝将面板平正地固定于墙面上。固定面板时，应先拧紧底盒的活动边，拧螺丝时，须用手按住面板。

（三）相关标准和要求

（1）开关的安装宜在灯具安装后，开关必须串联在相线上。

（2）在潮湿场所应用密封或保护式插座、防水盖板。

（3）面板垂直度偏差≤1mm。

（4）成排安装的面板之间的缝隙≤1mm。

（5）凡插座必须是面对面板方向左接零线，右接相线，三孔上端接地线，并且盒内不允许有超过1mm的裸露铜线，三相四线制插座，地（零）线接上端。

（6）开关安装后应方便使用，同一室内同一平面开关必须安排在同一水平线上并按常用、不常用、很少用的顺序排列。

（7）开关插座后面的线宜理顺并做成波浪状置于底盒内。

附：数字高清一线通（HDMI）的施工方法

（一）HDMI的适用范围

HDMI是一种弱电类成品线缆，主要应用于等离子电视、液晶电视、背投电视、投影机、VCD、功放、数码相机、台式/笔记本电脑等。

HDMI：是首个支持在单线缆上传输，不经过压缩的全数字高清晰度视频、多声道音频和高智能格式与控制命令数据的接口，传输速度达5Gbps以上，带来的是高清影院级画质和音画一体传输的便捷。但是其相关的设备上都必须有HDMI的端口，现在一般电视机都有两个HDMI端口，这也是我们前期客户代表和设计师要和客户解释提醒客户是否需要布线的原因，项目经理和电工在开工定位时同样要提醒客户，免得以后有高清设备却没有布线。

（二）如客户要用数字高清一线通同样也要问其是几台设备要与电视机连接，设备的摆放位置并确定是不要布线、单点布线或多点布线。

（1）什么情况不用布线

所有设备都放置在电视机周边是不需布线的，因购买设备时，如有HDMI端口的电器基本上有配套1根不长的HDMI缆线直接连接即可。

（2）单点布线

单点布线就是要从远处控制电器，比如机顶盒、VCD放在床头柜上要控制电视机。首先项目经理要量出HDMI线的长度（HDMI的成品线长度为1.8m、5m、10m、15m），机顶盒至电视机预埋HDMI线时，最好还同时放1根网线，以便以后的功能升级。

（3）多点布线

如床头有机顶盒、VCD或其他地方放置电脑也要与电视机连接的话，可以从床头放1根HDMI线至电视机，同样从电脑边也放1根HDMI至电视机（高端电视机有2个HDMI端口可连2根线）。

如电视机只一个HDMI端口或三台设备在不同位置要连接电视机的话那就只能设置一个HDMI转换器，从不同位置布HDMI线至转换器，再由转换器转换出1根线至电视机端口，由转换器来控制电视机与那台设备连接。

（三）目前市场上有多种HDMI品牌的成品线，线的长度除常规随机配置外，还有1.8m、5m、10m、15m四种长度的线。

第八章　水工施工工艺规范

为确保水路施工后美观、畅通、无渗漏、便于检查和维修，水工必须遵循相应的规范。

水工施工总程序为：施工前的准备与检测→水路定位→水路布局确认→水路开槽→PP-R给水布管→排水改造→水路试压及验收→水路图绘制→水路改造工程量核对→封槽→洁具安装→五金挂件安装保护。

一、施工前的准备与检测

工具和器材的准备：水桶、细砂、塑料袋、扳手、生料带、压力表等。

水路检测流程：水压检测、通水实验、蓄水实验。

水压检测：打开水龙头，如果感觉水路压力不大，关闭水总阀，接上压力表，如水压过小（0.2MPa），则要求业主找物业处理或建议安装增压装置。

通水试验：对原有的排水管、地漏等做通水试验，查看是否有堵塞或下水不畅的现象。

蓄水试验：

（1）检查原房屋的厨卫地面和顶部是否有裂缝，尤其是顶部水管的周围及接头处，看是否有渗漏的痕迹。

（2）开工当天必须通知物业公司对厨卫地面做蓄水试验。用装满细砂的塑料袋堵住每一个排水口和地漏，然后放水，放水的深度须超过20mm。如果有条件，可请求楼上同时做蓄水试验。

（3）蓄水试验必须做48小时，确认无渗漏后，才允许施工。

（4）如果楼下已经装修，做蓄水试验时，要告知楼下业主，防止因漏水给别人带来不方便及损失。

要求业主提供原始水路图、橱柜水路图、洁具图纸以及相关资料。

请求业主购买足够的临时施工用水。

相关标准及要求：

（1）通水试验时用水桶装满水，向排水管和地漏灌水，应排水通畅、无滞留。

（2）如楼下住户已装修完毕，做蓄水试验时应随时注意楼下是否有渗漏，同时建议业主做防水。

（3）在客厅、卧室等其他房间，不得做蓄水试验，地面也不允许积水。

二、水路交底与定位

工具与器材的准备：卷尺、平水尺、彩色粉笔、铅笔等。

流程：定位前的准备→业主、设计师对项目组交底→定位。

（1）定位前的准备：对照橱柜水路图、卫生间、阳台平面图以及相关图纸，了解厨卫的功能与布局。检查洗菜盆、洗脸盆、沐浴、拖把池、洗衣机、热水器、洁具等功能是否齐全，是否有鱼缸、净水设备等特殊功能，其给、排水口位置、管道设计是否合理，空间是否足够。

（2）业主、设计师对项目交底：

①询问业主所购洁具、洗衣机的类型、尺寸、排水方式，如原位置没有排水口或需要移位的，须向业主特别说明排水改造后的具体情况；必须了解业主对洁具的排水要求，是墙排还是地排，洗衣机排水是地排还是墙排等。如果不能移位，就必须要求设计师修改方案。

②了解业主热水供应的方式，如有几台热水器，分别是什么热水器，各房间热水分别是由哪台热水器提供热水；并提供热水器安装位置的参考意见。

③建议业主哪些地方需要安装地漏，原有地漏必须保留，原则上要求有水供给的房间都要安装地漏或通过蹲便器排水，地暖分水器要安装在瓷砖地面房间且附近要求安装地漏。

④大部分卫生间蹲便器已安装，但未考虑地面因贴瓷砖后的抬高，导致装修后蹲便器低于卫生间地面很多，应提醒业主更换蹲便器。

⑤如果业主安装地暖或散热片，则热水是锅炉提供，要注意与外施工单位商量管道布置，避免影响相互施工或管道交叉。

（3）定位：

①水路定位必须精准、全面、一次到位。

②根据图纸和业主对洁具、洗衣机的要求，确定每个给水口、排水口的位置，给水口离地应超过300mm；冷热水槽必须注明清楚，离地高度600mm左右，并用彩色粉笔在墙上做好记录。

③厨房水路定位应全面参照橱柜图纸，给水口定位在洗菜盆下方中央，离地600mm。

④整体浴室的定位必须配合厂家进行水电定位。特殊洁具定位参照其图纸和资料。

三、水路布置

观察原房有几个供水点，确定全房的冷水供应方式；根据客户热水提供方式，确定各房间热水分别由哪个热水器供水及怎样控制。管道布置根据管道最短原则，严禁绕道。复式楼、别墅每层必须单独设置该楼层总阀。

四、水路开槽

水路开槽的工具与器材：锤子、錾子、电锤、切割机、开槽机、墨斗、水平尺、平水管、铅笔、灰桶、水桶、手套、防尘罩、风帽、垃圾袋等。

流程：排水管的封堵→弹线→开槽→清理。

（1）排水管的封堵：开槽之前，必须用管帽对排水口进行封闭保护。

（2）弹线：根据定位的具体位置，以及水路的走向弹线，所弹线必须横平竖直且清晰。

（3）开槽：用切割机、开槽机、电锤或用手锤等凿到相应深度。砂灰墙开槽必须先用切割机切到相应的深度，再用凿子开槽。

①所开水槽必须横平竖直，在同一水平线上，偏差≤5mm。

②开槽的深度为：冷水槽≥（管径+10mm）；热水槽≥（管径+15mm），在混凝土上根据实际情况开槽。墙面水管布置必须高于地面300mm以上开槽布管。

③冷热水管严禁同槽，其平行间距≥150mm。

（4）清理：确认开槽完毕后，及时清理垃圾，清理时应洒水防尘。

相关标准和要求：

（1）给水布局走向要合理，严禁交叉斜走，严禁破坏防水层；水管布置在离地400~600mm。

（2）开槽必须遵循左热右冷，上热下冷的原则。

（3）在轻质墙或空心混凝土上开槽时，必须用切割机或开槽机进行切割。用绕曲管的地方，应开槽到相应深度。

五、PP-R给水布管

PP-R给水布管的工具和器材：热熔机具、剪切器、卷尺、铅笔、给水管材、管件、生料带、管钳、活动扳手、手套、干净抹布等。

流程：材料和工具的准备→焊接操作→固定。

（1）材料和工具的准备：将布管中需要的管材、配件准备好，并将操作中要用到的卷尺、剪切器、铅笔等放置于方便操作的地方。

（2）焊接操作：

①热熔机插上电源，插座须接地，将设置温度调到250~300℃。红灯亮，待绿灯亮后，方可开始焊接操作。

②去掉管头40~50mm，量出所要焊接的长度，并下料，焊接前用干净抹布抹干净配件和管件。

③在管道插入深度处做记号（等于插头的承插深度）。

④把管件嵌入模头相应深度进行加热。

⑤当加热时间完成后，把管材平稳而均匀地插入管件中，结合牢固。

（3）用管卡将其固定于槽内墙面上，固定水管管卡的间距应≤500mm。

相关标准和要求：

（1）在安装PP-R管时，尽量少用接头及90°弯头，厨卫建议水管走顶面，严禁破坏防水层；走顶面的水管必须固定牢固且固定间距≤800mm。在未回填的房间，水管严禁架空走，防止水管随回填层下沉而把水管拉裂漏水。

（2）连接后在允许的时间内进行调整，但绝不能旋转，调整的角度不得超过5°。

（3）PP-R管材进场时，应严格检查材料的规格、质量、型号、冷热水管的标号，不得冷热水管配件混用、严禁不同品牌的给水管及配件混合使用。

（4）管材与管件连接起来均采用热熔连接方式，不允许在管材上或管件上直接套丝，其焊接技术参见表8-1；与金属管道以及用水器具连接起来必须使用金属嵌件的管件。

表8-1 焊接技术参数表

管道外径（mm）	熔接深度（mm）	加热时间（min）	溶解时间（min）	冷却时间（min）
20	14	5	4	2
25	15	7	4	2
32	16.5	8	6	4
40	18	12	6	4

注：在室外有风的地方作业时：加热时间延长50%。

（5）为防止因搬运不当而出现的细小裂纹，在进行管道焊接操作前，须将管材两端去掉40~50mm。

（6）焊接前须将管材和配件的油渍、污垢清除干净，且必须确认管材和配件中无水。

（7）采用延时阀给水的蹲便器，其给水管必须采用Φ25mm以上的水管。

（8）严禁锐器清理焊接模头污渍，当模头表面磨坏时应及时更换。

（9）同一位置的两个冷热水出口必须在同一水平线上，左热右冷，给水管出水口位置不能破坏墙面砖的腰线、花砖和墙砖的边角。出水口位置必须平墙砖面正负1mm，淋浴龙头出水口允许低于墙砖面5mm。

（10）严禁改动或移动煤气设备。

（11）水表有横竖两种型号，安装时应注意哪端是进水，哪端是出水，水表入墙安装后，应便于读数、插卡和维修。水表不得安装在卧室、书房等涉及木制品及木地板的房间内，水表任意一端都要有拧动空间，以便检修、更换，橱柜内水表不得入墙。远程抄表的底盒控制线不能私自移动，如发现水表安装后不能读数或不能维修的应立即返工并赔偿相应损失。

（12）总阀的安装应考虑其更换维修方便，安装时需注意其方向，总闸两边应同时加活接。

（13）要考虑到妇洗器、小便器、洗脚盆的位置及进、排水。

（14）吊顶内布水管规定：

所有吊顶内水管必须固定，固定方法为：先将轻钢龙骨固定在墙面两端，水管固定在轻钢龙骨上（使用木方的必须做好防火处理）。严禁采取破坏顶面的任何固定方式，严禁直接固定在吊顶龙骨以及落水管上，同时也严禁使用原灯线绑扎固定的方式。

六、排水改造规范

工具的准备：卷尺、钢锯、刀锯、手锤、錾子、粗砂纸、排水管、排水配件、PVC胶水、干抹布等。

流程：预制加工→管道安装→固定→通水实验→封口堵洞→管口封堵。

（1）预制加工：根据所安装洁具排水要求并结合实际情况，量好各管道尺寸，进行断管。断口要平齐，用刮刀除掉断口内外毛刺。

（2）管道安装：如需做整体排水改造，先做干管，后做支管。在正式安装前，应先进行试插，试插合格后，用棉布将插口部位的水分、灰尘擦干净，然后用PVC胶水黏接，随即用力垂直插入，插入黏接时，将插口稍作转动，以利PVC胶水分布均匀，30~60秒即可黏接牢固。最后将溢出的PVC胶水立即擦拭干净。

（3）管道固定：如管道埋在地面，则按坡向、坡度开槽并用水泥浆夯实。管道采用托吊安装时，则按坡度做好吊架。

（4）管道安装完毕以后应进行通水试验，以检测管道水流是否通畅，是否存在渗漏等。

（5）确认一切合格，将所有的管口用管帽封闭保护。

相关标准和要求：

（1）涂抹PVC胶水时，须先涂抹承口后涂抹插口。多口黏接时，安装排水三通、四通，须注意预留口方向。

（2）室内排水坡方向以排水顺畅为原则，90° 转弯宜用两个45° 弯头。

（3） PVC胶水易挥发，使用后应随时封盖，黏接凝固时间为3分钟。

（4）暗埋于地面的排水管管径必须为Φ50mm，蹲便器、坐便器排水管管径必须为Φ110mm。插入式蹲便器预留下水管应高于铺贴完瓷砖后平面10mm以上。

（5）所做立管长度超过4m必须装设伸缩节。

（6）地漏、沐浴房出水口，洗脸盆、洗菜盆、蹲便器必须安装存水弯，如安装的是吊管存水弯必须带有检查口；洗菜盆的整个排水管道必须高于主排水管口且尽量少拐弯。

（7）分水器周边必须有地漏。

（8）阳台洗衣机、拖把池、地漏共用一根管道排水时，应该将地漏和洗衣机、拖把池的下水设置在主排水口的两侧，严禁洗衣机、拖把池排水管经过地漏再入主水管；以防止地漏返水。必须采取45° 弯头或U形弯进行缓冲。

七、水路图的绘制

试压验收前将墙面水路展开图绘制好，图上应有水的流向，横管的标高，竖管的标高，竖管有与墙角的间距，管径的大小、图列以及相关说明。等水路图绘制好，由项目经理和工程主管审核签字，交到财务方能结二期款工资。

八、水路试压及验收

水路试压的工具和器材：活动扳手、生料带、铸铁镀锌堵头、试压泵、软管、压力表等。

试压流程：试压前准备 → 试压及验收→ 卸压。

（1）试压前准备：首先用软管将所试冷热水管连通，然后保留最低一个出水口，严密封堵其他的出水口，用于封堵出水口的堵头宜用铸铁镀锌堵头。

（2）试压及验收：

①首先打开进水阀，往最低处管道内充水，充分排除管内空气，拧紧所有堵头，擦干所有接头及出水口。然后关闭总进水阀，用手动泵对管道缓缓升压，升压时间不少于10分钟，升压至规定的试验压力（≥0.6MPa）。

②升压后，观察水管及出水口有无渗漏现象，用卫生纸擦拭管道的每个接头处，看是否存在渗漏，确定没有渗漏现象；稳压2小时，压力下降不得超过0.06MPa。

③每个给水回路必须单独采用上述方式试压。

④验收：客户代表、工程主管、项目经理必须同时参与验收，水路试压必须有业主签字认可。

（3）卸压：确认试压合格后，将管端与水配件接通，以工作压力供水，将各出水口分批开启，检测各出水口是否畅通，再拆下冷热水管连接软管和外丝，并用堵头封堵。

相关标准和要求：

（1）热熔连接的管道，水压试验应在管道连接24小时后进行。

（2）试压前，管道应固定，管道、接头需明露，且不得连接配水器具。

（3）试压合格后，必须拆下冷热水连接软管。

九、水路改造工程量核对

在封槽之前，工程主管对照水路图检查标记是否有错，是否存在绕管现象；客户代表应和业主将全部改造的水路尺寸仔细核对，并请客户签字认可；同时客户代表要核实材料用量做好记录，请项目经理或工人签字。

十、封槽

封槽的工具和器材：镗子、灰桶、灰铲、水泥、中砂等。

流程：调制水泥砂浆→湿水→封槽。

（1）调制水泥砂浆：调制补槽的配比为1：3水泥砂浆。

（2）湿水：用水将墙面所补槽处湿透。

（3）封槽：用镗子将调制好的水泥砂浆封槽。封槽不能凸出墙面，并低于墙面1~2mm。必须确定水管已经固定牢固，水管有松动不能封槽。

十一、洁具的安装

（一）蹲便器的安装

蹲便器安装的工具和器材：扳手、钢锯、平水尺、灰桶、灰铲、水泥、砂子、红砖等。

流程：定位→安装前准备→安装→保护。

（1）定位：

①后排式排水口中心点距测后墙至少400mm，前排必须根据蹲便器的具体尺寸确定。

②沉降式卫生间深度不够或无沉降式卫生间，须抬高地面100~400mm，在未抬高地面最低处必须做地漏。

③安装蹲便器时，要根据全房的水平线和地面铺贴后的高度，保证安装后蹲便器的表面必须低于周边地面砖3mm。

（2）安装前的准备：

①将蹲便器试放于排水口上。

②蹲便器的存水弯在楼板下安装时，应在卫生间地面防水工程施工前安装到位，将存水弯的进口中心对准校好的蹲便器排水口中心，并将带有承口的短管至地面以上120mm。

③将胶皮碗的大头套在蹲便器的进水口上，另一头与冲洗管套正、套实。采用成品不锈钢喉箍或者14号钢丝绑扎牢固。（铜丝应绑扎两道，同时保证铜丝不压接在一条线上，铜丝拧紧要错位90°）

（3）安装：首先将排水管口周围清扫干净，把管帽取下，同时检查管内有无杂物，找出排水管口的中心线，并画在墙上，然后将下水管外以及蹲便器下抹上1：3防水砂浆，然后将蹲便器排水口插入排水管内稳定好。用水平尺对蹲便器进行横向、纵向的找平、校正；蹲便器的进水口应对准预先画好的中心线，然后将排水管周围的砂浆磨光刮平。

（4）保护：蹲便器安装完后，应在其上盖蹲便器保护罩，封堵冲洗管口，两天内不能使用。

相关标准和要求：

（1）建议客户安装水箱。

（2）蹲便器安装应注意其品类，是前进后出还是后进前出，是否带存水弯（如原排水没有存水弯则必须选择带存水弯的蹲便器）等。

（3）必须保证蹲便器排水口与卫生间排水管口以及冲洗管与皮头连接处无渗漏。

（二）坐便器的安装

坐便器安装的工具器材：钢锯、玻璃枪、玻璃胶、扳手、生料带等。

流程：安装前的准备→稳装→保护。

（1）安装前的准备：

①取下坐便器水箱盖子，如果是分体式坐便器，则将水箱安装好。

②根据所装坐便器的排水口内凹的尺寸，确定排水管口的高度。一般排水管口要求高出瓷砖地面10~20mm。

③将坐便器所装之外整理干净，确保无污渍、无水。

（2）稳装：首先将坐便器按要求试放在地面，在接触处用与地面颜色相近记号笔轻画一圈，并在靠线内边处打一层玻璃胶，将密封圈套在坐便器排污口。然后将坐便器对准，放于玻璃胶上，并抹平抹实，多余的玻璃胶马上擦拭干净。最后接上进水，装上便盆盖板，盖上水箱盖。

（3）保护：坐便器安装后严禁使用，应用原包装盒罩住，且地面两天内不得有水。

相关标准和要求：

（1）坐便器安装前必须先装好角阀和连接软管。

（2）如坐便器的排水是直接插入排水管的，则排水管应凸出地面10~20mm；且密封良好。

（3）智能坐便器要注意安装三孔插座，接地线，漏电保护器。插座安装位置离地面0.5m以上，尽量远离浴缸、淋浴房、洗手盆、拖把池。连接进水管，必须安装过滤器。

（三）其他洁具的安装

安装的工具和器材：活动扳手、钢锯、电锤、膨胀管、膨胀螺栓、锤子、螺丝刀、美工刀、玻璃枪、玻璃胶、玻璃钻花、管钳、沉头自攻螺丝、人字梯等。

流程：参照相关洁具图纸的安装流程。

相关标准和要求

（1）卫生洁具及龙头的安装，应参照使用说明书。各类紧固工具严禁直接接触镀铬件，必须用绒布包好紧固工具后进行安装，以防划伤。龙头安装时，必须先用玻璃胶填满出水口与瓷砖间的缝隙。

（2）客户交给水工的使用说明书、发票、合格证、电脑小票、包装箱应进行妥善保管。

（3）各种卫生设备与地面或墙体的连接应用金属固定件安装牢固。当墙体为多孔砖墙时，应凿孔填实水泥砂浆后再进行固定件安装。当墙体为轻质隔墙时，应在墙体内设后置埋件，后置埋件应与墙体连接牢固。

（4）各种卫生器具安装的管道连接件应易于拆卸、维修。排水管道连接应采用橡胶垫片。卫生器具与金属固件的连接表面应安置铅质或橡胶垫片。各种卫生陶瓷类器具不得采用水泥砂浆填充固定。

（5）各种卫生器具与台面、墙面、地面等接触部件，均应采用玻璃胶或防水密封条密封。

（6）各种卫生器具安装后，必须通水确定无渗漏，做相关验收合格后，应采取适当的成品保护措施，只可调试不得使用。

（7）淋浴龙头安装后，两个装饰盖须紧贴墙面，与瓷砖面不得有缝隙。

（8）打孔的位置为瓷砖，则只能先用玻璃钻花钻穿瓷砖。

（9）干湿蒸房安装要求：

①防潮处理：墙壁隔热层的厚度不应低于50mm，而天花板厚度不低于100mm；使用纸箱铝箔片作为蒸汽隔离层，安装在绝缘铝箔的上方；在蒸汽隔离层和内部板条之间最少留出20mm的空气槽；为防止板条后面聚集潮湿气体，应在墙体面板条和天花板条之间预留凹槽。

②通风处理：进气口应当直接设置在电热器下面的墙面上，使用强制通风时，进气口应当设置在电热器上方60cm以上或电热器上方的天花板上。建议进气口的尺寸为5~10mm，排气口应当设置在进气口对面的对角线位置上。板台下方设置排气口，而且尽量远离换气口。

排气口也可以设置在地板的附近，或通过专门的排气管由地下伸到桑拿房天花板或门下的通风口。在这种情况下，溜槽至少应达到5cm。排气口应当为进气口的两倍。

（10）按摩浴缸安装要求：

①把能连接的零件先连接好，给容易漏水的零件用硅胶做好防水，尤其是下水口与马达水管处的连接是非常关键的，以免放到指定位置后不便于安装；

②固定位置前，排水管放入管道并确保下水通畅，缸体放好后要不断调整地脚螺丝，让所有螺丝安全着地以保证整体保持水平。

③将插头接好后在接电板周围要做防水，避免发生漏电事故。检查后无任何异常情况，可将冷热水管连接到位。

④连接水管前要做马达的通电试验，试听噪音大小是否符合要求，打开电机后缸体是否产生共振。

⑤安装时要预留检查口，有气泵的浴缸要留进气口。

⑥将缸体内的水排出，把缸底剩余水滴及喷孔处水滴擦拭干净，以防止浴缸因长时间不用而导致喷孔处生锈，最后用薄膜将其保护良好。

十二、五金挂件的安装

安装的工具和器材：电锤、玻璃钻花、胶塞、锤子、螺丝刀、钢丝钳、扳手、卷尺、水平尺、铅笔、钢钉等。

流程：定位→打孔→安装。

（1）定位：结合人体工程学与业主一起进行挂件的定位，并用铅笔做记号。

（2）打孔：根据其准确定位，确定固定的点，各点均用铅笔做记号。打孔的位置为瓷砖，则只能先用玻璃钻穿瓷砖，然后用电锤打到相应深度。

（3）安装：在打穿的每个孔内钉入膨胀管，再将五金件装上，并拧紧固定螺丝。

十三、地暖施工标准

（一）注意事项（地面辐射供暖技术规程JGJ142—2004/J365—2004）

（1）地暖管运输、装卸和搬运时，应小心轻放，不得把外包装纸盒拆掉，不得抛、摔、滚、拖。不得曝晒雨淋，宜整齐码放储存在温度不超过40℃，通风良好和干净的库房内；与热源距离应保持在1m以上。应避免因环境温度和物理压力受到损害。

（2）施工过程中，应防止油漆、沥青或其他化学溶剂接触污染地暖管表面。

（3）施工环境温度不宜过低于5℃；在低于0℃的环境下施工时，现场应采取升温措施。

（4）地面辐射供暖工程施工过程中，严禁人员踩踏。

（5）施工结束后应绘制竣工图，并应准确标注加热管铺设位置。

（6）对照图纸核定地暖管的选型、管径、壁厚，并检查地暖管的外观质量，管内部不得有杂物。

（二）绝热层的铺设

（1）清理施工现场，地面应平整、干燥、无杂物，墙面根部应平直，无积灰现象。

（2）绝热层铺设应保证平整，接缝应严密，接缝处用铝箔胶带进行黏接处理。

（3）直接与土壤接触或有潮湿气体侵入的地面，在铺设绝热层之前应先铺设防潮层。

（三）铺设定位膜/网格（四种选择）

（1）黏接一层纺黏法非织布/PE镀铝膜层，其总重量大于55g/m²，其中非织造布重量不小于35g/m²，PET镀铝膜表面印刷50mm × 50mm坐标（接缝应使用胶带黏接）。

（2）黏接一层重量大于40g/m²纺黏法非织布造布，布面印刷明显的50mm × 50mm坐标（接缝应使用胶带黏接）。

（3）铺设一层PE或PP挤出塑料网或双向拉伸土工格栅。挤出网或土工格栅网眼不得小于25mm × 25mm，接点厚度不大于6mm。

（4）铺设一层2.0mm，网眼100mm × 100mm的钢丝网（钢丝网接缝应使用尼龙扎带进行固定）。

（四）安装步骤

（1）按照图纸设计标定的管间距和走向敷设，地暖管应保持平直，管间距的安装误差不应大于10mm。

（2）地暖管切割，应采用专用剪管刀，切口应平整，断口面应垂直管轴线。

（3）地暖管弯曲时圆弧的顶部应加以限制，并进行固定，不得出现“死折”，弯曲半径必须符合≥6倍管直径，作为圆弧弯曲半径，圆弧的顶点在敷设时应长出弯曲半径10mm。在采暖管在顺时针弯曲时：第一步，固定圆弧8~9点钟位置固定点，此时在管弯曲时必须把圆弧顶点约12点钟位置放大10mm；第二步，固定圆弧3~4点钟位置固定点；第三步，把圆弧顶点（12点钟位置）长出的10mm推到设计要求位置并进行固定。

（五）地暖管的修复

（1）埋设于填充层内的地暖管不应有接头。

（2）无意中损坏的暖管需要增设接头时应先报建设单位或监理工程师，并提出书面补救方案，经批准后方可实施。增设接头时应根据地暖管的特性采用热熔承插焊接或电熔焊接，竣工图上清晰标识，并记录归档。

（六）地暖管的固定

（1）先固定分集水器。水平安装，分水器（供水）宜安装在上，集水器（回水）宜安装在下，中心间距为20cm，集水器（回水）中心距地面不应小于30cm。

（2）用带倒刺的U形固定管卡将地暖管直接固定在绝热板或设有复合面层的绝热层板上。

（3）用尼龙扎带将地暖管固定在铺设于绝热层上的金属网片上。

（4）地暖管圆弧顶点在弯曲时应放大10mm，先固定圆弧两端，后固定圆弧的顶端；

直管固定点的间距宜为500～700mm，弯曲管段固定点的间距宜为200～300mm。

（七）分/集水器的固定

先固定分/集水器。水平安装，分水器（供水）宜安装在上，集水器（回水）宜安装在下，中心间距宜为200mm，集水器（回水）中心距地面不应小于300mm。

（八）分/集水器的连接

（1）根据分/集水器高度裁剪地暖管材，裁减管材时宜把地暖管放长5～10mm。

（2）套上紧固螺母，注意方向螺口朝上。

（3）套上开口衬环，开口衬环不分方向。

（4）把裁剪好的管材插到配管接头上，注意：一定要插接到位，直至把深度检查孔完全堵上。

（5）推上紧固螺母用开口扳手或棘轮扳手顺时针旋紧即可。

（九）地暖管排列密集的处理

在集/分水器附近及其他局部地暖管排列比较密集的部位，当其间距小于100mm时，加热管的外部应采取设置柔性波纹套管等措施。

（十）地暖管出地面段的处理

地暖管出地面至分/集水器连接处弯管部分不宜露出地面装饰层。地暖管出地面至分/集水器之间的明管段，外部应加装塑料套管。套管应高出装饰面150～200mm。

（十一）地暖管穿越伸缩缝的处理

地暖管的环路布置不宜穿越填充层内的伸缩缝。必须穿越时，应加设长度不小于200mm的柔性（波纹）套管，套管的两端和开口处必须使用胶带黏接牢固。

（十二）伸缩缝的设置应符合下列规定

（1）在与外墙、柱等垂直构件交接处应留不间断的伸缩缝，伸缩缝填充材料应采用搭接方式连接，搭接宽度不小于10mm，应有可靠的固定措施。与地面绝热层连接应紧密，伸缩缝宽度不宜小于10mm。伸缩缝填充材料宜采用高发泡聚乙烯泡沫塑料。

（2）当地面面积超过30m^{2}或边长超过6m时，应按不大于6m间距设置伸缩缝，伸缩缝宽度不应小于8mm。伸缩缝宜采用高发泡聚乙烯泡沫塑料或内满填弹性膨胀膏。伸缩缝应从绝热层的上边缘做到填充的上边缘。

（十三）填充垫层的铺设

（1）在试压合格后，系统必须保持0.6MPa的压力，方可进行卵石混凝土填充层的浇铸，标号应不小于C20，卵石粒直径宜不大于12mm，并宜掺入适量防止龟裂的添加剂，填充层厚度不小于50mm。

（2）填充层的养护周期，应不小于48小时。

（3）混凝土填充层养护过程中，系统必须保持不小于0.4MPa的压力，直至养护结束。

（十四）地面层的施工保护

地面施工不得剔凿填充层、不得钻孔、不得钉钉子或向填充层楔入任何物件。敷设地暖管的地面，应设置明显标志，加以妥善保护，严禁在地面上运行重荷载或放置高温物体。

（十五）调试

（1）初次通暖应缓慢升温，先将水温控制在25℃~30℃范围内运行24小时，以后再每隔 24小时升温不超过5℃，直至达到设计水温。

（2）调试过程中应在设计水温条件连续通暖24小时，并调节每一个回路水温达到设计温度。

（十六）敷管形式（图8-1）

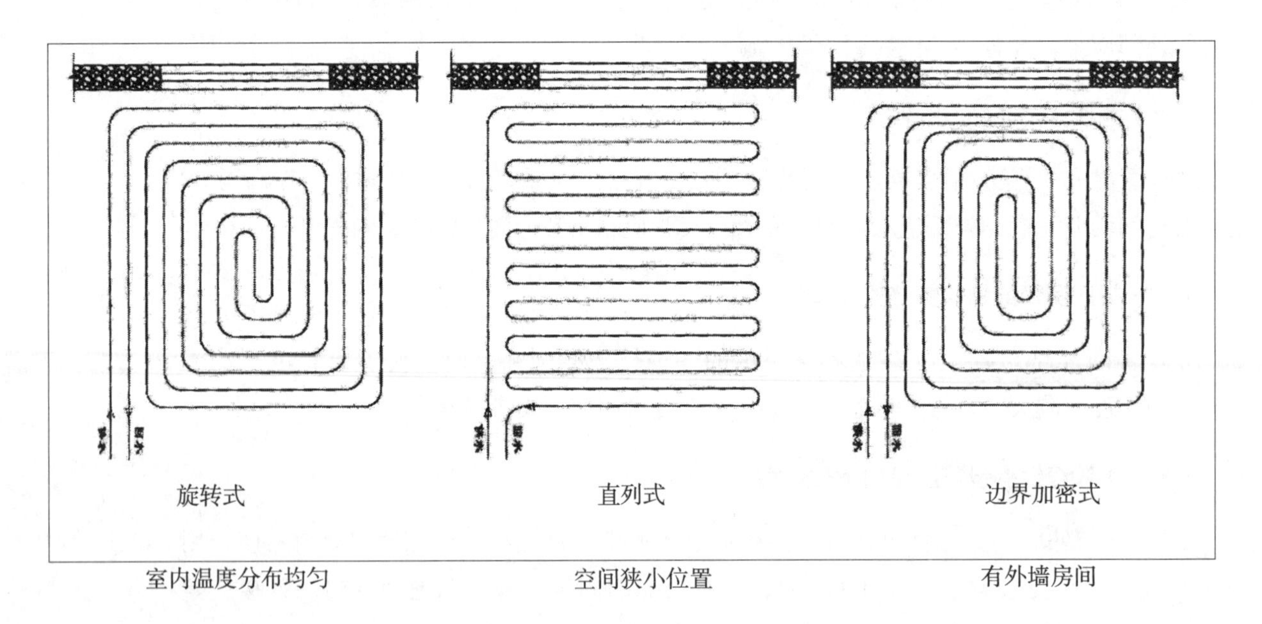

图8-1

第九章　木工施工工艺规范

木工施工程序：开工交底→开工准备→弹水平线→成品核尺→结构工程及验收→饰面工程验收→成品安装→五金安装→二期五金安装工程。

一、开工交底

（一）设计师对项目组交底

（1）平面布置图交底：项目经理在现场找到平面图所示项目，核对其尺寸，并在现场放样，看是否有足够的空间保证家具的正常开启和人的行走。

（2）天花布置交底：对造型复杂的天花，必须检查天花的标高和尺寸，并检查尺寸、图纸、灯具安装和现场是否矛盾，并现场放样。

（3）各种柜体结构图具体尺寸的交底：是否符合各种收纳空间；是否方便开启；是否考虑材料的合理利用；现场与图纸尺寸是否一致。

（4）各种造型的交底（包括各种背景、复杂的施工项目等）：看与天花图是否矛盾，复杂造型应该有剖面图或现场放样。

（二）客户代表对项目组交底

（1）核对“项目表”中所示项目，看是否有漏项或待定的项目。

（2）确认各项目中所用的材料是否合理。

二、 开工准备

（1）材料进场，木工班组长与项目经理核对材料的数量、质量、品牌、规格是否与材料单相符。如有不合格的材料或不相符的情况，项目经理必须拒绝验收。经项目经理验收合格后，请业主确认材料的品牌并验收签字。

（2）饰面材料要根据花纹及颜色进行分类，通知涂裱工刷底漆，并对其进行保护，防止污染饰面材料。

（3）平水测定及木楔开制。

每个房间必须有平水线，平水线测定在离地面高1350mm处，然后对所在房间所用木楔的用量初步估计，将所有木楔开制到位。

三、成品核尺（参见木制品规范）

四、结构工程

（一）顶面装饰：房屋顶层、厨房、卫生间吊顶时，禁止在顶面打电锤孔

1.木龙骨石膏板天花安装

计划龙骨方（木龙骨在使用前必须刷好防火涂料）、开制咬口→放样、平顶吊方膨胀螺丝固定→龙骨拼装→龙骨吊装、校平→验收→封板

（1）龙骨木方开咬口：根据项目施工图算出所有天花所需要咬口方的数量，首先按6m/m^{2}计算，木方在未解捆之前将墨线画出，且龙骨网架距离不得大于300mm×300mm，将未解捆的木方平放在地面上，弹线后用手电锯开制咬口。或将木方解捆（抽出次品方，包括断方、边料方，有虫眼的坚决不用），用锯台梭板开制咬口，咬口的深度不得大于木方厚度的3/5，咬口开制时，建议两根同时开制，以提高工作效率。

（2）所有吊顶统一放样，平顶吊方必须用膨胀螺栓固定，且膨胀螺丝的间距不得大于800mm。

（3）龙骨拼装：根据天花放样将所有天花龙骨统一进行拼装，拼装时每处咬口必须用5.0圆钉固定，且保证咬口处的木方纵横平整，收口方必须用两颗5.0圆钉固定。

（4）龙骨吊装、校平：平顶吊方固定后，将所有吊顶龙骨初步吊装，固定好周边后校平。校平时，要按600mm间距拉紧平水线，注意平水线一定要拉紧。平水线两头离龙骨3mm（即在龙骨与平水线之间插一颗5.0圆钉），防止龙骨障线。当吊顶的跨度≥4m时，应有不小于1/400的起拱，连接龙骨的吊方间距不得大于450mm，连接时用圆钉固定在开口向上的龙骨上，严禁用射钉及排钉固定吊方，龙骨架与主龙骨间距≤300mm时必须用九夹板连接固定。龙骨校平后，根据设计要求做好各种造型。如有圆弧造型需用双层三夹板或用五夹板，在错位风石膏板，龙骨校平后用2m检测尺对龙骨的平整度进行检测，误差不得大于3mm。吊顶的木方需清除树皮，刷防火涂料。如属楼层顶层吊顶（或保温隔热顶），不得在顶部打膨胀螺栓固定龙骨架，必须先制作安装钢骨架（或用树木）主龙骨，固定在隔墙上，再将龙骨架固定在主龙骨上。墙面木方以及石膏板无打底固定必须用木楔加50~60圆钉或自攻螺钉固定的方式，禁止用排钉固定。

（5）验收：吊顶结构必须经项目经理签字验收后才允许封板。

（6）保温隔热吊顶：楼宇顶层需要保温隔热的，则按照上述要求做好龙骨架后，在龙骨架内填充隔热棉、泡沫板等保温材料，然后安装石膏板。

（7）石膏板安装：纸面石膏板安装前必须将板四周用刨子倒边露出石膏，将石膏板边的纸屑处理干净并在龙骨架上涂上胶。使两块石膏板连接时成V形缝，缝的宽度≥8mm，深度≥6mm，然后用4×25mm沉头自攻螺钉安装加固，螺钉最大间距200mm，螺钉距石膏板边15~20mm，螺钉帽沉入石膏板0.5~1mm，石膏板安装必须按大面积盖住小面积的原则，如天花有灯槽的石膏板切口必须露在侧面。石膏板接缝处必须用60~80mm宽

大芯板加固，大芯板条要固定在龙骨架上，且两边固定的自攻螺丝间距≤150mm，并需开胶。石膏板与墙体接缝处必须搭过墙体1~2cm，石膏板吊顶与梁交界处必须封过梁底。

（8）严禁石膏板与龙骨架结构同缝，严禁石膏板与石膏板的接口通缝；吊顶拐角处石膏板必须开L形安装。

（9）如果顶面要求防潮、防水，将石膏板换成防水石膏板或硅钙板，在表面刮防水腻子，涂刷防水墙漆。

2.轻钢龙骨石膏板吊顶隔墙示意图及所用材料技术参数（详见附件《中国传统吊顶系统》）

安装程序：定基线→固定沿边龙骨→固定吊挂件→安装龙骨→安装石板。

（1）定基线：根据要求的吊顶高度，在墙面确定吊顶的水平位置，标上记号、弹线。

（2）固定沿边龙骨：将U形龙骨下缘紧贴水平基线，用钢钉将其固定。

（3）固定吊挂件：按800~1000mm间距用膨胀螺钉固定吊杆，根据吊顶高度适当切割吊杆长度。将大吊用螺母与吊杆连接牢固。吊挂件最大水平间距为1200mm，离墙壁距离不大于300mm。

（4）安装龙骨：将主龙骨放入大吊内，主龙骨的膨胀螺栓在天花上按1m的距离弹线，并按1000mm的距离膨胀螺栓打孔，其间距为1000mm×1000mm。安装完主龙骨后，再用中吊连接主龙骨和副龙骨，并用中挂件依次连接副龙骨和横撑龙骨，如果龙骨长度不够，则需将龙骨接长，将接长件卡入龙骨中以达到所要求的长度。副龙骨间距为：400mm×400mm。按设计排设管线，有风口、检修口要用大芯板条做成框架，底口与副龙骨平齐固定，严禁破坏主龙骨。灯具开孔位置正好在主龙骨位置的，必须在封石膏板前进行龙骨加固，且主龙骨距风口边不超过300mm。

(5)结构验收:项目经理检查吊顶结构是否符合设计要求,是否牢固,龙骨布置是否符合标准,电路布置是否验收,用检测尺检测顶面平整度是否达标,验收合格后才能封板。

（6）安装石膏板：用自攻螺丝将纸面石膏板固定在副龙骨上，螺钉最大间距为200mm周边最大距离为150mm，螺钉距石膏板边15~20mm，螺钉帽沉入石膏板0.5~1mm。石膏板长边与覆面龙骨排列方向垂直，石膏板接缝处用副龙骨加固。在灯孔、排风孔位置将石膏板按实际尺寸开孔。石膏板安装的允许偏差为：表面平整度3mm，接缝高低0.5mm。

（7）如有弧形造型天花，同样用九夹板做好造型，再把附龙骨做平造型，把石膏板封到造型上。

（8）如果顶面要求防潮、防水，将石膏板换成防水石膏板或硅钙板，在表面刮防水腻子，涂刷防水墙漆。

（9）轻钢龙骨吊顶需用大芯板的地方:所有的圆弧造型吊顶,需用大芯板做模打底。

3.饰面板吊顶

吊顶的结构与石膏板吊顶一样，把安装石膏板换成九夹板，九夹板之间保留5~8mm缝隙，再用饰面板饰面，饰面板涂满胶用纹钉固定，禁止九夹板与饰面板同缝。

4.杉木板吊顶

吊顶的结构与石膏板吊顶一样，把安装石膏板换成九夹板，九夹板之间保留5~8mm缝隙，再用6mm带企口的杉木板拼接，射钉只能打在企口处，禁止杉木板表面打钉（如果杉木板平整度好，变形小，可以直接将杉木板固定在龙骨架上）。

5.厨房、卫生间铝扣板吊顶

计划材料→放样粘贴角线→龙骨固定→扣板。

（1）在木工开始做结构时，必须将需要吊铝扣板位置的平面图交给项目经理（平面图要标明扣板的型号、方向、具体尺寸）。

（2）厨、卫顶面严禁打电锤孔。将40mm×60mm的木方固定在房间跨度较小方向的墙体上，木方的拱面朝上，木方的间距不得超过800~1000mm，且木方要避开浴霸和嵌入式顶灯的位置。然后根据吊顶的高度，用吊挂将轻钢龙骨固定在木方上。

（3）安装铝角线的具体方法，将玻璃胶均匀地注在角线上，然后按墙体上的放线将角线安装好，待安装基本凝固后（12小时左右）即可安装扣板，或用电锤把冲击钻花调出，不用放进冲击位，利用只钻不锤方式钻孔打木尖固定。如有厨卫顶面打孔的，项目经理承担一切后果。

（4）将扣板扣入龙骨，使扣板与角线的接触面必须严密，不得在扣板上方压石块。

（二）轻钢龙骨隔墙安装

1.安装程序

装备工作→安装轻钢龙骨框架→固定件、填充物设置→安装石膏板。

（1）准备工作：将墙体与地面及侧墙接触部位清理干净，更要确定隔墙的位置，在地面、天花板及侧墙确定墙体位置线。

（2）安装轻钢龙骨框架：用膨胀螺栓固定沿地、沿顶龙骨，固定点离龙骨端头50mm，固定间距为600mm，螺栓沿龙骨呈S形分布用膨胀螺丝。将竖龙骨卡入沿顶、沿地龙骨槽内，按400mm的间距排列，竖龙骨比安装高度小5mm左右，现场截断龙骨时，一律从上段开始，冲孔高度保持在同一水平。在门洞、窗洞两侧增设竖向龙骨，与门框龙骨相扣成方管，并将装备好的门楣U形龙骨安装在门框竖向龙骨之间。并且要和轻钢顶底龙骨固定。安装轻钢龙骨允许立面垂直度3mm的偏差、表面平整度2mm的偏差。

（3）固定件、填充物设置：当隔墙上设置消火栓、卫生洁具、灯具、开关、插座、空调门碰等各种附属设备及吊挂件，均应按设计要求在安装龙骨框架时预先安装龙骨或将这些位置加固。为达到隔音或保温的要求，必须选择一定规格的隔音材料，填充厚度不低于4cm，置于龙骨框架之间。

（4）石膏板隔墙底部必须用木芯板条加固，便于安装实木或高分子踢脚线，如果是贴瓷砖踢脚线的，则下方用80mm木芯板条打底，用胶黏贴即可；如果墙面有空调、电视机或其他挂件，必须用大芯板加固。

（5）安装石膏板：根据要求切割石膏板，将石膏板铺在龙骨框架上，下端应与地面留有10~15mm的缝隙。相邻石膏板间应留有3mm间距；隔墙两侧的石膏板应错缝排列，石膏板接缝处用竖龙骨或大芯板条加固；不能将接缝留在门框部位的龙骨上。用自攻螺丝将石膏板固定在龙骨上，螺丝间距在四周为200mm，其余均为300mm（如有粘贴重物，应小于250mm），螺钉距石膏板边15~20mm，要沉入板面0.5~1mm，不得损坏纸面。阳角处用金属护角纸带包边，阴角接缝用接缝纸带处理。隔墙上设置各种附属设备的连接件，应准确地在版面上切割出小孔。根据门窗处的尺寸割开相应的孔洞。

（6）石膏板安装允许的偏差为：表面平整3mm、垂直度2mm、接缝高低差0.5mm。

2.柜体隔墙背面处理

（1）可采用轻钢龙骨单面石膏板隔墙，墙体厚度9cm。施工方法同上述轻钢龙骨隔墙。

（2）木龙骨单面石膏板隔墙，柜体固定好后，在柜体背后用20mm×40mm木方打成300mm×300mm龙骨架，调整好平整度和垂直度将龙骨架固定好，检查电路布置是否到位，在踢脚线处的龙骨架内安装80~100mm的九夹板或大芯板条。如果墙面有空调、电视机或其他挂件，必须用大芯板加固，将隔音棉填充在龙骨架内，将石膏板固定在龙骨框架上，下端应与地面留有10~15mm的缝隙。

（三）墙面抽槽

首先弹线，按抽槽宽度3~4倍开槽，然后用石膏粉平，待干后再由木工弹线用铬机铬到相应深度与宽度。

（四）隐形门

隐形门是将门设置在墙面背景中，通过造型处理，将门和背景完美地融合在一起，让人从门外难以分辨出墙面有房门。一般情况在房门前移与墙面平，门套在内，门页朝门套内开启，与普通门的位置完全相反，具体施工方法如下：

1.隐形门在施工前的准备

应充分熟悉图纸，查清门页正面是擦色、清漆背景造型，还是色漆造型，或是原墙刷墙漆，无论何种造型为达到隐蔽性，门页上建议不要安装拉手、锁具等，要求门页造型与背景造型完全吻合。

2.隐形门门套及背景墙施工

（1）取宽度与墙体厚度一致的大芯板做门套结构；

（2）根据设计要求，在门套正面，用九夹板做好背景结构，门套内侧根据门套线的宽度用九夹板做好门套线结构；

（3）取45mm宽大芯板，平背景结构将其固定在门套竖板正面形成门柱，避免在安装门锁和大门碰时，锁舌和磁碰舌不会刮伤门套饰面板；

（4）在门套顶部，取两层45mm宽大芯板，平背景结构将其固定，预留安装闭门器的位置；

（5）如果背景和门套是饰面型的，则背景和门套表面用饰面板饰面，门柱处用25mm×5mm的相应线条收口，并用12mm×8mm的相应线条在门套正面平背景墙收口，形成企口，使门页关闭时能和正面的背景墙在同一水平面上且遮盖门页与门套间缝隙；如果背景和门套是实色漆型的，则先用8mm×8mm白木线形成企口和20mm×5mm白木线在门柱处收口，然后在背景和门套表面用奥松板或三夹板饰面；

（6）门套内侧根据设计用相应门套线收口。

3.门套与隐形门背景的连接要求

隐形门的正面一般都设计了一个背景墙，在施工中背景墙的基材必须与门套大芯板结合在一起，注意门套缝隙与背景造型完美结合；背景墙的结构一般为九厘板或十二厘板，再在板上饰面。特别注意的是面积较大的背景墙不适合用大芯板打底，因为大芯板吸潮后容易出现波纹和凹凸，导致表面不平整，做完油漆后更容易暴露出来。

4.隐形门页的施工方法

门页尺寸的确定，根据门洞尺寸和地面需抬高的高度，确定门页的宽度、长度、厚度。要考虑安装后门页离地面高度5~8mm，门页与门套缝隙2~3mm，门页的厚度保证52mm以便安装门锁。

（1）色漆型隐形门页：龙骨用40mm大芯板条，侧放做成间距不超过200mm的网架，门页四周边必须是双层大芯板侧放，在安锁处应加固300mm高，150mm宽，门页双面各压贴二层三夹板或一层三夹板一层奥松板。具体操作是，首先每面压一层三夹板，然后与门套的高度和宽度（包括企口尺寸在内）清合后，用15mm×15mm白木线及三夹板收口，再用40mm×8mm白木线收口，形成12mm×8mm的企口，门页下方不留企口，在门页两面再贴第二层三夹板或奥松板，使夹板的切口露在门页的侧面。

（2）饰面型隐形门页：门页龙骨做法与色漆型隐形门门页相同，只是龙骨两边各压一张三厘板后再压一层饰面板，门页三方用15mm×5mm和40mm×8mm相应的木线收口，形成12mm×8mm企口，门页下方用60mm×8mm线条收口，不留企口，完成后正反面都只能看到四周有一根木线的厚度。

5.附“隐形门工艺示意图”（图9-1）

双开门页：门页的压制方法与上面相同，只是收口时在门页的一侧要形成一个企口且在企口处要安装隐形插销，然后安装双开门锁。

所有门套、窗套、隔墙柜、新建墙体旁和柜体背后必须放置防潮膜，以防止发霉；门套线、窗套线侧面，建议用12mm×5mm的线条收口，防止侧面开裂；用大理石做门槛的门套，大理石台面的窗套，先贴好大理石再做门套、窗套，且门套离地2mm。外墙窗套台面必须用大理石台面，不得用木质台面。

（五）玻璃门：必须用10~12mm厚钢化玻璃

地弹玻璃门：地弹簧的厚度有50mm左右，必须预埋在水泥混凝土里，预埋时要保证水

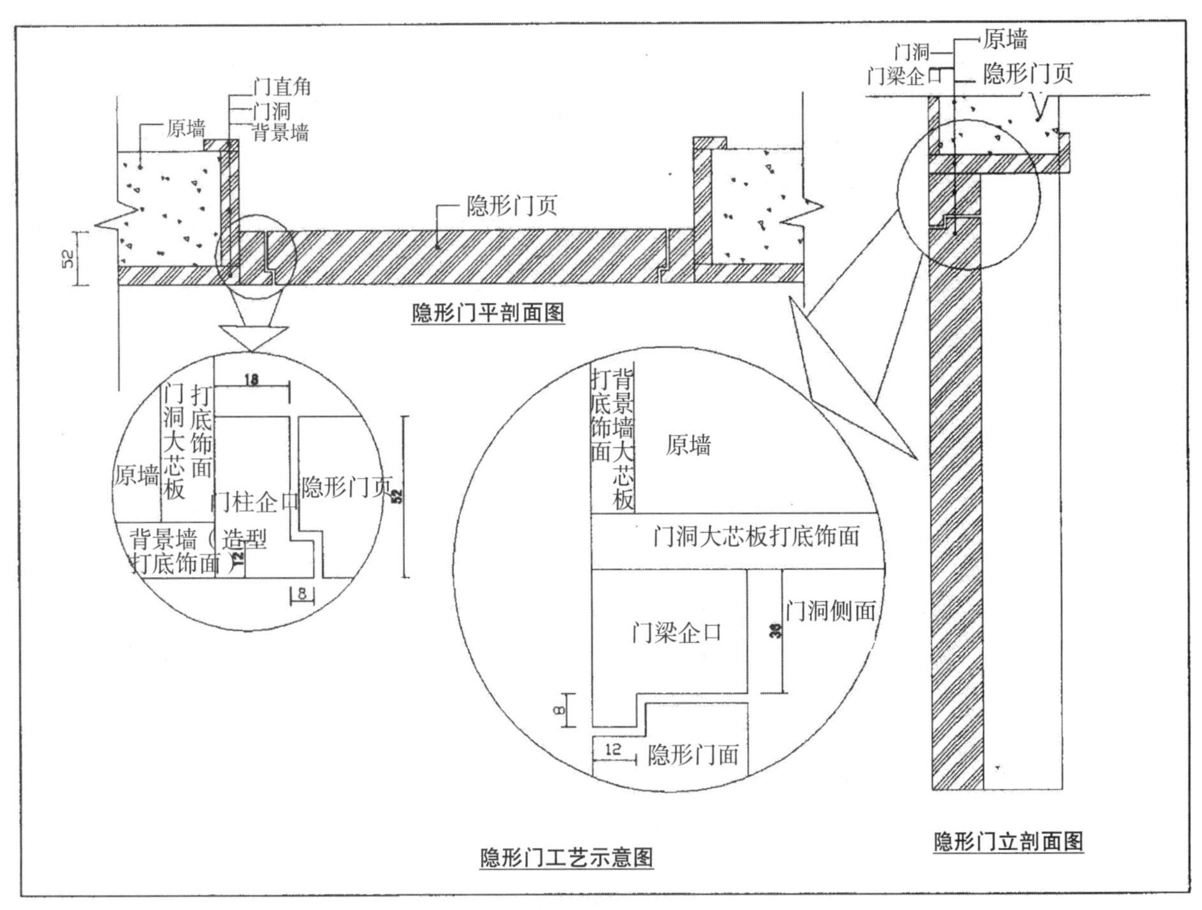

图9-1

平；玻璃门页上方的固定要根据门洞上方材料选择不同的配件，如果是玻璃采用七子形配件，如果是木制的采用一字形配件；门页打开宽度比门洞小80mm，门页只能打开成90°，门页上下缝隙约10mm。

合页玻璃门：根据门页周围的材料和门页需要打开的角度选择不同的玻璃门夹，门页周围的缝隙可以控制在5mm内。

无框推拉玻璃门：吊轨安装必须牢固，定位销必须准确牢固，防止推动时与周围物件发生碰撞。

（六）木地板的安装

（1）按房间墙上的平水线，定好木地板龙骨的厚度，在四周墙上弹线；根据木地板的铺贴方向，选择与木地板垂直方向在地面上打平行龙骨，所用木方规格为30mm×50mm，木方为平放。

（2）根据业主所购买的实木地板长度，以木地板的长度的一半确定龙骨架的间距，选用方正的木块，将木方上的树皮削掉，用60或70麻花钉将木方固定在地面上，不得铺设水泥找平，用楔型木块校平木龙骨，且校正楔需与木方固定，以防松动。木龙骨只需平行铺设，不须打网架，电锤打孔间距为400mm，每一条方都要拉线垫平，再用2m的检测尺检验，平整度在3mm内，如有高出之处，在用电刨刨平，然后清扫干净，洒上防潮粉、防虫粉，铺上防潮膜。

（3）木地板安装前，应在工地上先将其包装打开两天左右，让其初步适应现场气候，再按厂家技术说明进行安装，固定时应对地板的花纹进行挑选，保证颜色和花纹一致地安装在显眼处。用电钻在木地板公榫处打孔后，用40mm麻花钉钉在木龙骨上，木地板和墙体应留8~9mm间隙，木地板之间留1mm的间隙，可用木地板的包装带卡住，安装好以后再取出，实木地板横向宽度超过5m，复合地板横向宽度超过8m必须预留8~9mm间隙，用收口条收口，以防温差效应导致地板收缩。

（4）安装实木地板时工人必须穿软底拖鞋安装，不得使用直钉枪钉。

（七）木地台

用20mm×40mm木方制作成300mm×300mm网格，根据地台设计高度，在靠墙的地方将20mm×40mm木方固定在墙上，将龙骨架固定其上，在龙骨架网格的交叉处用40mm×60mm的木方支撑，用60mm钢钉固定，调整龙骨架的平整度在3mm内；清理地台内卫生，在龙骨架上铺大芯板，周围和板缝拼接处留8mm伸缩缝，平整度＜3mm，水平度＜3mm，安装牢固，脚踏无声响。地台内需注意防虫防蛀。

（八）背景墙的结构制作

1.石膏板背景墙

（1）用20mm×40mm木方做成300mm×300mm的网架，根据设计要求，用大芯板条或木方垫高，较平、较直，中间透气架空。空调、壁挂式电视机或其他挂件处必须用大芯板加固，用防潮膜或清漆做防潮处理。

（2）封板前检查电工是否布线完工，电路是否已经验收。

（3）封石膏板时，连接处加大芯板条加固并开乳胶。石膏板倒45°斜角拼接，留缝3~5mm。

2.饰面背景墙

（1）用20mm×40mm木方做成300mm×300mm的网架，根据设计要求，用大芯板条或木方垫高，较平、较直，中间透气架空。用防潮膜或清漆做防潮处理。

（2）结构层铺九夹板，板材开小铺贴并留5mm缝隙，以免变形。壁挂式电视机处必须用大芯板加固；面板铺贴开胶均匀，用纹钉固定（不能用射钉），颜色一致，花纹接口顺畅；拼角严实，接口留有1mm伸缩缝，以免膨胀变形或翘曲、起拱。

（3）特殊材料如白枫、白橡等浅色面板反面必须薄刷清漆一遍，用万能胶黏贴，加少许纹钉固定。

3.玻璃背景墙

（1）根据玻璃尺寸，基层用大芯板条，九夹板条处理平整，固定牢固。大芯板条下铺防潮膜，玻璃反面做防腐处理或反面贴膜。如果玻璃之间留5mm以上缝隙，可用中性玻璃结构胶固定；如果玻璃之间不留缝隙，用镜钉固定。

（2）玻璃电视背景墙留电源、有线插孔位置。玻璃电视背景墙预留挂壁电视机底座位置。

4.铝塑板背景

（1）根据设计要求，基层用大芯板或木方做框架，处理平整。

（2）结构用九夹板打底，根据设计尺寸下好料，先试装，然后再涂万能胶安装，缝隙处根据设计要求，用玻璃胶勾缝。

（3）待玻璃胶干后，撕去表面保护膜，要求表面无损坏，接口平整。

（九）软包的制作

（1）软包的高度、宽度、厚度需根据图纸施工，软包底板用九夹板，如果软包尺寸超过600mm×600mm，底板要相对加厚，以防翘曲。

（2）墙体必须进行防潮处理，结构用九夹板打底，要求安装平整、牢固。

（3）接缝隙严密，花纹吻合，无翘边、无皱褶、无破损、无污渍。

（4）布面装饰软包建议采用尼龙搭扣连接，方便清理。

（十）木制楼梯基层制作

（1）根据楼梯的总高度和总长度，按照每级高150mm左右，每级宽250mm左右设置。

（2）楼梯按每一级平均分匀，用大芯板打底或木方垫平，校水平、均匀，且固定牢固。

（3）梯级低芯板打底，侧面留有50~60mm间隙用水泥砂浆找平，以免梯级侧面开裂。

（十一）吊柜的制作

（1）吊柜的高度、宽度、厚度需要根据图纸施工。

（2）吊柜离地高度，如人在柜下穿行时，至少1.8m以上；如人不在柜下穿行时则约1.6m左右。

（3）吊柜制作采用大芯板做结构，侧板包顶、底板，用圆顶连接固定；背板使用九夹板，采用码钉固定。

（4）吊柜安装时，在吊柜上方角落用吊柜专用挂件或膨胀螺丝固定，背面需要用防潮膜隔开，进行防潮处理。

（十二）固定悬挑式电视柜的制作

悬挑式电视柜分单板式和带抽屉式两种。单板悬挑式电视机柜的制作：用50的角钢制成200mm×400mm的三脚架，做好防锈处理，根据电视柜的长度、高度按800mm间距，用膨胀螺丝将三脚架固定好，然后在三脚架上制作电视机柜；带抽屉式电视机柜的制作：先按照设计要求制作电视机柜结构，不封背板；然后比照电视机柜抽屉左、右上方角的位置，将做好防锈处理的用50的角钢制成200mm×400mm的三脚架固定在墙面上相应位置，将电视机柜固定在三脚架上，再做装饰面和抽屉。

（十三）鞋柜的制作

（1）鞋柜的高度、宽度、厚度根据图纸施工。

（2）如果鞋柜厚度小于300mm，则鞋柜层板宽度不小于320mm，采用向外或内倾斜的方式，避免放不下鞋或损坏鞋子；同时，在层板外口开凹槽，方便打扫柜内的卫生，可将部分层面板做成活动的，方便存放长筒鞋。

（3）鞋柜一般需留有透气孔，以便排出异味，保持柜体内干燥，防止发霉。

（4）鞋柜靠墙固定时，需用防潮膜隔开，进行防潮处理。

五、收口、饰面工程

（1）实色漆型木制品收口：所有实色漆型木制品的收口，先用三夹板或五夹板封口之后，再用三夹板或奥松板饰面，把线条和结构连一体，使三夹板切口在侧面。无论是用三夹板或五夹板封口都必须开满乳胶之后再封口。接口处必须倒口形成V形缝，如果线条是采用直线拼接的，必须是斜口对接（图9–2）

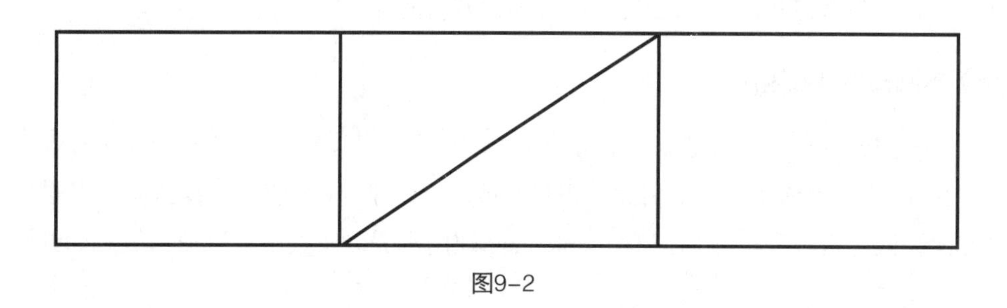

图9–2

（2）清漆和有色透明漆型木制品收口：所有清漆和有色透明漆型木制品收口处采用饰面板拼角对应线条。所有线条未使用之前，必须进行颜色纹理分类，所有线条接口（包括转角接口）必须保持颜色纹理一致，线条封口必须开乳胶，如果线条超过30mm宽，5mm厚，线条的背面必须纵向横中抽槽，槽的深度必须超过线条厚度的1/2，防止线条变形。线条宽度超过20mm的线条必须钉双排钉，排钉的间距不得超过80mm，射钉尽量靠近线条边缘，射钉应稍斜向钉入。线条收口式必须比面板高出0.5mm，待油漆工刷头道底漆后再进行修边，以防缩水（特殊情况除外，如门套掩口处合门页时必须先修边）。所有封口90° 处必须采用45° 拼角（如门套线等），90° 拼角必须是45° +45° =90° 的原则。

（3）饰面：开料时，准确算出每个项目的饰面板用量，确保每个项目的颜色纹理一致。开料以后的面板必须平放，用大芯板压住，要检验结构上面是否有射钉、圆钉钉头露出，用砂纸将结构上的毛刺处理干净，然后再进行饰面，饰面时乳胶必须涂刷均匀、到位。拼接的地方必须放到不显眼的位置。纹钉钉入应稍斜向钉入，使纹钉的受力面积增大。饰面完工以后，在乳胶没有干透之前，必须每隔一段时间，检查面板是否有空鼓现象或面板与结构切开口处是否有翘曲的情况。如果出现上述情况，必须马上趁乳胶没有干透时，在切口处灌胶、加钉，采取补救措施。如果饰面属于拼角的，面板必须是两个45° 相加，拼角处必须开胶到位，内部不能出现空鼓现象，以保证成品后的拼角更加坚硬。内部采用软片粘贴时，必须将软片的切口卷到柜结构板的切口处，然后用线条压住软片，反面背板压住卷过去的软片。

（4）饰面板施工时，应注意工作台干净无杂物。饰面板不能出现划痕、崩角。

六、一期五金安装

五金产品如果属客户自购的（木工组长做好采购清单，清单应注明规格、品牌、数量等具体要求），必须仔细对其进行验收，看是否有刮花或漏掉附件的现象。如果有此现象必须马上通知业主更换。否则，木工班组长负全部责任。

（1）抽屉安装：抽屉采用"三级无声抽屉轨道"进行安装，用$\Phi 3\times 12$的自功螺钉固定，每个抽屉每边两个方向，四向共12粒螺钉。安装后的抽屉面与柜体结构的接缝处的缝隙不得超过0.5mm且需均匀。

（2）房门、门页安装：房门合页安装时，门页与门套必须两边凿缺，门页两头各留200mm开始装合页，如果是实心门必须安装3个合页；门页与门套上方与左右两方的缝隙均不能超过3mm。房门锁具必须根据锁具说明书正确安装，所有房门的锁具安装高度必须一致，锁具安装好以后，门页与门套的间隙不能大于0.5mm，并且必须随即将其拆下，放入原包装盒，以防刮花锁具。

（3）柜门安装：如果柜门长度≥1000mm时，必须装3个铰链，1600mm以上应装4个铰链，上下间距为80mm。铰链开孔位置必须避开柜结构的层板，安装后的柜门与柜结构的接口处必须严密，柜门与柜门横竖缝隙不得大于3mm，且均匀。柜门缝隙的十字接口处手摸无高低感。如果柜门长度超过650mm时，必须上下装磁吸，以防柜门在使用过程当中变形。柜门拉手安装时，拉手安装的高度必须与业主协商。

（4）退场保护：木工第一期工程完工，涂裱工进场之前，木工必须做好退场保护，协助涂裱工做好木工的验收工作。涂裱工进场之前必须将五金件全部卸下，用东西装好保护。所有柜门门页、房门门页一律平放在压台上面，检验各封边线是否修整到位，木工离开前，对涂裱工指出的木工工艺不合格的地方，必须马上整改。木工班组长未做退场保护的必须整改。

七、二期五金安装

涂裱工即将完工时，木工必须做好二期五金安装，此时涂裱工项目都已完全成品。木工在安装时必须加倍小心，防止油漆刮花或碰坏，出现类似情况，班组长负全部责任。水银镜安装时，不能直接在其后面注玻璃胶，必须先贴一层塑料不干胶后再注胶，在定制水银镜时可注明"反面贴膜"。

八、成品安装施工程序

开工交底→开工准备→成品安装→验收及保护。

第十章　镶贴施工工艺规范

镶贴工进场后，为了确保施工的质量、各工种的协调，从而使客户对施工现场满意，必须按下列施工规范施工。

镶贴工施工程序：对原房的检查→业主、设计交底及材料的预算及检查→墙地砖的预排→水电作业验收→基础的处理→墙面砖的铺贴及抹缝→地面砖的铺贴及保护→其他施工工艺→验收。

一、施工前的准备

镶贴工程是房屋建筑装饰中一个重要的部分，镶贴工的施工质量直接影响着人们的生活。如面砖脱落、面砖的空鼓、开裂等是近几年住户投诉的热点之一。因此，镶贴工在施工过程中一定要按“施工规范”进行施工，以确保装修质量。

对原房地面、墙面的检查：对原房需要镶贴工施工的地面水平度、墙面垂直度、平整度，阴阳角方正度、墙面有无空鼓、水泥砂浆抹灰工程是否合格等项目应逐一进行检测。如果发现有影响施工质量的地方，应立即向项目经理反应并协商解决，否则，项目经理和镶贴工班长承担一切后果。

检测方法如下：

（1）地面水平度：将房屋四周打好平水线，用尺量其高低差，或用平水尺检测。

（2）墙面垂直度：用垂直杆和检测尺检测。

（3）墙面平整度：用检测尺检测。

（4）阴阳角方正度：用角尺和三角板检测。

（5）墙面空鼓：用金属轻轻敲击墙面进行检测。

（6）抹灰工程检查：用钢钎凿墙面，检查墙面抹灰的硬度。

施工前应准备工具：挂线、钢钉、铝合金靠尺（2m）、平水尺（1m）、线坠、角尺、橡皮锤、切割机、平头抹子、铁铲、灰桶、刷子、塑料盆、铁锤、钢钎、泥刀、铁抹子、瓷砖划刀等。

业主、设计交底及材料的预算：镶贴工在施工前两天应根据业主和设计图纸的要求将所需材料进行初步预算。如：砂子、红砖、水泥的数量，墙面砖、地面砖的面积等。并计算出厨房、主卫、次卫、洗手间、阳台的墙面及地面的面积和客厅、餐厅的地面面积，有几个地漏等。将所用材料的明细单交给项目经理，公司将在两天内安排人员把材料送到工地。

墙面面积=（长+宽）×2×所铺贴砖高度（门窗折半）

地面面积=长×宽+长×宽×（10%瓷砖的损耗）

墙地砖的预排：根据业主和设计师的要求，项目经理组织班组长进行墙面地砖的预排；确定地砖的中轴线位置以及墙砖花片腰线等位置，现场放样给客户看，并经客户认可；如有墙地砖铺贴图纸，则对照图纸排版和现场尺寸是否一致。并考虑五金的安装方式。

施工材料检查：施工过程中的材料分为主材和辅材，主材有墙面砖、地面砖等，辅料有水泥、砂、红砖等。

主材的检查：

（1）看材料的品种、规格、颜色是否符合设计要求；

（2）检查墙面砖、地面砖是否有破损现象；

（3）随手拿两块瓷砖，面对面放在一起，检测两块瓷砖表面的平整度是否相差太大；

（4）用尺量其宽窄、对角线、长度差是否影响施工质量及瓷砖的渗水程度等。

辅料的检查：

（1）水泥通常采用32.5等级黑色水泥，查看水泥袋上的使用期限是否过期（三个月以内）。

（2）砂：检测其含泥量是否超标，红砖的硬度等，如发现材料有质量问题，必须马上告诉业主（项目经理）使用该材料的后果，请业主（项目经理）选择退货；如业主坚持使用，业主必须签字认可，超出预算的材料也必须由业主签字认可，否则由项目经理和镶贴工承担一切责任。

对水电施工项目进行检查和验收：看水电隐蔽工程是否已验收，对照图纸检查镶贴工程处给水、排水、电路等施工是否功能齐全。

防水处理：确认厨房、卫生间是否已做好蓄水试验。如有漏水，应通知项目经理和业主做防水处理后才可贴地砖。做防水处理时，基层应清理干净，如不平整需全部找平。防水层应从地面延伸到墙面，高出地面300mm，如业主有要求，浴室墙面防水层不得低于1800mm，待防水材料干燥后再做蓄水试验，确定无渗漏后才可做下一道工序。

二、铺贴瓷砖前墙面、地面的基层处理

（1）地面的处理：铺贴地面瓷砖通常是在混凝土楼面或者地面上施工，如基层表面较光滑应进行凿毛处理，凿毛深度通常为5~10mm，凿毛的间距为30mm左右，然后对地面进行清理，须用水洗干净，但地面不能积水。再用801胶掺水泥刷一次地面，才能贴砖。

（2）砼墙面处理：对范本制作的混凝土墙面，应用碱水或其他洗涤剂把墙面上的范本隔离剂清洗干净，待墙面干后用801胶（30%）+水泥（70%）拌和水泥浆，并在墙面上抹灰拉毛，凝结后抹1∶3水泥浆底层。

（3）砖墙处理：先提出砖墙上多余灰浆并清扫灰尘，然后用清水打湿墙面后，再抹1∶3水泥砂浆底层。

（4）旧建筑厨房、卫生间的墙面处理：应彻底铲除或者清洗油渍等污垢，将瓷片、砂灰全部凿至墙面基层，然后用清水冲洗，再重新抹1∶3水泥砂浆。

（5）888墙面处理：用水打湿墙面铲除888，如墙面是砂灰层应凿至墙面基层，然后用水冲洗，抹1∶3的水泥砂浆。如果是水泥灰墙面应用801胶（30%）+水泥（70%）拌和水泥浆，必须在墙面上抹灰拉毛。

（6）厨房烟道管基层处理：为防止烟道管贴砖后开裂，保证方正度、垂直度达标，须将未粉砂浆的烟道管进行粉刷处理（用1∶3∶5的水泥砂浆粉刷），烟道管阴阳角必须先挂钢丝网粉刷处理后再贴砖（增加管壁厚度，避免开裂）。厨房烟道口只能上下位移，不能反向位移，烟道管插入烟道内≥3cm，并需用密封胶带或玻璃胶密封。

三、墙面砖的铺贴

墙面砖的预排有两种：直线预排（即直缝）和错线预排（即错缝）。（图10-1）

直线铺贴墙面的程序：验收质量→确定铺贴方式→浸泡瓷砖→浸泡釉灰→打平水线→预排→拉线→铺贴→检测→抹缝。

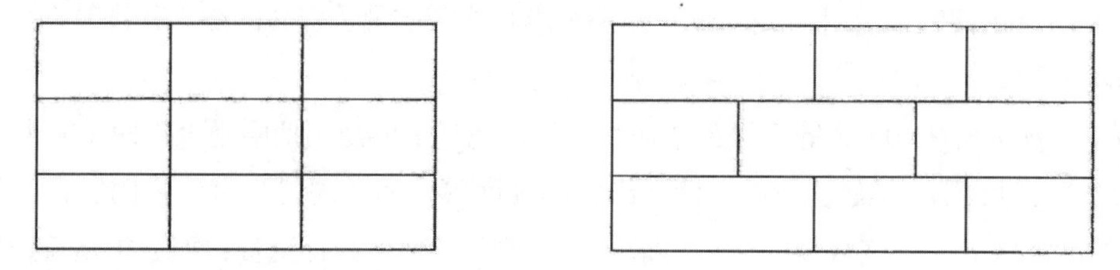

图10-1

（1）验收：瓷砖送到工地后，项目经理和镶贴班组长必须对瓷砖的质量进行验收。随手拿两块瓷砖面对面放在一起，看平整度是否相差太大，检测瓷砖平整度和对角线误差是否≤1mm，是否有缺棱、破损等现象，如发现不合格的瓷砖应马上与客户联系，协商解决的办法。

（2）确定铺贴方式：在瓷砖盒上必须标明镶贴位置及镶贴方式，是否留缝、错缝，缝隙大小，是横贴还是竖贴，花片和腰线的位置必须和业主商量确定，并考虑方便五金件的安装。

（3）浸泡瓷砖：将瓷砖浸入干净水中直到不冒气泡为止，取出晾干，要求手摸有湿润感，不见水渍为准。

（4）浸泡釉灰：用灰桶浸泡釉灰，釉灰的浓度应根据墙面吸水情况和气温来定。为避免墙砖开裂，建议墙砖铺贴时加细沙、双飞粉或石灰（与水泥比例均为1∶3）。

（5）打平水线：在所贴瓷砖的房屋墙壁四周弹好平水线，根据平水线进行预排并考虑铺贴顺序。顺序为先从进门对面的墙开始铺贴，然后分别铺贴两边的墙面，最后铺贴进门处。

（6）预排：先横向预排，用卷尺量两处墙面横向的距离，预算所有瓷砖的数量，如果非整砖≤40mm，应将第一块整砖一分为二，将非整砖铺在不显眼处或门后；有窗的墙面预排时要考虑不使窗的四角出现7字形砖。

竖排列：竖排列分为有腰线和无腰线排列。

有腰线排列：腰线铺贴时一般平窗台，离地面900~1100mm，平腰线往上排，上至距

PVC下水弯头30~50mm，算出所贴瓷砖的数量；再从腰线往下排，保证腰线下口到地面最低点的距离是砖尺寸的整数倍，或靠近地面最下面的一片砖不小于100mm，并算出水平腰线往下排瓷砖的数量，否则应将腰线位置改变。

无腰线：从距PVC下水弯头处30~50mm往下排，算出所贴瓷砖的数量。

铺贴时一般以窗台为分界线，不使窗台左右瓷砖切成7字形。

（7）拉线：根据砖的横向预排方案和砖的压向原则，选择应该先铺贴的一面墙拉线，在整砖一侧的墙面取一个点拉一根垂直线（用钢钉固定）。在墙面另一侧（非整砖一端）取一点再拉一根垂直控制线，用钢钉固定；根据水平线和砖的竖向预排方案，在靠近地面第二块砖的上方拉一根水平线。

（8）铺贴：在第二块砖的下方固定水平木托板，以防瓷砖铺贴时灰浆未干造成下垂。最下面预留一块砖或非整砖，从第二块砖铺起。一般是左手端砖，右手拿平头抹子在瓷砖的背面均匀地将灰抹平，厚度不大于10mm。四周刮成斜坡中间略高，切忌灰浆内凹，否则，容易形成空鼓。按线铺上去并用手拍平，然后再取下来在灰浆未满的地方加灰，再贴上去用橡皮锤轻轻敲平，使砖表面与垂直线、平水线吻合，用水平尺和检测尺检测其水平度和垂直度是否无偏差。铺贴完一行后，在铺好的瓷砖上面灰浆未满的地方加灰，以防空鼓。相邻的砖与砖之间按要求留缝隙，缝隙一定要均匀。

（9）将水平线上移一块砖的位置，同时保证线的水平，开始贴第二行砖，通过调节，使砖缝对齐，砖与砖之间手摸无高低差，清理瓷砖表面卫生，并用检测尺检测其垂直度和平整度。

（10）检测：整幅墙面铺完后用检测尺检测：垂直度≤2mm、平整度≤3mm，缝隙横平竖直，瓷砖四角手摸平整，如有不达标的项目应马上整改，检测合格后应将瓷砖缝隙清理干净，将检测数据及时填写到《镶贴项目墙面检测单》，并贴在对应的墙面上。

（11）抹缝：见附件《勾缝施工工艺规范》。

错缝铺贴墙面砖的程序：确定铺贴方式→浸泡釉灰→打平水线→自制皮数杆→拉线→铺贴→检测→抹缝。

（1）确定铺贴方式：请参照直线铺贴墙面瓷砖的施工方法。

（2）浸泡釉灰：请参照直线铺贴墙面瓷砖的施工方法。

（3）打平水线：请参照直线铺贴墙面瓷砖的施工方法。

（4）自制皮数杆：首先与业主确定错缝铺贴留缝的大小，根据瓷片的宽度和缝隙来自制皮数杆，从上往下，从左至右排列（应注意拼花）。

（5）拉线：请参照直线铺贴墙面瓷砖的施工方法。

（6）铺贴：请参照直线铺贴墙面瓷砖的施工方法，留缝时必须在砖的每个侧面都用两个卡子，且待水泥干后才能取走。

（7）检测：请参照直线铺贴墙面瓷砖的施工方法。

（8）抹缝：见附件《勾缝施工工艺规范》。错缝砖大部分是仿古砖，仿古砖勾缝时需用专用填缝剂。仿古砖难以清洗，在仿古砖边缘必须用纸胶带进行保护，以免污染瓷砖表面，使缝隙低于瓷砖表面2~3mm，严禁满刮勾缝。

阳角的铺贴

45° 拼角：首先在阳角上拉一根垂直线，然后将瓷砖放在已准备好的自制木托板上，选择瓷砖的原始边，将其磨成45° 斜坡，做到不崩棱，铺贴方法与"对缝铺贴法"一样，保证阳角处灰浆饱满，拼接密实且成90° 角。

阴角的处理

（1）压向正确，从正面看不到砖缝且成90° 角。

（2）非整砖使用不宜小于1/2整砖，非整砖最小尺寸为40mm。

马赛克的铺贴程序：预排→抹灰→挂线→铺贴→扯纸、补缝。

（1）预排：根据马赛克的尺寸进行横竖预排，因为马赛克不能切割，缝隙不能调节，因此抹灰找平时，通过调节抹灰厚度使每面墙的尺寸是马赛克尺寸的整数倍。

（2）抹灰：铺贴前将基层用水泥细砂灰浆抹一遍，抹灰时平整度控制在2mm以内，垂直度在2mm以内。

（3）挂线：根据砖的横向预排方案和砖的压向原则，选择应该先铺贴的一面拉墙线，在整砖一侧的墙面取一个点拉一根垂直线（用钢钉固定）。在墙面另一侧（非整砖一端）取一点再拉一根垂直控制线，用钢钉固定；根据水平线和砖的竖向预排方案，在靠近地面第二块砖的上方拉一根平水线。

（4）铺贴：

①在马赛克背面抹2~3mm425号的纯白水泥浆，随抹随铺马赛克，应按线对位仔细铺贴，用木板拍实，使马赛克与底灰贴紧、黏牢，并检测其平整度，但不能用金属工具拍打，以防损坏。

②用专业黏结剂在墙体上均匀薄刮一层，用平整的小木板轻轻拍实使马赛克与黏结剂以及墙面贴紧、黏牢，并检测其平整度。

（5）扯纸、补缝：铺完后约一小时，即用水湿透面纸，两手扯纸边，轻轻揭去面纸。铺好的马赛克要求表面平整，接缝均匀，缝隙内灰浆未满的地方要及时补灰。

砂岩铺贴：砂岩粘贴时必须在背面刷专用的防护剂，且必须用云石胶或AB胶黏贴。

木结构墙面贴瓷砖程序：刷清漆→装硅钙板→挂钢丝网→抹灰→铺贴。

（1）刷清漆：木结构墙面铺贴瓷砖前，用内部清漆涂刷两遍。

（2）装硅钙板：在木结构表面贴上防潮膜，将硅钙板固定在木结构板上。

（3）挂钢丝网：用小圆钉或马钉将钢丝网固定在木结构上，钉与钉的间距为150mm × 150mm。

（4）抹灰：用1∶3的水泥砂抹灰一遍，必须过2天后才能铺贴瓷砖。

（5）铺贴：铺贴瓷砖方法与"对缝铺贴法"相同。也可以用玻璃胶、云石胶或瓷砖黏结剂等铺贴，方法是在砖的背面用胶开五个点（砖的四角和中心），然后贴在木结构上面。

大墙面砖的镶贴：规格为600mm × 600mm以上的砖的镶贴，首先在墙面冲筋，冲筋宽度100mm，待水泥冲筋凝固后，再镶贴；必须做到每条筋垂直度和整幅墙面平整度达标，用云石胶或AB胶将瓷砖粘贴在筋上，灌浆时可用木方对面顶住，且需先湿透墙面，以防灌浆时水泥干燥太快，流不到位造成空鼓；然后灌溉1：2.5的水泥沙浆。

石材、瓷砖干挂安装工艺：基层处理→放控制线→石材排版防线→挑选石材→预排石材→打膨胀螺栓→安装骨架→安装调节片→石材开槽→石材安装→留缝要求→清理。

（1）基层处理：

①将墙面基层表面清洗干净，对局部影响骨架安装的凸出部分应剔凿干净。

②检查饰面基层及结构层的强度、密实度，如果墙体是轻质墙，则固定应选择穿墙镙杆加钢架；且符合设计规范要求。

③根据装饰墙面的位置检查墙体，局部进行剔凿，以保证足够的装饰厚度。

（2）放控制线：

①石材干挂施工前须按设计标高在墙体上弹出50cm水平控制线和每层石材标高线，并在墙上做控制桩，拉线控制墙体水平位置，找出房间及墙面规矩和方正。

②根据石材分格图弹线，确定金属膨胀螺栓的安装位置。

（3）挑选石材：

石材到现场后须对材质、加工质量、花纹和尺寸等进行检查，将色差较大、缺棱掉角、崩边等有缺陷的石材挑出并加以更换。

（4）预排石材：

将选出的石材按使用部位和安装顺序进行编号，选择在较为平整的场地做预排，检查拼接的板块是否存在色差、是否满足现场尺寸要求，完成此项工作后将板材按编号存放好备用。

（5）打膨胀螺栓孔：

按设计的石材排板和骨架设计要求，确定膨胀螺栓间距，画出打孔点，用冲击钻在结构上打出孔洞以便安装膨胀螺栓。孔洞大小安装膨胀螺栓的规格确定，间距以每块石板的尺寸为依据，距石材边50~10cm。

（6）安装骨架：

①对于非承重的空心砖墙体，干挂石材时采用70镀锌槽钢和50镀锌角钢做骨架，采用镀锌槽钢做主龙骨，镀锌角钢做次龙骨形成骨架网（在混凝土墙体上可直接采用挂件与墙体连接）。

②骨架安装前按设计和排版要求的尺寸下料，用台钻钻出骨架的安装孔并用防锈漆处理。

③按墙面上的控制线用Φ8~Φ14的膨胀螺栓固定在墙面上，或采用预埋的钢板，使骨架与钢板焊接，焊接质量应符合规范规定。要求满焊，除去焊渣后补刷防锈漆。

④槽钢骨架采用6.3号槽钢，角钢为L50×40×4（mm）或者L50×50×5（mm）。安装骨架时应注意保证垂直度和平整度，并拉线控制，使墙面或房间方正。本工程骨架用槽钢、角钢均为镀锌钢材。

（7）安装调节片：

调节片根据石材板块规格确定，调节挂件采用不锈钢制成，分40mm×3和50mm×5两种，按设计要求加工。利用螺丝与骨架连接，调节挂件须安装牢固。

（8）石材开槽：

石材安装前用角磨机在侧面开槽，开槽深度根据挂件尺寸确定，一般要求不小于10mm且在板材后侧边中心。为保证开槽不崩边，开槽距边缘距离为1/4，且边长不小于50mm。注意将槽内的石灰清理干净以保证灌胶黏结牢固。

（9）石材安装：

①从底层开始，吊垂直线依次向上安装。对石材的材质、颜色、纹路和加工尺寸应进行检查。

②根据石材编号将石材轻放在T形挂件上，按线就位后调整板材垂直、平整度，拧紧螺栓并在槽内注入AB胶，保证锚固胶有4~8小时的凝固时间，以避免过早凝结而脆裂，过慢凝固而松动。

（10）留缝要求：

根据设计要求留缝，如果缝隙大于5mm，先用泡沫条填入缝隙，用分色纸胶带贴好，表层用玻璃胶处理。

（11）清理：

石材挂接完毕后，用棉纱等柔软物对石材表面的污物进行初步清理，待胶凝固后再用壁纸刀、棉纱等清理石材表面。

地暖上面找平时，必须采用细石混凝土找平。

所有在现场施工的衣柜下部必须做一个地台，衣柜放置其上以防其发霉。

厨房、阳台、卫生间地面一定要做防水，淋浴处（隔壁是房间的）墙面防水也要做1.8m，项目经理要询问业主对防水有无特殊要求，并要签字。

回填层下面必须做防水，且做二次排水；回填层上面建议客户做防水，以免潮气、霉气气味从回填层内散发出来。

防水施工完成后，必须做蓄水试验，蓄水24小时，通知业主、物业到楼下查看不漏水后才能铺贴地砖。

为防止地面放坡时地漏周围轻微积水情况发生，建议地漏所在的一块砖裁开来贴。

卫生间飘窗大理石建议铺贴时稍向内倾斜，便于溅到上面的水流干净。

工程主管自检之前，瓷砖勾缝必须沟到位，勾缝建议用勾缝剂对108胶调成稠状，灌入玻璃胶枪内，像打玻璃胶一样勾缝。

所有地漏必须保留。

四、地面砖的铺贴

铺贴边长600mm以上地面砖的施工程序：打平水线→拉线→基层处理→砂灰铺底→铺贴→检测→保养。

（1）打平水线：在房屋四周打好平水线，确定所铺地砖高度（砖和砂灰的厚度为50mm，最少不能低于20mm），弹好平水墨线。

（2）拉线：首先镶贴工与客户共同商定主轴线位置，现场放样经客户认可。按瓷砖的尺寸分格、定位、非整砖和收口处应铺贴在不显眼的地方。在平水线两端分别拉两根平水控制线和一根垂直交叉的定位线。（整砖位置）间距远的须在中间做一至二个标高点，以防中间线往下垂。

（3）基层处理：对光滑的地面须凿毛后清扫干净，使地面湿润但不积水，并用釉浆扫一遍。

（4）砂灰铺底：用1∶3.5的干拌水泥铺底，砂灰的湿度为“手能抓成团，丢在地上能撒开”即可。

（5）铺贴：将砂灰开平，按瓷砖背面的箭头依次铺贴，用橡皮锤敲平至平水线且砂灰层要打紧，将地砖背面用钢丝刷清理干净，取出用水泥釉浆抹在砖背面（釉浆厚度为3~5mm）再铺贴，并用橡皮锤敲平至平水线，以防空鼓，并即刻擦去地砖表面水泥浆。铺贴时，留缝大小根据设计要求，靠墙四周要留5~10mm伸缩缝；如果砖要切成7字形，必须在拐角处用玻璃开孔器钻孔后再切割，以防瓷砖炸裂。

（6）检测：用2m的检测尺检测是否水平，且平整度≤1mm，缝隙宽度一致，手摸四角平整，没有缺棱掉角和开裂等缺陷。

（7）保养：地面铺贴完毕，如施工季节是夏季和秋季气温较高，须在地面砖上洒一点水（不能积水），做湿润保养，第二天后进行抹缝施工，用彩条布铺在地面砖上进行保护，以防污染。

踢脚线的铺贴：铺贴完大地面砖2天后，再铺贴踢脚线。先将基层处理干净，铺贴时须与大地面砖对缝，若地面砖和踢脚线尺寸不相等，应建议客户错缝铺贴。如果踢脚线是入墙的，在铺贴地砖前就要凿好，并将地砖铺贴到相应位置留好伸缩缝。

厨房、阳台地面砖的铺贴：

（1）首先确定铺贴处的水电是否到位，下水管是否存在反水现象；根据房间地面高度确定所铺地砖的高度，一般要求低于房间地面20~30mm。

（2）泛水坡度及地漏：厨房、阳台、洗手间泛水坡度为5mm/m。地漏位置必须在最低处，地漏比瓷砖低2mm。

（3）铺贴方法与“大地面砖铺贴方法”相同，地砖铺完2天后开始在铺贴墙面预留一行砖，要求和相邻一行瓷砖平整度一致，缝隙均匀，无空鼓。

主卫、次卫地面砖的铺贴：

（1）建议先将次卫、主卫回填层挖空，用1∶3.5的水泥砂浆找平后做防水，蓄水48小时确认无渗漏后，再回填炉渣，再用1∶3.5的水泥砂浆找平后贴砖，铺贴前要检查水电是否到位。

（2）泛水坡度为10mm/m。

（3）铺贴方法与厨房阳台地面砖的铺贴相同。铺贴次卫地面时大便器需用三夹板做模，按范本切割地面砖，切割的部位应保持与原边一致，大便器最低处比瓷砖应低3~4mm。

附件一

勾缝施工工艺规范

◆勾缝的步骤及方法

第一步：准备工具：刮削器或裁纸刀（腻子铲）、毛刷、灰桶、勾缝刮板、海绵等。

工具名称	工具范例图片	主要用途
刮削器或裁纸刀（腻子铲）		用来清扫缝隙内多余的水泥砂浆和粉末，避免杂物影响勾缝剂的黏合度和勾缝质量。
毛刷		清扫缝隙粉尘、杂物。
灰桶		搅拌、调和填缝剂。
勾缝刮板		橡皮弹性涂刮器，能解决多种缝隙类型的勾缝及涂刮工作，且不会损伤石材。
海绵		清洁瓷砖表面污渍的同时能避免损伤瓷砖。

第二步：先用刮削器或裁纸刀（腻子铲）将砖缝内多余的水泥砂浆和粉末清理干净，缝的最佳深度是1~1.5mm。（图10–2）

第三步：用毛刷将清理的杂质清扫干净。（图10–3）

第四步：把填缝剂粉料与水按1∶0.2的比例调好至无粉粒均匀牙膏状。（图10–4）

第五步：将调好的填缝料用腻子铲均匀地打入砖缝内，或直接进行满刮处理（如马赛克勾缝处理）。

第六步：选择合适的勾缝刮板面或角，将填缝剂的余料刮掉，并做成需要的缝隙类型。（图10–5）

第七步：施工约30分钟后再用微湿的海绵或抹布朝同一方向轻轻擦拭砖缝，稍干后再用干净海绵擦拭干净。（图10–6）

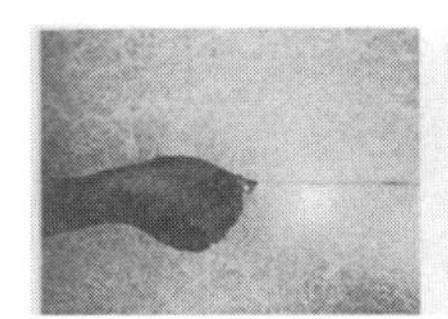

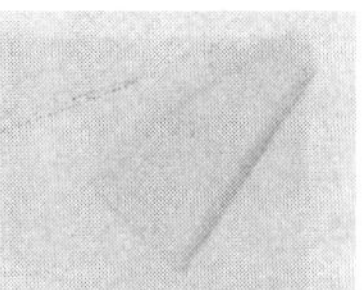

图10–2

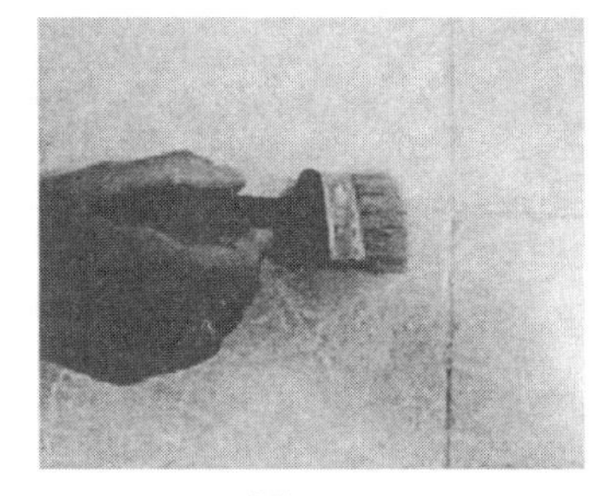

图10–3

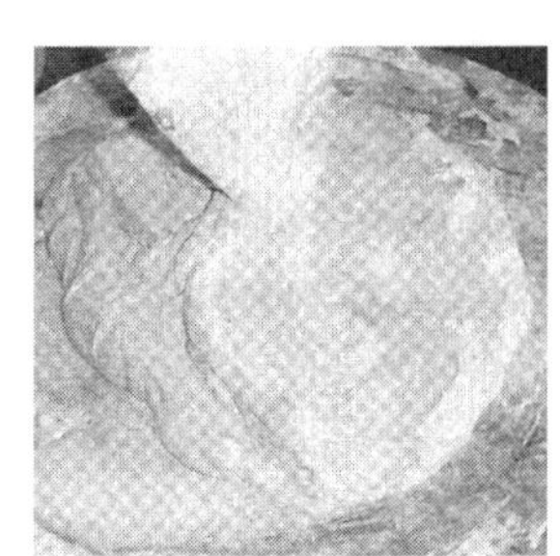

图10–4

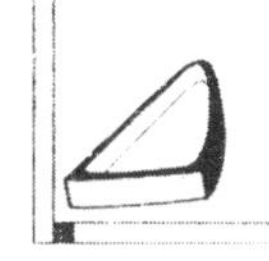

（阴角处理）

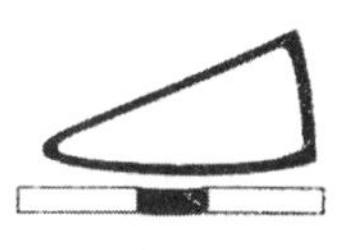

（凹缝处理）

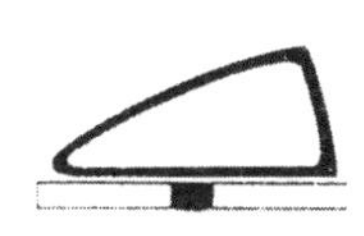

（平缝处理）

图10–5

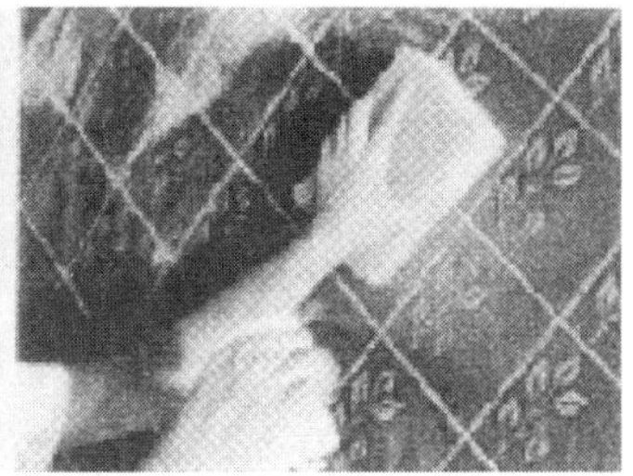

图10–6

◆勾缝操作规范及注意事项

（1）粘贴瓷砖24小时后才能进行勾缝处理。

（2）填缝剂的勾兑：先将水加入干净的搅拌容器中，再慢慢倒入粉料（粉料与水的比例为1∶0.2），注意填缝料不可过量加水搅拌，否则不能形成应有的强度。

（3）填缝料须充分搅拌至无粉粒均匀牙膏状，并静置5分钟再做搅拌即可使用，施工温度为5~40℃。

（4）搅拌好的填缝料应在90分钟内用完，切忌将已干结的胶浆重复使用。

（5）用勾缝刮板或腻子铲沿缝把填缝料均匀的压入缝内，然后用勾缝刮板把余料刮掉，并勾成需要的缝隙类型。不可大面积涂抹（马赛克勾缝除外），增加花片、腰线和砖面纹理较深的瓷砖的填缝剂清洁难度。

（6）为避免多余的填缝料污染砖面，施工约30分钟后再用微湿海绵或抹布朝同一方向轻轻擦拭砖缝，稍干后再用干净的海绵擦拭，要及时多次擦拭，保证填缝剂的美观。

（7）填缝后不可立即用水喷淋或用大量水清洗。24小时内避免加压、暴晒及淋雨。须在24小时后方可用水彻底清洁瓷砖表面，切勿用浓酸清洗。

（8）毛面砖及石材勾缝时须用专用分色纸带，在毛面砖及石材边缘用纸带胶进行保护，以免填缝剂污染瓷砖表面。切记不能进行满刮进行勾缝。

（9）填缝剂满刮方式，只限用马赛克及小于100mm×100mm规格的瓷砖勾缝处理时使用，挂完后需马上用微湿海绵或抹布进行擦拭处理。

（10）超过半小时不使用勾缝工具时应及时将工具清洗干净，以免影响下次的使用。

五、其他泥工施工工艺

包下水管：厨房、卫生间、阳台包下水管道，可用砖砌或用预制板包（见附件隔音水管施工方案），且要预留检修孔位和管道伸缩空间，禁止用混凝土浇筑。在抹灰时，至少保持一个阴角和一个阳角为90°，然后在表面贴瓷砖，温差大的地方，建议先用防潮膜对下水管道作保护处理后再包管；如果地面没有水的位置，下水管也可以用龙骨加石膏板包，然后表面做墙漆。

新墙与老砖墙的搭接：先铲除接口处888，每五片砖留设一个马牙槎，粉刷时，要把接缝处粉刷层铲除5~10cm，并在接缝处挂20cm宽钢丝网后再粉墙。

新墙与砼的搭接：先用电锤在砼上钻孔，再将膨胀钩固定在砼内，然后用两根Φ6.5mm长度30cm的拉接钢筋，绑扎在钩上与墙体连接，且钢筋间距为500mm；粉刷时，铲除砼表面粉刷层，并在接缝处挂20cm宽钢丝网。

新墙上部砌筑须用“蜈蚣脚”砌筑法，新墙抹灰后垂直度和平整度控制在3mm以内，并在接缝处挂20cm宽钢丝网。

厨房、卫生间四周防水的做法是在墙、地面连接处用水泥砂浆抹成斜坡后，再做防水。

用于厨房、卫生间的隔墙：应用现浇板，板与墙体连接部位用云石胶补缝，瓷片缝与连接部位尽量重叠。

如果水表在墙内，该内空墙面须贴砖并拼角，每个阴角和阳角必须是90°，且要保留水表更换，水表读数，水卡插入，水阀更换的足够空间。

门槛的铺贴：针对室内贴木地板，复合地板的，厨房、卫生间、阳台门口须用瓷砖、大理石做隔水带，要求把门槛石做成7字形，收口边厚度包含门槛石厚度30mm；确保房间地面高于卫生间、阳台、厨房瓷砖地面20~30mm，同时收口美观。应该先贴门槛石再与地面同时做防水处理（要求门槛石高于瓷砖地面20~30mm，门槛石与木地板的高度一致）；且门套要在门槛石上，防止渗水及霉变。

窗台铺贴大理石台面，基层须处理干净，把釉浆开平，再将大理石台面铺上，用橡皮锤轻轻敲平。如果是浅色大理石，则必须用白水泥或云石胶进行铺贴，大理石背面最好用防护剂护底（可建议业主要求厂家进行处理）。如果安装石材台面要敲低窗台的，要注意是否造成窗户四周裂缝，有必要做好窗户外防水，试水无渗透后再安装。

更换蹲便器：根据现场地面高度、排污孔的位置及下水管是否有存水弯，选择适合的蹲便器；将下水口保护好，取掉旧的；安装时蹲便器的排污口要插入下水管内，蹲便器的进水口分塞式和包裹式两种，塞式的要将橡胶塞涂胶，包裹式的要用铜丝扎，保证入水口没有渗漏，然后用水平尺和直尺检测其水平度和方正度，再用水泥砂浆固定，两天后方可使用。更换蹲便器的卫生间，整个房间必须重做防水处理。

洗衣机地台和拖把池的大小应与客户商定后再施工，现场制作的拖把池必须做防水处理，以防漏水，铺砖时阳角必须拼角。

防水处理：（K11高分子聚合物水泥基渗透结晶防水材料）

（1）根据设计要求，检查给排水是否全部到位。

（2）水电施工完毕，墙上的水管必须用水泥砂浆抹平，无明显空洞和砂眼；地面的水、线管必须用水泥砂浆完全覆盖，如果原地面是用油膏或卷材等油性防水材料的，必须用水泥砂浆将其覆盖。

（3）进行基层处理，基面应稳固、平整、干净、无灰尘、无油污、无混凝土脱模剂及杂物；尖锐的边缘应除去。

（4）做防水前门槛石必须铺贴好，且水泥砂浆需找平干透。

（5）湿润基层：在干燥基层上施工防水涂料前应先湿润基层至无积水为准，若基面潮湿但无积水可直接施工。

（6）涂刷第一遍通用性防水浆料：按配比先将防水浆料乳液倒入拌料桶中，然后再将粉剂倒入，充分搅拌至均匀、无颗粒、无沉淀的膏糊状，静置3~5分钟后，再搅拌一下，方可使用。卫生间防水施工高度应在1800mm为宜，其余部位无特殊要求的，防水卷边高度必须高于瓷砖地面300mm。在操作进程中应保持间断性搅拌以防止胶浆沉淀。

（7）涂刷第二道通用性防水浆料：待第一层完全干透后（约2~4小时或手擦不黏为准），用毛刷或者滚刷直接将胶浆按垂直方向涂刷第二层。即涂刷第二遍时，两边涂刷方向应交错。

（8）涂刷第三遍柔韧型防水浆料：按比例按要求调好防水浆料，待第二遍干透后，在墙角处及管道周围涂刷10cm宽度涂膜厚度约1~1.5mm。

（9）质量保养：防水施工后，防水层未干透前（夏天24小时，冬天稍长，视温度，湿度定），不能用水，不能踩踏。禁止在5℃以下或下雪的情况下施工；切忌将已干结的砂胶浆加水混合后再用；禁止在防水地面和水泥砂浆；禁止在防水层未做覆盖层前，放置工具或其他物品。

（10）质量验收：待防水层干透后，做蓄水试验。蓄水48小时无渗漏时，才能进行下一道工序。

（11）覆盖层施工：在防水层未完全干透，应对墙面防水层薄撒一遍中砂（严禁砂中含有石子等），铺贴墙砖时材料配比按水泥：细砂：801胶=2：1：0.2（重量比），以增强附着力防止空鼓；铺贴地砖前地面要用1：2.5的水泥细砂浆进行拉毛处理，以防破坏防水层。

（12）卫生间、阳台、厨房等有水源的地方必须要求做防水，客户另有要求的，必须有客户签字的书面说明。

地台：

（1）根据设计要求确定地台施工位置和材质；

（2）用红砖或者轻质砖围筑成整个地台部分面积和高度，中间部分用渣土填充，如果地台面积≥$2m^2$的，需要用砖砌成网格再进行填充，填充物必须平整夯实；

（3）用1：2：3的水泥、卵石和河沙砂浆在夯实的平整面上倒上一层30mm厚的混凝土层；

（4）待混凝土层干透之后用1：3.5的水泥砂浆进行抹平，平整度≤3mm；

（5）用相对应的饰面材料进行饰面处理。

水池及景观池：

（1）根据设计要求确定水池及景观池的施工位置和施工方案，同时应该考虑楼面的承重，每平方米承重小于500kg；

（2）用砖和1：3.5水泥砂浆砌筑或用水泥倒模成设计水池及景观池大小的基础，地面必须砌筑，不得直接在地面做粉刷层，严禁使用空心砖和轻质板；

（3）用1：3.5水泥砂浆进行内外侧的粉刷并保持粉刷后平整无杂质；

（4）对水池和景观池里面的粉刷面进行防水处理时，应注意排水管周围的防水处理；

（5）防水施工完毕且干透后，必须进行蓄水试验48小时，如果有漏水现象须重新做防水；

（6）确定无渗漏后，用相对应的墙地砖进行饰面处理，阳角收口必须拼角处理。

烟道管移位：

（1）烟道移位流程：

①确定抽油烟机类型；

②确定排烟管道防反味器孔尺寸；

③开孔定位；

④原建筑烟道开孔；

⑤瓷砖开孔（圆孔或方孔）；

⑥瓷砖孔位与烟道口对接镶贴；

⑦安装油烟机逆止阀防反味器。

（2）施工要求：

①厨房烟道口只能在原有孔位的位置上下移动，不能反向移位；

②开孔口下沿须离吊顶界限间距≥100mm，特殊的按厂商指导要求开孔；

③原烟道开孔避免堵塞烟道排烟；

④烟道开孔尺寸可略大于反味逆止阀孔径，但不允许大于10mm，原烟道口须挂钢丝网粉刷封闭处理；

⑤安装逆止阀防反味器时严禁倒装、反装；

⑥使用集中油烟灶的采用下排烟，应在原烟道外增设内空宽度不小于100mm的新烟道，严禁在原烟道上直接开孔。

附件二

隔音水管的施工方案

一、施工前准备

（1）项目经理开工后，与客户、设计师、客户代表共同确定需要包的水管数量，根据每根管道的长度累计计算出此工地需要的保温材料、钢丝网、冷拔丝的用量，然后在材料单上详细填写报给供应部，尽量在第一次材料配送时一起送达工地。

（2）泥工进场时，量出需要现浇的水管长度和L形直角的两个面的总长度，如果是U形，测量出三个面的总长度。

二、制作说明

（1）现浇板的骨架由10~12mm空格建筑粉墙专用钢丝网和冷拔丝组成。

（2）每面宽度小于250mm的侧板竖向放置一根等同于管长的冷拔丝；每面大于250mm以上的侧板，则竖向放置二根等同于管长的冷拔丝。冷拔丝应放在钢丝网上面。

（3）钢丝网的宽度比所包水管的每个累加的总宽度宽50~60mm；现浇时伸出板外，以便于与墙面结合压在瓷砖后面。

三、制作方法

（1）根据包管的展开宽度和管的长度，在室内选择一个在平整的地面或平台，先铺上彩条布或纤维袋，然后根据板的长度和宽度用木条制作模板固定地板上。（图10–7）

（2）依据制作要求放置钢丝网和冷拔丝，注意冷拔丝应放在钢丝网上面（规格为10~12mm空格建筑粉墙专用钢丝网）。

（3）将配比为1：2的水泥砂浆搅拌好填入装好的模板内，厚度在15mm左右。

（4）水泥板预制大约2~3小时后量出曲角板的折合线的位置，根据折合线将水泥板上清出一条V形槽，V形槽需大于90°（至少120°）。（图10–8）

（5）水泥板固化时间：夏季8小时，冬季24小时左右。待水泥固化后，拆模。将曲角板的一个面掀起与地面板成90°（掀起前用1：1的细砂水泥浆灌注入V形缺口），水泥竖板固定后将内角溢出的水泥浆抹成内斜角。（图10–9）

（6）水泥板夏天3~4天可成型，冬季7–8天即可成型投入使用，过程中必须洒水养护。

四、安装方法

（1）根据已经成型的预制板的宽度，在墙面两侧弹出2根垂直线。

（2）将隔音材料包扎固定在下水管上（根据材料用纤维锡箔纸或者胶带固定好）。

（3）量出水管检修口的位置在水泥板相应位置用切割机切出稍大于检修口直径的圆孔

或方孔，便于以后下水管堵塞能找出检修孔的位置（贴砖后敲击有空鼓声）。

（4）根据垂直线将水泥板固定在水管上：用铜线绕过下水管后面（绕铜丝的地方PVC管道壁靠置1~2根400mm左右长的木方），再穿过两个侧板后，在转角处将铜线拧紧即可。PP-R进水管的固定就直接固定在两边伸出的钢丝网上即可。

（5）水泥板固定好以后，用1：3的水泥砂浆再粉20mm即可（不必再挂钢丝网）。

（6）如水管太宽或长度超过2.6m也可以分上下两根现浇，施工和固定方法同上，但粉刷时接口处必须先挂钢丝网再粉刷。

材料用量（板长度一般为2.5m）

总宽度小于500mm的L形和U形板

水泥　20kg

砂子　40kg

钢丝网　$2m^2$（每平方米1.5~2元）

冷拔丝　5m（每米约1.5元）

注：如总宽大于500mm宽的L形和U形板成品按比例上调；钢筋用量L形板10m，U形板15m；请供应部配送冷拔丝按每根2.5m长为单位配送。

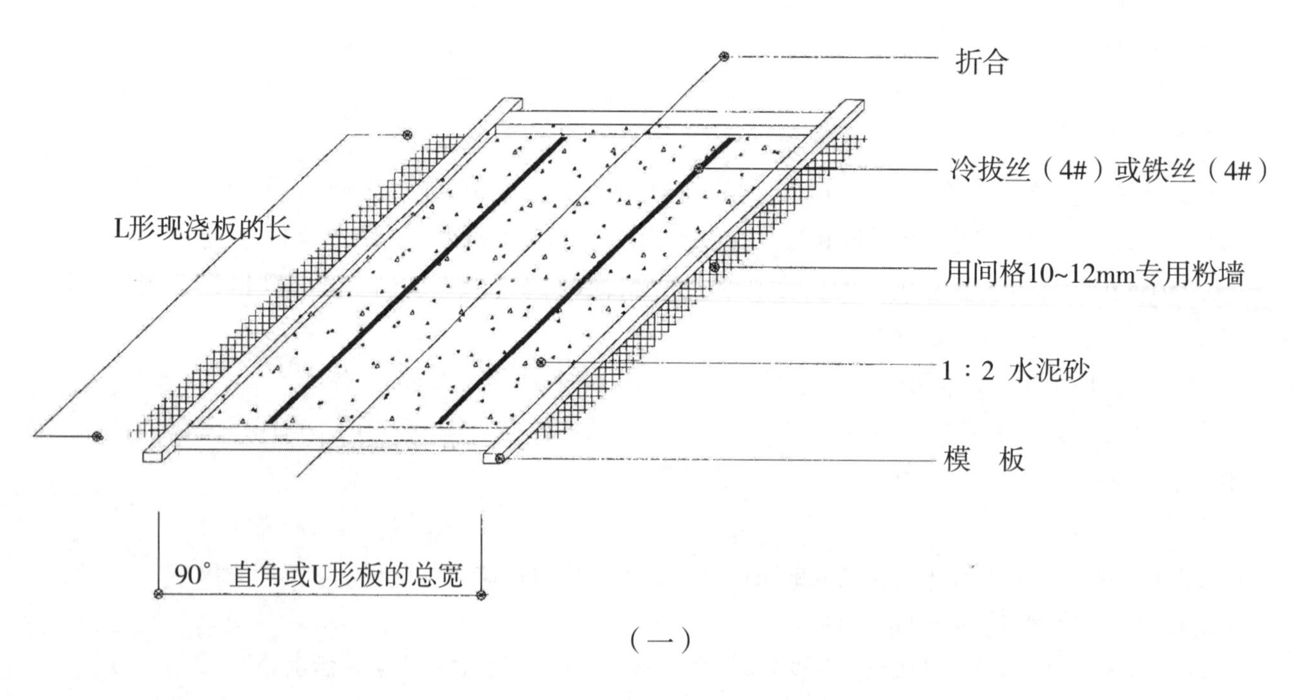

（一）

图10-7

附件三

卫生间回填层改用预制板施工工艺

原因：①因为城市内煤锅炉减少，且供应配送存在局限性，且炉渣质量无法保证。

②对二次排水存在隐患。

（1）在没有回填的卫生间先进行防水前的处理，具体要求如下：

①如原先做了防水的先铲除或用水泥砂浆在底层找平30mm以上，并保证110mm的主下

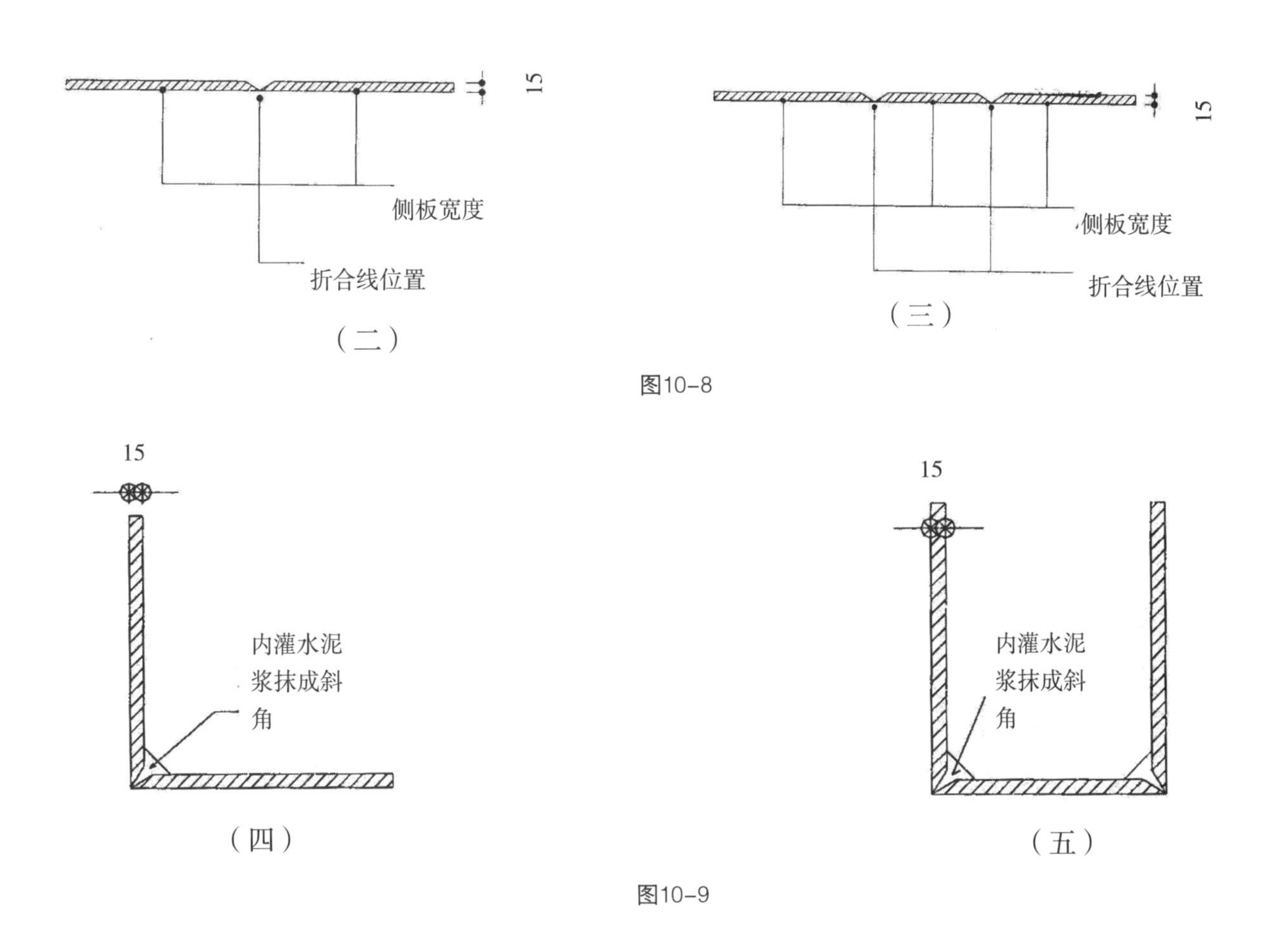

图10–8

图10–9

水管应是底层的最低处，然后再做迈斯特尼防水。

②在110mm水管边做二次排水，在110mm下水管边钻2~3个直径6mm左右的小孔，保证底层万一有积水也能流入下水管，保持下面没有积水。

（2）根据卫生间尺寸在现场制作500~600mm宽，长度为卫生间短向长度，原则就是泥工可以自己抬动，厚度为5cm的板，或者是600mm × 900mm的板。材料为ϕ6的冷拔丝，宽度方向间距150mm放一根，长度方向间距400mm放一根，15~20的石子。冬天时间为10天后才能使用，夏天时间为7天才能使用（预制最短48小时后可以起动侧放墙边养护）。

（3）底坑内用水泥砂浆放坡找平，适当收光，以二次排水口为最低点，养护后做好防水。

（4）防水来性后用红砖砌井子格基座（周围一圈为实体，中间砌花格子），间隔须根据板的大小，板边必须落在基座上，砌砖基座的高度根据坑内深度向下降13~14cm（预留）。

（5）将预制板放置在红砖基座与砖基座之间用砂浆夯实。

（6）再在上方用钢丝网铺满一层3cm厚砂浆并找平。

（7）找平层：7天/夏天（10天/冬天）且须湿水养护，每天浇水，再做防水。

（8）蹲便器处须设置一个孔洞，按便器尺寸预留。

第十一章　涂裱施工工艺规范

建筑装饰装修涂裱工是建筑装饰施工中的重要技术工种之一。它的主要技能及作用是依据建筑装修设计图纸，选用相应的涂料面料以及配套配料，运用手工、手提电动工具以及可移动式电动设备，通过刮、嵌、裱、滚、喷、刷等手段，将涂料覆盖到建筑物内外墙面、顶面、地面以及建筑物构配件上，使其形成涂膜起到美化居住，改善工作环境，保护建筑实体防水、防光、防霉、吸声等特殊作用，全面细致地体现装饰设计意图。为确保涂裱工的施工质量达到《装饰抹灰质量标准》，符合《住宅装饰装修工程施工规范》，涂裱工在施工过程中须按以下规范进行操作。

一、基层验收

（一）墙体基础验收

（1）涂裱工进场时，应检查墙面、顶面是否有裂缝。因墙体沉降缝和预制板裂缝目前靠涂裱施工还无法完全彻底解决，所以必须先和客户做好交流。如发现有这些裂缝应及时通知项目经理将裂缝位置及程度记录在《施工记录本》上，并要求客户签字、备案。

（2）检查墙面、顶面平整度，必须用2m检测尺检查。如大面积平整度≥20mm时，用记号笔（注：禁止用红色笔）将误差最大的地方做好记录，告知客户和项目经理，并通知项目经理让镶贴工粉平。（注：墙面修整最好采用底层石膏）

（3）检查墙面的垂直度，用2m检测尺检查墙面垂直度，如果超过5mm，必须告知客户和项目经理，商量修正方案，做好记录，并告知客户代表做好预算。

（4）检查墙面、顶面是否有空鼓，大面积空鼓应通知项目经理安排人铲除干净并粉平（注：大面积的下凹空洞应用水泥砂浆粉平，小面积的则用白水泥或用石膏粉腻子批平），并将工程量告知客户代表。

（二）对木工、水电施工项目的验收

（1）检查饰面板收口线是否平整；检查饰面板上的纹钉、收口线射钉是否裸露；饰面板是否存在严重色差、破损、污染，是否与基层脱胶；“拼角”的制作是否到位、吻合，有无损伤。（注：检查面板线条上的铅笔印清理干净否）

（2）石膏板面木工必须用自攻螺丝加固，螺钉位置及间距是否符合施工要求，并且接缝之间必须留≥8mm的V形缝。石膏板、夹板与墙面四周的接缝以及所有板材接口处必须留3~5mm间隙，检测板面的平整度是否小于3mm，垂直度是否小于2mm；否则，应马上通知项目经理要求木工返工后才能施工。（注：原装边不须清边）

（3）色漆型推拉门、推拉窗、凹凸门饰面三夹板须整张挖空。色漆型饰面压向必须夹板压收口线。色漆型饰面三夹板的“拼角”处及接口处必须倒口形成V形缝。严禁射钉裸露，否则，由木工返工。

（4）木工退场时，必须卸下全部铰链、合页、磁碰、拉手以及门把手等五金配件，用袋子分类装好，并在涂裱工进场时交其保管，因工艺原因等不能卸下的五金配件，如三节无声抽屉轨道、锁芯、锁盒、推拉门轨道等，涂裱工进场时，必须做好保护。（注：涂裱工退场时要检查木工是否安装好柜门抽屉及拉手等）

（5）检查电工线槽补灰、电线盒是否平整且稍低于墙面，检查线槽补灰后，是否有空鼓现象。（注：电工补槽应湿水后才补水泥砂浆）

（6）如有以上情况必须及时通知项目经理，要求木工、水电工在规定的时间内进行整改。

二、施工准备

施工前须配备的工具有：碘钨灯、200W白炽灯、2m铝合金靠尺、1.8m、1.2m、0.3m楔型铝合金（适用于小地方打磨）、墨斗、刮子、排气扇、空压机、下吸式喷枪、油水分离机、记号笔、砂架、滚筒、毛刷、报纸等。

核对施工项目：根据项目表和施工现场，核对是否存在漏项或增加项目，如不一致应该马上告知项目经理，及时进行变更。

识图：在平面图和立面图中，找到工地上所有的施工项目，在每一个项目中，图纸上都标注了涂裱工的施工范围以及油漆类型。根据图纸确定每个面、每个项目的油漆、墙漆颜色及品牌，如有未确定的，应马上告知项目经理，请设计师和客户确定。

成品保护：涂裱工进场施工的第一件工作就是做好五金及成品的保护，以防止门窗锁、拉手、合页、面板、半成品等被污染和损坏。这样既影响美观，又难以清洗。因此，涂裱工在施工过程中，必须用纸胶带、报纸、保护膜等物品对成品、半成品和五金配件进行保护。

（1）墙漆施工：刮腻子、涂刷墙漆前，用纸胶带、报纸、塑胶地板对开关、插座、木制品、地板、玻璃等进行封闭保护。在木地板和地砖上施工使用人字梯和脚手架时，应用软布对其脚进行包扎，以免损坏和刮伤地板。刷完一遍墙漆后，水电工对灯具、开关插座、面板等进行安装调试，其后必须对吊灯、吸顶灯加以保护。开关、插座、射灯、筒灯等由涂裱工加以保护，以免造成污染。

（2）清漆施工：做油漆前对非油漆部分做好保护，如开关、面板、铝合金等。并要求木工将铰链、合页、门锁、磁碰等五金配件卸下。

（3）白漆施工：如柜门是单面油白，清漆、内部漆表面必须用报纸、胶带等包好，才能进行施工。如有色漆时，要把半成品白漆保护好。

（4）稀释剂不能倒在保护地砖的彩布条上，容易导致彩布条脱色而污染瓷砖。否则涂裱班组长承担相应责任。

（5）保护标准：

①用不易被溶剂溶解且易卸下的塑料、报纸、纸胶带等进行保护；

②五金或其他金属物品不能沾有油迹，不能出现划痕、沙痕，不能让稀释剂或有腐蚀性的溶剂沾到其表面上；

③成品、半成品不能喷漆雾化；

④开关、插座面板、灯具上不能有污染、损坏；

⑤门页长度超过80mm必须横向摆放在不潮湿的房间，并垫木方；

⑥颜色分界线应顺直、平整。

三、清漆施工规范

（一）施工流程

素材打磨（240#砂纸、扫灰）→刷第一遍清底→补色灰（色灰打磨、360#砂纸、扫灰）→刷第二遍清底（二次补钉眼、修色、打磨、用360#砂纸、扫灰）→刷三遍清底→打水磨（600#砂纸、扫灰）→喷、刷第一遍清面（打水磨、800~1000#砂纸、扫灰）→喷、刷第二遍清面（200~300#滤网过滤）→成品保护。

（二）施工工艺

（1）涂刷清底漆对面板进行封闭保护：饰面板送到工地，经项目经理和木工组长检查合格后，涂裱工应及时涂刷清底。涂刷清漆前，应用砂纸清除污渍。饰面板涂刷时，先涂刷一张，看是否存在透底现象，并请业主观看认可后，再大量涂刷，严禁其他工种代替。冬季施工时饰面板背面应薄刷一遍清底漆。

注：如天气温度过低或空气湿度过大，刷“第一遍清底漆”时可改为“清面漆”，对饰面板进行涂刷，因为过高或过低的温度都会使清底填充料泛白，而清面漆未含填充料或含量很少，可缓解清漆泛白这种现象。（同时可以使用化白水）

（2）素材打磨：用240#砂纸顺木纹进行打磨，饰面板打磨严禁使用砂架，打磨重点是铅笔印、锈迹、污渍、灰尘、乳白胶等。如饰面板上有乳白胶打磨不掉的地方，必须用刀片轻轻清理干净。打磨时，饰面板上商标必须清除干净。打磨应特别注意不能把饰面板表面磨伤、磨透，“拼角”处尽量不磨。打磨时，如遇到裸露的射钉、纹钉，需用钢钉小心地钉进板面，钉眼不能扩大；打磨完毕后，把灰尘清扫干净。

（3）刷第二遍清底：

①用PU清底按产品说明书比例调配，调漆时先加固化剂后加稀释剂。按顺时针方向轻轻搅拌均匀，不能高速或反方向搅动，以免破坏漆液反应链。搅拌均匀后静置15~18分钟，以免涂膜出现发白、起泡、针孔和光泽不均匀等弊病。未调配的油漆应立即密封好，放置

在材料码放处，混合后的油漆应在4小时内用完，不能将剩余的混合油漆倒回原油漆中。

②用羊毛刷蘸漆，应顺木纹从上至下，从里至外，从难至易涂刷。涂刷操作时，一般采用直握的方法，手指不要超过铁皮，手要握紧，手腕要灵活，必要时手和身体移动配合进行。蘸漆时，不要把刷毛全部蘸满，漆蘸到羊毛刷的2/3，蘸满后，要在漆桶内将漆刷两边轻轻拍几下，使油漆拍到鬃毛的头部，避免涂刷时油漆滴洒。开始涂刷时应尽量使漆刷与面板垂直，用刷毛的腹部涂刷，最后清理油漆刷痕时，用刷毛的前端轻轻涂刷处理即可。

（4）补色灰：

①补色灰就是补钉眼，是饰面清漆中关键的一环。用汉港108胶、石膏粉（全熟）、双飞粉和色粉，根据饰面板颜色来调成底色灰。（注：饰面板的木纹有个基色，也就是底色，然后在底色上面的是表色，也就是它的纹路）然后再根据饰面板表面颜色来调好表色灰，有时纹路有多种颜色或颜色深浅不一时，调制表面颜色灰就必须根据纹路颜色调配多种颜色进行补灰。

②大面积补灰前，要小面积试色，即补几处让灰干透后，对比颜色是否一致；合色后再大面积修补，标准为1m处看不到钉眼。补灰时要稍高于板面，点补面积越小越好，严禁大面积刮满灰。

③待色灰干透后，用360#砂纸顺木纹打磨。打磨时板面不能留有余灰，打磨完毕后，用棕毛刷清扫干净。

（5）刷第三遍底漆：施工方法参照“第二遍清底漆”，待涂膜干后，漏补、空补、钉眼处用色灰修补一次。如钉眼颜色不达标时，要用色精进行修色或挖掉重补。待干后，用360#砂纸顺木纹打磨，打磨干净后，用棕毛刷清扫干净。是否还要继续刷底漆，要看板面的平整度、光洁度、丰满度，漆膜的厚度、手感。因此，我们所说的“三底二面”也就不一定就只做三遍底漆就完成任务，而要看是否达到底漆的油漆效果，因为每遍油漆的厚度及不同饰面板的纹理是不同的。

（6）水磨：

①水磨又名退光或磨退，就是要把漆膜光泽退去，让漆面的平整度更容易看出来，以便下道涂膜与上道涂膜更好地吻合，增加漆膜的附着力，提高漆膜的平整度、丰满度等。所以水磨后检查必须无亮光点、平整、无挡手感。

②水磨时，基层漆膜须干透（最少24小时），采用600#砂纸带水摩擦，水磨后待水汽完全干燥后，用抹布将表面清洁，方可喷涂下道漆膜，以防水汽、灰尘含在漆膜里对涂膜造成的起泡、针孔、发白等现象。

（7）喷、刷“第一遍清面漆”：

①面漆是涂料中最表面的那层，在涂膜中起主要的装饰和保护作用。面漆的施工质量直接影响着整个漆膜的质量，所以面漆施工时一定要注意调漆方法、作业方法和涂装的环境。

②地面必须无灰尘，洒水后关闭门窗、静置，并在门口处放置湿润抹布或拖把，以免人员出入带入灰尘。在无尘房间内排放好木方、垫平，方便门页的放置。涂刷时应保持良好的通风环境。如采用喷涂工艺必须安装排风扇，涂刷好的成品应马上放入无灰尘的房间，待涂

膜干燥后（最少24小时），再用800~1000#砂纸打水磨。

（8）喷、刷第二遍清面漆：

第二遍清面漆涂膜可稍厚，但必须保持涂层厚度一致，以免光泽不均。每个涂刷面要通顺，不能有干刷、漏刷、流坠、流挂等现象。涂刷后用钢针或竹签把涂膜表面的灰尘、颗粒挑拣，然后放入整理好的无尘房间保护好、待干。

备注：涂刷聚酯清面时，可采用“湿碰湿”工艺。即第一遍清面涂刷后表干（20~30分钟），用刀片把涂膜表面颗粒挑拣掉后，立即涂刷第二遍清面漆，“湿碰湿”可节省工艺程序、施工时间，提高涂膜质感、手感。

（9）成品保护：

①每刷一遍油漆前，都必须对地面、窗台清扫干净并洒水，防止尘土飞扬，影响油漆质量。

②油漆干燥7天后才达到最佳硬度，在未干透前，门页不应重叠，超过80cm的柜门不能直立，应横向摆放，以防变形。施工后48小时内应将保护用的报纸、纸胶带清除，以防纸胶带出现返胶，破坏漆膜分界线和边角。

（三）质量标准

（1）观察油漆亮度要均匀一致，1m处应看不到钉眼，无色差，木纹清楚，无刷纹、流坠、皱皮等，光泽均匀一致；涂层与其他装饰材料和设备衔接处应吻合，界面应清晰；柜内清漆补灰到位。如抽屉、挂衣架等，活动的桌、柜背面不做油漆时，也必须用砂纸打磨光滑，无毛刺。

（2）手摸涂膜应光滑、细腻、无颗粒、无挡手感。

四、有色漆施工规范

（一）施工流程

白坯打磨（打磨、涂刷清底、打磨）→嵌、刮油性原子灰（刮头道原子灰、打磨、刮二道原子灰、打磨）→喷白底漆（补灰、打磨、喷二遍底漆）→水磨→喷白面漆（水磨、喷二遍面漆、间色）→成品保护。

（二）施工工艺

（1）白胚打磨：

①用240#砂纸顺木纹打磨，清理表面杂质及污染；基材的含水率必须低于12%。

②清扫灰尘后，涂刷PU清底漆。（比例为：清底漆1：固化剂0.5：稀释剂2）

③待干燥后（6小时）用240#以上砂纸顺木纹打磨。

（2）刮油性原子灰、打磨：

①原子灰必须按比例调配：料200：固1。原子灰干燥时间为12小时。

②涂裱工在批刮油性原子灰时，应顺木纹涂刮。在大面积批刮前，应对钉眼、缝隙处

先嵌补一遍，不可厚刮、抛灰、残留余灰，阴角不可变圆；原子灰批、刮二遍，每遍之间须打磨。如果基材是奥松板等密度板，不要满刮原子灰，只要填补钉眼。

③用240#以上砂纸对原子灰进行打磨，打磨到见木纹为止，将灰尘清理干净，且保证基材砂光平整，钉眼无下陷，棱角处可稍微倒边。

（3）喷涂白底漆：

①调漆时应严格按产品说明书调配。调漆时要使用简易黏度标测量，记录调配比例作为调漆标准，确保涂膜不变；底漆与面漆固化剂不可混用；底漆采用80~100目过滤网过滤，面漆采用200~300目过滤网过滤。调好的油漆须静置15分钟，并在2小时内用完。

②因黄变原因，调漆时必须做到同一成品、同一遍油漆，不能出现两次调漆。油漆调好后因黏度低且容易沉淀，施工使用中要经常搅拌均匀。

③底漆处理不宜太厚，填平即可。颜色的遮盖力可由面漆来完成。底漆一般喷涂两遍，喷涂完"第一遍白底漆"时，应检查刮灰情况是否还需补灰，然后用360#砂纸打磨并清理干净，再喷第二遍白底漆。根据板材毛细孔的深浅及每次喷涂的厚度，可适当增减白底漆喷涂的遍数，以基层平整，手摸光滑，无刷痕为标准。

④喷涂时必须保持良好的施工通风环境，地面必须无灰尘，应自备排风扇1个；喷涂时工人应该戴防毒口罩、防护帽。

（4）水磨：

①采用600#砂纸打磨，打磨时应待涂膜干透后进行（最少24小时），做到无亮光点、无挡手感，边、棱、角都不可磨透漆膜。

②打磨后用棉布擦干表面积水，待水汽完全干透后扫灰，方可进行面漆施工。以免水汽造成漆膜、起泡、针眼、发白等现象。

（5）喷涂白面漆或其他有色面漆：

①喷涂时应保持涂层厚度一致，以免光泽不均。一般来说，第一遍面漆喷涂一遍后，干燥12小时后，用800~1000#砂纸磨光，再喷涂第二遍面漆，喷涂两次。为便于维修、严禁使用清漆罩面或打蜡。

②柜门收口线油漆也应该与面漆一样，有丰满度、不流坠、不裹棱。

③须间色的地方，必须待面漆干透后（最少48小时），用报纸、纸胶带包裹好才能施工。半成品不能出现混色、杂色、雾化等现象。

备注：有色聚酯漆喷涂时，可采用"湿碰湿"工艺。即第一遍底漆喷涂后（20~30分钟），用刀片把涂膜表面颗粒、修掉后立即喷涂第二遍底漆，面漆施工也采用同样的方法，但底漆与面漆之间必须水磨；白漆的耐黄变主要靠面漆的固化剂，因此，面漆施工时，一定要注意避免与底漆固化剂混用，或比例错误，喷涂时一定要全部遮盖底漆，不能漏喷涂。

（6）成品保护：与清漆施工同。

（三）施工标准

（1）批刮原子灰前，必须涂刷清底，清底不宜过厚。

（2）只能使用油性原子灰，且应严格按比例调配，不可厚刮，打磨后必须见木纹。禁止使用其他水性灰。

（3）观察涂抹要颜色均匀一致，光泽均匀、无流坠、皱皮、裹棱、雾化、透底、色漆衔接处应吻合，界面应清晰。

（4）手摸涂膜应光滑、丰满、细腻。

五、透明着色漆施工规范

（一）封闭式擦漆

显底擦色、显面修色、显板材底纹、不显板材毛孔、油漆丰满度好、手感细腻。要求基材饰面板纹理清晰，毛孔较深，是天然饰面板。

（1）白胚用360#砂纸砂光，打毛刺进行处理，要求顺着饰面板的纹理打磨，严禁逆纹理横向打磨，并注意表面避免被划伤，否则影响底着色的均匀性。

（2）薄刷封闭底漆，配比为1：0.5：1.6~2.0（主：固：稀）要求厚薄均匀，无流挂，无粗颗粒等缺陷。夏季1小时，冬季3小时后，用360#砂纸砂光打毛刺（根据底擦色色精的不同，有的底擦色前不能刷清底漆）。

（3）用水性原子灰满刮，可适当加色，色度比擦色浅，填充板材毛孔。

（4）用360#砂纸打磨，顺着饰面板的纹理打磨，严禁逆纹理横向打磨，面板必须无毛刺，无灰疤，余灰清理干净。

（5）底擦色，用羊毛刷在板面上刷一遍擦色剂后，用抹布逆着纹理擦均匀，收干净，无流挂，干透后进行下道工序。

（6）喷PU清底漆（不能涂刷）1：0.5：0.6~1： 0.5： 0.8（主剂：固化剂：稀释剂）要求厚薄均匀、丰满、无颗粒、无流挂等缺陷。

（7）补色灰：补钉眼、补收缩、在底漆表面干燥后进行。

（8）打磨：360#砂纸满磨，再用600#满收砂痕，要求收口成型，无灰疤、无毛刺、无针孔、无亮点、无灰尘，顺着饰面板的纹理打磨，严禁逆纹理横向打磨，不能磨破底擦色。

（9）喷第二遍底漆：底漆的遍数以填平毛孔、手感平整为止；再用600#砂纸打磨。

（10）修色：用毛笔把磨破的底擦色修补好后修色，配比1kg清面漆（为增强修色面的透明性，可用亮光清面漆）加面色精50~60g，1：0.5：1~1：0.5：2（主：固：稀），用1.2口径的喷枪修色，喷枪出漆量和气压不能太大，枪与板面成45°角为最佳；修色效果达到色板一致。

11.打磨：1000~1500#砂纸满磨，要求收边、无毛刺、无针孔、无灰尘，还要求顺着饰面板的纹理打磨，严禁逆纹理横向打磨，不能把颜色打破。

12.喷涂清面漆：配比 1：0.5：0.4~1： 0.5：0.8（主：固：稀），要求漆膜有手感，无颗粒、无流挂、无雾化等缺陷。

（二）开放式擦漆

显底擦色、显面修色、板材底纹清晰、显板材毛孔、立体感强、手感粗糙。要求基材饰面板纹理清晰，毛孔较深，是天然饰面板。

（1）白坯用360#砂纸收边、打毛刺进行处理，要求顺纹理打磨，严禁逆纹理横向打磨。

（2）薄刷封闭底漆。配比：1：0.5：1.6~1：0.5：2（主：固：稀），要求厚薄均匀、无流挂、无粗颗粒等缺陷。夏季1个小时，冬季3个小时后，用360#砂纸砂光打毛刺（根据底擦色色精的不同，有的在底擦色前不能刷清底漆）。

（3）点灰：用水性原子灰调本色或白色，禁止混合其他颜色，补钉眼、补缝隙等，干透用360#砂纸打磨，要求满磨，顺着饰面板纹理打磨，严禁逆纹理横向打磨，无毛刺、无灰疤、余灰清理干净。

（4）擦色：用羊毛刷在板面上刷一遍擦色剂后，用抹布逆纹理擦均匀、收干净、无流挂。

（5）薄喷第一遍清底漆，起固定颜色的作用：PU清底配比1：0.5：1.4~1：0.5：1.7（主：固：稀），要求厚薄均匀，有手感、无颗粒、无流挂等缺陷。

（6）用色灰修补针眼，360#砂纸打磨，喷第二遍清底漆。

（7）用600#砂纸打磨，要求砂纸满磨，顺着饰面板纹理打磨，严禁逆纹理横向打磨，无毛刺、无灰疤，余灰清理干净，不能磨破擦色。

（8）面修色：用毛笔把磨破的底擦色修补好后修色，配比1kg清面漆（为增强修色面的透明性，可用亮光清面漆）加面色精60~70g，按1：0.5：1.6~1：0.5：1.8（主：固：稀），用1.2口径的喷枪修色，出漆量和气压不能太大，枪与板面成45°角为最佳，修色喷涂的遍数以达到色板一致为标准。

（9）打磨：1000~1500#砂纸满磨，要求收边、无毛刺、无灰尘，还要求顺纹理打磨，严禁逆纹理横向打磨。

（10）喷清面漆一遍：配比1：0.5：1~1：0.5：1.5（主：固：稀），要求效果开放，漆膜有手感，无颗粒、无流挂、无雾化等缺陷。

（三）封闭式面修色漆

显面修色、板材纹理朦胧、丰满度好、手感细腻、不显板材毛孔。基材要求纹理清晰，毛孔小的天然或科技饰面板。

（1）白坯用360#砂纸收边，打毛刺进行处理，要求顺着饰面板的纹理打磨，严禁逆纹理横向打磨。

（2）刷封闭清底漆，配比1：0.5：1.6~1：0.5：2.0（主：固：稀）要求厚薄均匀，无流挂，无粗颗粒等缺陷，夏季1小时，冬季3小时后，用360#砂纸光打毛刺。

（3）点灰：用水性原子灰调面板颜色或白色，补钉眼、补缝隙等，用360#砂纸打磨，顺着饰面板的纹理打磨，严禁逆纹理横向打磨，无毛刺、无灰疤，余灰清理干净。

（4）喷涂第二遍、第三遍PU清底漆1：0.5：0.6~1：0.5：0.8（主：固：稀）要求厚薄均匀、丰满、无颗粒、无流挂等缺陷。

（5）打磨：用600#砂纸砂光，要求收口成型，无灰疤、无毛刺、无针孔、无亮点、无灰尘，顺着饰面板的纹理打磨，严禁逆纹理横向打磨，不能磨破。

（6）面修色：用配比1kg清面漆加面色精50~60g，按1：0.5：1.1~1：0.5：1.3（主：固：稀）比例，用1.2口径的喷枪修色，出漆量和气压不能太大，枪与板面成45°角为最佳；修色喷涂的遍数以达到色板一致为标准。

（7）打磨：1000~1500#砂满磨，要求收边、无毛刺、无针孔、无灰尘，还要求顺着饰面板的纹理打磨，严禁逆纹理横向打磨，不能把颜色打破。

（8）喷涂清面漆：配比1：0.5：0.4~1： 0.5：0.8（主：固：稀），要求漆膜有手感，无颗粒、无流挂、无雾化等缺陷。

（四）开放式面修色漆

显面修色、板材底纹清晰、显板材毛孔、手感粗糙。要求基材饰面板纹理清晰，毛孔较深，是天然或科技饰面板。

（1）白坯用360#砂纸收边，打毛刺进行处理，要求顺着饰面板纹理打磨，严禁逆纹理横向打磨。

（2）刷封闭清底漆，配比1：0.5：1.6~1：0.5：2.0（主：固：稀）要求厚薄均匀，无流挂，无粗颗粒等缺陷，夏季1小时，冬季3小时后，用360#砂纸砂光打毛刺。

（3）点灰：用水性原子灰调面板颜色本色或白色，补钉眼、补缝隙等，用360#砂纸打磨，顺着饰面板纹理打磨，严禁逆纹理横向打磨，无毛刺、无灰疤，余灰清理干净。

（4）喷涂第二遍PU清底漆1：0.5：0.6~1：0.5：0.8（主：固：稀）要求厚薄均匀、丰满、无颗粒、无流挂等缺陷。

（5）打磨：用600#砂纸砂光，要求收口成型，无灰疤、无毛刺、无针眼、无亮点、无灰尘，顺着饰面板的纹理打磨，严禁逆纹理横向打磨，不能磨破。

（6）面修色：用配比1kg清面漆家面色精50~60g，按1：0.5：1.1~1：0.5：1.3（主：固：稀）比例，用1.2口径的喷枪修色，出漆量和气压不能太大，枪与板面成45°角为最佳；修色喷涂的遍数以达到色板一致为标准。

（7）打磨：1000~1500#砂纸满磨，要求收边，无毛刺、无针孔、无灰尘，还要求顺着饰面板纹理打磨，严禁逆纹理横向打磨，不能磨破。

（8）喷涂清面漆：配比1：0.5：0.4–1：0.5：0.8（主：固：稀），要求漆膜有手感，无颗粒、无流挂、无雾化等缺陷。

（五）注意事项

（1）封闭式擦漆：饰面材料要求选用纹理清晰，且毛孔比较深的天然面板，比如直纹水曲柳、山纹水曲柳、白橡等。

（2）开放式擦漆：饰面材料要求选用纹理粗犷，且毛孔比较深，并要求饰面木皮较厚的天然面板，比如直纹水曲柳、山纹水曲柳等。

（3）面修色漆封闭式：饰面材料要求选用纹理毛孔浅，比如直纹红樱桃、山纹红樱桃、莎比利，纹理毛孔深的饰面板也可以做，但要多施工1~2遍清底漆封闭毛孔，才可以达到封闭效果，但成本会增加。

（4）做色板样板，一定要选择与现场同批次板材，否则做出的颜色会不一样。如果饰面板的材质与色板的材质不一样，颜色和效果是不相似的，比如用的是山纹水曲柳，而色板是直纹水曲柳，那么颜色和效果是不相似的。

（5）如果是同一种饰面板，色板的油漆效果不同（封闭或开放）。比如用的是山纹水曲柳，现场要求做开放式；而色板是封闭式，那么做完颜色和效果是不相似的。为了避免有色差，要选择同一饰面板同一油漆施工方法做色板。

（6）每张饰面板的纹理疏密程度、毛孔深浅程度、本来的板色如果不相似的话，做完油漆后一般会有一点差别。这种差别的程度就与饰面板的差别成正比的，因此，要与色板的颜色和效果完全一致是做不到的，只能相似。

（7）饰面板和收口的线条不是同一材质的，本身就存在材质的差异，这种差异有颜色的，有纹理的、有毛孔的、有对油漆吸收程度的不同等因素，会带来一些颜色和效果的差异，可以尽量避免这种搭配，如果施工时必须选择这种搭配，那么在修色的过程中一定要通过修色的遍数来尽量减少色差。

（8）为了避免因各种原因导致大面积的擦色、修色返工，除了注意以上的事项和平时做油漆积累的经验以外，色精配置到工地后，要按正确的流程施工，特别是在色精调配到油漆中后，先不要大面积施工，应该先用工地的饰面板做一个小样板，并且请客户认可，才可以大面积施工。通过做色板就能对色精的浓度配置、对修色手法的把握、对色精颜色是否正确有一个标准操作，并通过客户认可，就没有返工的风险，否则由没有按流程施工的人员承担责任。

（9）修色时尽可能顺着面板的纹理施工，有利于修色的均匀。

六、水性木器漆施工规范

油漆耗量：精加工木质材料涂刷三遍，1L可刷7~8m^2（基层不同，涂刷耗量略有不同）。粗加工木质材料涂刷三遍，1L可刷4~6m^2（视基层不同，涂刷耗量略有不同）。

（一）施工流程

素材处理→擦涂底着色→喷涂第一遍清底→喷涂第二遍着底→补色灰→打磨→面修色→打磨→喷涂清面。

（1）首先用360#砂纸刷着木纹打磨，全部打磨完毕后，用干净的羊毛刷把木板上的灰尘扫干净。

（2）在涂刷漆之前首先要用木棒均匀地搅拌水性漆，搅拌均匀后再进行水性漆施工；小面积用羊毛刷涂刷，大面积可先用滚筒滚好，再用羊毛刷涂刷均匀。

（3）涂刷第一遍水性漆干燥后，再补钉眼。用双飞粉加色粉和胶水调成跟面板接近的颜色，再用刀片一个一个地补钉眼。钉眼补完后，需用360#砂纸顺着木纹打磨，打磨完之后，用干净的羊毛刷把木板上的灰尘清扫干净，再进行第二遍水性漆的施工。

（4）在进行第二遍水性漆施工时，必须把剩余的水性漆过滤，过滤后再进行第二遍施工。

（5）第二遍施工全部完成，待油漆干燥后，再用砂纸顺着木纹打磨，之后清扫完板材上的灰尘，再进行第三遍水性漆的施工。

（6）第三遍施工要求与第二遍相同。

注意：如需做罩面漆再在第三遍的基础上用600#砂纸顺着木纹轻轻地打磨，扫净尘屑，再涂上罩面漆。

（二）注意事项

（1）在做水性漆之前，严禁在饰面板上涂刷任何油性漆以及聚氨酯类的油漆。

（2）水性漆和油性漆不能同时施工。

（3）涂刷下一遍漆前，必须等上遍涂层充分干燥，否则会造成漆膜硬度降低。

（4）气温在零度以下不能进行水性漆的施工。

（5）在水性漆施工过程中，因为每个师傅的手法不一样，避免操作涂刷不一致或产生色差，最好三遍都由同一个师傅操作。

（6）水性漆施工程序为三遍，三遍施工中水性漆不能加水（除4：1的白色外，可以加80%的水）。

（7）涂刷水性漆之前必须用木棒均匀地搅拌，以免产生色差。

七、墙漆施工规范

（一）施工流程

准备辅料→处理夹板、石膏板的裂缝→处理阴阳角→墙、顶面平整度修整→大面积涂、刮→打磨→基层验收→制作色样→大面积涂刷→验收。

（二）施工工艺

（1）辅料准备：以墙面面积100m^{2}为例。

汉港108胶双飞粉调配比例：

①汉港熟胶粉调配：汉港胶桶盛水1桶 调熟胶粉1.5包。

②阴角胶：熟胶粉水：双飞粉：白水泥=1：0.4：80%：20%。

③阳角胶1桶+0.3桶清水+石膏粉50%+双飞粉40%+白水泥10%。

④第一遍：胶1桶+0.6或0.7桶熟胶粉水+双飞粉80%+石膏粉20%。

⑤第二遍：胶1桶+0.7或0.8桶熟胶粉水+双飞粉60%+轻钙40%。

⑥顶面找平：纯胶水+40%白水泥+珍珠岩50%+石膏粉10%。

注：以上材料用量仅供参考，由于受工地原墙好坏、材料品种等原因的影响，用量有

所不同。

（2）处理夹板、石膏板的裂缝。

①凡是夹板需做墙漆的地方，必须先薄刷一遍清底漆（调漆比例：清底漆1：固化剂0.5：稀释剂2），以防刮腻子粉后泛黄。清漆必须按比例调配，以免清底过厚，造成腻子剥落。夹板的接缝处用木胶或防开裂胶处理后，刮腻子再贴绷带。

②自攻螺丝必须用铁红防锈漆处理，以防返锈。石膏板的板缝必须用可耐福黏接调石膏粉补平。夹板与墙面四周的接缝，应用防开裂专用黏结剂填充。待干后，用白乳胶贴可耐福纸带。石膏板的抽缝处，应刷一遍清底漆，以防石膏板的纸边毛刺不好打磨，导致缝做不直。石膏板抽缝处用V形槽，保证抽缝成直线。

③墙面、顶面裂缝必须把缝口表层的腻子用铲刀凿开60~80mm；用黏结石膏填充并贴的确良布后用石膏腻子刮平，以防所贴的确良布高于原墙。

④当墙体为保温砂粉墙时必须整面贴的确良布，再按墙面施工流程施工。

⑤新开线管槽必须贴的确良布，用海天白乳胶黏贴。

⑥贴绷带前要检查缝隙处腻子是否干透且平整，保证绷带贴后无起泡，打褶现象。

（3）阴阳角处理。

①阳角的做法：用2m铝合金靠尺紧靠阳台的一边并看直。然后用汉港108胶调成腻子，用镗子把一边刮平。待石膏腻子凝固后，一手压住铝合金靠尺，一手用铲刀把轻轻敲动铝合金靠尺两头、松模。同时用石膏腻子把阳角条嵌入，待石膏腻子完全干透后，用汉港108胶加白水泥把另一面批平。梁底的阳角处有两面，要考虑梁底的平整度，保证两边的阳角在同一水平面，两边必须各夹一根铝合金靠尺并保持在同一水平线上，然后用300mm的L形铝合金靠尺把石膏腻子刮平。

②阴角的做法：阴角的制作应分两次弹线，先用墨线弹好阴角的一面。弹墨线时，两人各站在阴角的两头，把墨线扯直后找出最高点再弹墨线。用汉港108胶、白水泥、双飞粉调成腻子，用镗子沿墨线把角修直。同时用石膏腻子把阳角条嵌入，待干后，再弹另一边墨线，弹完后按上述方法把另一边修直。待干后，开上满灰，用2mL形铝合金靠尺一人拉一头，从阴角的一边平行推向阴角，推到角时，轻轻来回抽动一下后平行刮出，这样处理的阴角才不会有小弯。

注：阴角制作时，两边必须弹墨线；测量阴角时，拉5m检查（不足5m拉通线检查），阴角的“直度”应在3mm以内，阳角方正度要“0”对“0”（即无误差）。包热水管以及暖气片周围使用金属阳角条。

（4）墙、顶面平整度修整。

①经检测平整度＜10mm时，必须用白水泥、双飞粉和汉港108胶调制灰子，用2m铝合金靠尺批、刮平整；如果平整度＞10mm，则用汉港108胶调水泥加珍珠岩批刮。（如有“底层石膏”购买地区，最好采用“底层石膏”批刮）

②电线槽、墙面、顶面下凹的地方需先用白水泥修平，大的空洞必须先用水泥砂浆修平，踢脚线必须采用2m铝合金靠尺横向做平，以免贴踢脚线时与墙面有缝隙、不直，而且

在批刮踢脚线时必须到底，因为目前地板装饰中已大量采用锁扣，而锁扣高度最多12mm。

③门套、窗套四边阴角边必须用L形铝合金靠尺批、刮平整。墙面、顶面平整度修平后，用2m铝合金靠尺检查，平整度必须达到3mm以内。

（5）大面积涂刮。

①大面积批刮前，涂裱工必须对基层进行自检：用2m铝合金靠尺检测墙、顶面平整度是否达到2m以内≤5mm，检测阴角的直线度时必须拉5m通线检查；阴角的直线度必须≤3mm；阳角的方正度是否“0”对“0”，达到以上标准，方可大面积批刮。

②大面积批、刮时，应采用腻子粉，先顶后墙，涂、刮时要顺一个方向，最好选用镗子批刮。涂、刮时，尽量不走弧线，以直线为佳。做到“顶刮顶”“墙刮墙”。这样做的目的主要是保证阴角顺直。

③大面积批、刮墙面、顶面时，应采用碘钨灯或200W白炽灯测光照射，这样有利于更清楚地观察墙面的平整度是否符合要求。

④刮腻子粉一次不能刮得太厚，否则易出现掉粉、空鼓、开裂等现象。多次抹灰直到用2m的铝合金靠尺检测表面平整度达到2m以内≤3mm。

（6）打磨。

①腻子粉干透，经检测确认墙面平整度达标后，才能进行大面积打磨。打磨时，采用240#以上砂纸横向裁成三条，取其中一条固定在砂架上，用200W白炽灯或碘钨灯侧光照射墙面，从上至下，打磨一遍。

②打磨要求：采用灯光水平垂直检查，无刮痕、无波浪、无砂眼。把整个墙面余灰打扫干净，用2m的铝合金靠尺检测表面平整度达到2m以内≤3mm，阴阳角顺直。由项目经理检验合格后方可涂刷墙漆。

（7）制作色样。

涂裱工刷墙漆之前，应对照图纸及材料清单，对比墙漆色号与所采购墙漆色号是否一致。按照施工图纸的要求把刷色漆的墙面制作一个色样模块，请客户观看模块颜色是否满意，经客户认可并在施工日记上签字、备案后，方可大面积涂刷。

（8）大面积涂刷：一底两面。

①涂刷墙漆前，须将涂料充分搅匀，兑水比例应严格按产品说明书的比例调配，稀释比例（体积比）以加水10%~15%为佳，第二遍墙漆的涂刷时间间隔不能＜4小时。

②涂刷墙漆时，应严格控制温度、湿度，否则墙面易出现掉粉、光泽不均等现象。墙漆涂刷环境最低温度不能低于5℃，墙面温度不能低于10℃，湿度不能大于85%。当温度低于5℃时，必须用碘钨灯或200W白炽灯升温，以保证施工质量。

③不要在阳光直接照射下施工，尤其是在夏季，阳光照射下基层表面温度太高，脱水过快，会使涂料成膜不良，影响涂层质量；在大风情况下也不宜施工，大风会加速水分的蒸发，使涂料成膜不良，又会使涂层表面黏上尘土。在涂刷墙漆时应避免与聚氨酯、聚酯油漆同时施工，因为聚氨酯、聚酯类油漆中含有游离甲苯二异氰酸酯，会导致未干透的墙漆泛黄。

④由于墙漆的涂膜厚度只有0.1~0.3μm，所以基层表面必须清洁无油污且干燥，基层含水率应小于10%，pH应低于10，同时确保墙壁没有渗水现象。墙表面不宜太光滑，建议使用底漆，可以防止墙面碱性物质渗透，避免墙漆泛碱变色。同时也能增加墙漆的附着力、对比率和耐洗刷性。

⑤墙漆的施工方法一般可分为三种：刷涂、滚涂、喷涂。涂刷次数一般在两遍或两遍以上，第一遍干燥后方可进行第二遍涂刷。墙漆涂刷第二遍时应过滤，且要对第一遍墙漆进行一次简单的打磨，主要针对漆膜上的细微颗粒。大面积可多人滚涂，滚涂的方向必须一致，最好一边墙漆的滚涂方向要顺着光线入射方向，用力要均匀，避免接槎明显，小面积及拐角处用小毛刷涂刷。在两色分界处一定要保持界线分明；不同颜色的墙漆涂刷时不能混色，不同颜色的分界线直线偏差为±1mm。

注：墙漆在涂刷后如有透底现象，不能点补，必须整体重涂。

⑥墙漆阴角及开关面板及局部补修需用小滚子进行修补，严禁用羊毛刷修补。

（9）施工标准。

①拉5m拉通线检查，阴阳角的“直度”必须≤2mm；阳角的“方正度”要求“0”对“0”（无误差）。

②吊灯、射灯、日关灯照射的墙、顶面，不能有刮痕、波浪、砂眼、刷痕。不同颜色墙漆分界线偏差允许误差为±1mm。

③门套、窗套、电线盒四周腻子粉、墙漆须涂、刮到位，踢脚线腻子必须刮到底，且横向做平、做直。

④墙漆膜必须厚实均匀、无污染、颜色一致、手感好，不能出现明显刷纹、流坠、透底、起泡、开裂、粉化、剥落等现象。

（10）其他墙漆基础产品施工说明。

①防水墙、顶面做法（包括阳台、厨房、卫生间原顶及防水石膏板做法）：前期基层处理采用防水腻子，施工方法与普通墙漆做法一致，且要整面贴纤维网格，网格密度在10mm×10mm以内，在滚涂墙面漆时，使用外墙漆滚涂两遍。

②防开裂墙、顶面做法：第一遍先填缝贴绷带，然后把网格密度在10mm×10mm以内纤维布满铺，后期与普通墙面做法一致。

第十二章　基础装修施工验收标准

一、电工质量验收标准

（一）施工前的检测

原房检测：

（1）根据入户线径的大小确定承载的负荷，检查总开关漏电保护是否正常及弱电的信号强度（有线电频在55~80dB），了解电话、网络的入户情况。

（2）局部改造检测使零火线对地电阻、以及线与线之间的电阻值＞0.5MΩ。

（3）检测各插座是否通电、线径大小是否合乎标准（照明回路≥2.5mm^2,插座回路≥2.5mm^2，空调回路≥4mm^2）、是否分色、漏电保护器是否正常；地线接地是否良好，接线是否正确。

（4）检查强电箱所标注的回路与实际控制的电路是否一致。

（二）交底与定位

1.定位

（1）现场放样，在墙上做好表示，位置正确。

（2）是否与设计师交底表相符。

2.布局

电路回路数量（电路回路至少三个以上）及走向是否合理，线径是否满足要求。

（三）材料验收

3.审核

审核材料单的类别是否齐全、数量是否准确。

4.验收

材料质量规格是否符合要求、材料数量是否与单据相符，并做好记录。

（四）线槽

1.开槽

必须横平竖直，弹线开槽（考虑强弱电间距和管与管的间距）。

2.深度

砖墙开槽深度不小于线管管径+12mm。

3.间距

（1）强弱电线槽间距不＜500mm。
（2）线管间距≥10mm。

4.注意事项

（1）顶棚是空心板的，严谨横向开槽。在两块板之间开槽须顺缝开槽。
（2）在混凝土上开槽绝不可伤及其钢筋结构。

（五）底盒安装

1.固定

先安装底盒后布管，安装牢固、方正。同一高度水平偏差≤5mm，并列安装底盒≤2 mm。

2.位置

与设计定位一致，进门开关距门套线≥40mm。

3.高度

开关高度以1200~1400mm为宜，普通插座以300~350mm为宜，其他插座是否符合功能及安全要求。

（六）管线铺设标准

1.布线

（1）照明电路≥2.5mm^2、普插≥2.5mm^2、三匹空调≥4mm^2，即热式热水器≥6mm^2；
（2）线管内穿线数量（不超过三根）不得超过管径的40%；
（3）弱电是否用发散式布局，严禁串联；入户接线盒保留。
（4）红色为相线，蓝色为零线，地线为黄、绿双色线或黑色；
（5）配电箱内预留电线长度为配电箱的半周长，底盒内为100~150mm。

2.布管

（1）横平竖直走向；
（2）强弱电间距≥500mm，同一槽内有两根以上线管时，注意管与管之间必须有

≥10mm的间隙；

（3）线管与黄蜡管连接处须包扎绝缘胶布；地面套管间连接要涂PVC胶水；

（4）线管与底盒用锁扣连接（或线管伸入底盒以2~3m）。

3.固定

（1）线管每间隔800mm用管卡固定，并排线管宽超过200mm时，中间要留50~100mm缝隙，便于铺实木地板打地龙骨；

（2）混凝土槽用黄蜡管，其余均用PVC套管，线管要冷弯或大弯。

4.安全

（1）线管内严禁露头，线头必须包扎或用接线端子；厨卫地面禁止走管线。

（2）厨房灶台上方800mm范围内严禁走管线。

（3）电热水器插座必须高于出水口200mm，且加防水罩。

5.保护

线管布置完后必须做好保护，底盒必须用公司专用盖板盖好。

6.注意事项

（1）弱电配电箱必须设置电源；

（2）浴霸预留7~9根控制线；严禁从照明回路取电。

7.验收

（1）是否与交底定位一致，功能齐全是否遗漏；

（2）检测所有强电线路是否通畅；

（3）零火线对地电阻、线与线之间的电阻值大于0.5MΩ；

（4）弱电是否用发散式布局，有无串联，并检测通断情况；

（5）顺着线路检查是否存在绕线现象；

（6）有电路图，并审核电路图与实际布线是否一致。

（七）封槽标准

1.线槽湿水

封槽前是否对线槽进行清扫和湿水。

2.线槽深度

所封线槽不得凸出墙面，比墙面低1~2mm。

3.水泥比例

线槽须先凿毛后用1：3的水泥砂浆比例封槽。

4.注意事项

线槽边须凿毛，无空鼓，无开裂。

（八）灯具安装标准

1.产品验收

清点灯具数量，检查完整性，确认安装位置并做好记录。

2.安全

重量≥1.5kg的灯具，必须用膨胀螺栓固定。

3.安装

（1）同排灯具、射灯是否整齐；筒灯、射灯是否透光，灯带是否透光，灯带是否固定、隐蔽；
（2）安装位置是否符合设计与客户要求，灯具表面无污渍。

（九）面板安装标准

1.产品验收

清点面板规格和数量是否与单据相符并做好记录。

2.清理

安装前清理底盒里的卫生。

3.安装

面板水平度≤1mm，面板间缝隙≤1mm；插座为左零右相上接地，开关灵活，电源漏电保护装置良好。

4.成品保护标准

灯具、面板均需保护到位。

二、水工质量验收标准

（一）水路定位

1.定位

（1）满足基本的功能需求，符合设计和客户的要求；
（2）确认所购洁具的类型、排水方式；
（3）确认热水供应的方式和位置；
（4）确认地漏安装位置，确认所有出水口的位置及做好记录；

（5）用管帽对排水口进行保护。

（二）材料

1.审核

材料的品牌是否与预算相符，审核材料单的类别是否齐全、数量是否准确。

2.验收

材料质量规格是否符合要求、材料数量是否与单据相符并做好记录。

（三）管槽

1.开槽

（1）横平竖直，弹线开槽，水管避开门洞；
（2）厨卫穿墙管必须离地面300mm以上开槽布管，严谨破坏防水层；
（3）冷水水槽≥（管径+10mm），热水水槽≥（管径+15mm ）；
（4）冷热水管须分开，其平行间距≥150mm；
（5）厨卫给水管严禁走地（混凝土墙建议走顶面）。

（四）给水布管

1.布管

（1）遵循左热右冷，上热下冷的原则；
（2）布管前须将管材两端去掉40~50mm；
（3）严禁锐器清理焊接模头污渍；
（4）熔接前确认管材和配件中无水、无污渍，熔接时的温度是否达到要求（根据管材的使用说明操作）；
（5）蹲便器的给水管须采用Φ25mm以上的水管（水箱式除外）；
（6）管材与管件连接须采用热熔连接方式，不允许在管材或管件上直接套丝，与金属管道以及用水器具连接必须使用带金属嵌件的管件；
（7）固定水管管卡的间距≤800mm；
（8）同一位置冷热水出口须在同一水平线上，左热右冷。出水口位置必须平墙砖面±1mm，淋浴龙头出水口低于墙砖面5mm；
（9）水表入墙安装，便于读数和维修，水表有拧动空间；
（10）总阀更换维修方便，安装方向正确，总闸两边应同时加活接；
（11）根据水路走向，检查是否有绕管现象。

2.注意事项

（1）远程抄表的底盒控制线均不能私自移动；

（2）煤气设备不能包，严禁改动或移位；
（3）给水管出水口位置不能破坏墙面砖的腰线、花砖和墙砖的边角；
（4）严禁不同品牌的给水管及配件混合使用；
（5）布管完毕及时将出水口用堵头堵好。

（五）排水

1.排水改造

（1）排水须放坡1/100；
（2）排水管径为Φ50mm，蹲便器、坐便器排水管径为Φ110mm；
（2）排水管有无存水弯；
（4）90° 转弯处须用两个45° 弯头；
（5）施工完成后及时用管帽进行保护；
（6）12小时后才能进行通水试验，检查所有接口无渗漏和返水现象。

（六）试压

1.打压试验

（1）检查水路布局是否与设计和客户要求相符；
（2）水路实验压力≥0.6MPa；
（3）稳压2小时，压力下降不得超过0.06MPa；
（4）热熔连接的管道，水压试验应在管道连接24小时后进行；
（5）试压前，管道应固定，露头须明露，且不得连接用水器具；
（6）试压合格后，必须拆下冷热水连接软管。（可以使用PP-R制作硬连接管）

（七）隐蔽验收

1.摄影

整理好现场，标注好尺寸进行摄像。

2.水电图

项目经理审核绘制好的水电图是否与现场相符。

3.核尺

核实水电工程量后客户是否已签字认可。

（八）封槽

1.封槽

（1）封槽前是否对线槽进行清扫和湿水；

（2）补槽的水泥砂浆比为1∶3；
（3）补槽低于墙面1~2mm。

（九）安装

1.蹲便器

（1）方正度90°、保证水平，低于地面砖3~4mm；
（2）蹲便器位置最低，冲洗管和墙面的间距适宜，垂直于地面；
（3）安装完毕后及时保护，48小时后才能使用。

2.坐便器

（1）参照说明书，依客户要求安装；
（2）安装后四周密实，排水顺畅无渗漏。

3.其他洁具

（1）洁具及龙头安装参照使用说明书，无划伤、无污渍、无渗漏安装牢固；
（2）对客户交给水工的使用说明书、发票、合格证、电脑小票，包装箱须进行妥善保管，并及时交还客户；
（3）各种卫生器具与台面、墙面、地面等接触部件，采用玻璃胶或防水密封条密封；
（4）各种卫生器具安装验收合格后，应采取相应的成品保护措施，不得使用。

4.五金挂件

（1）和客户定位确认后安装，安装须牢固、平整，无损伤；
（2）瓷砖表面必须先用玻璃钻花开口，保证无破损。

三、木工质量验收标准

（一）进场准备

1.操作台

工作台牢固，开关控制锯机，锯台与梭板间隙≤1mm，锯片不能钝口、松动。

2.人字梯

人字梯有连接绳，使用40mm×60mm木方制作，牢固、安全。

3.弹平水线

全放平水线到位，离地面高度为1.35m为宜。

（二）吊顶

1.木龙骨结构验收标准

（1）龙骨架无树皮，无虫眼；

（2）主龙骨用膨胀螺丝（8mm×80mm）固定，且间距≤800mm；

（3）龙骨网架尺寸（300mm×300mm）且咬口深度不超过木方宽度的3/5，用40mm圆钉固定；

（4）吊杆用圆钉固定，吊筋固定在开口向上的龙骨上且必须与主龙骨连接，吊筋间距≤450mm；

（5）石膏板接口处用60~80mm大芯板条加固，龙骨架固定后的平整度＜3mm，水平度＜3mm；

（6）灯光槽侧边顺直，5m内直线度偏差＜3mm；

（7）结构与设计要求相符。

2.轻钢龙骨结构验收标准

（1）吊杆间距≤1000mm，副龙骨间距400mm；

（2）石膏板接缝需用副龙骨加固，平整度＜3mm，水平度＜3mm；

（3）灯光槽侧边顺直，5m内直线度偏差＜3mm；

（4）结构与设计要求相符。

3.饰面验收标准

（1）饰面前先确认电路改造已完工并已验收；

（2）石膏板接口倒V形缝、无通缝；

（3）自攻螺丝间距＜200mm，螺钉距边15~20mm，螺钉钉帽沉入石膏板0.5~1.0mm；

（4）90° 接口处必须用整张石膏板挖“7”拐连接；

（5）平整度＜3mm，石膏板压向由大面积压小面积。

4.厨卫吊顶验收标准

（1）厨卫顶部不得打电锤孔，扣板与角线、角线与墙面接缝密实，不得在扣板上压重物；

（2）吊顶安装牢固，无破损、凹痕，平整度<3mm，水平度<3mm；

（3）灯具、浴霸等部件安装处必须加固。

（三）石膏板隔墙验收标准

1.木龙骨结构

（1）300mm×300mm龙骨网架，咬口用圆钉固定，收口方用两颗圆钉固定，结构安装牢固；

（2）平整度<3mm、垂直度<3mm，阴阳角的方正度<3mm；

（3）隔墙是否按预算、客户要求放置填充材料；

（4）双面隔墙用双层龙骨架制作，电视机、空调、踢脚线等部件安装处必须加固。

2.轻钢龙骨结构验收标准

（1）龙骨间距400mm，天、地龙骨必须用膨胀螺栓固定，间距≤600mm，横撑龙骨安装牢固；

（2）平整度<3mm、垂直度<3mm，阴阳角的方正度<3mm；

（3）隔墙是否按预算、客户要求放置填充材料（不少于4cm），电视机、空调、踢脚线等部件安装处必须加固。

3.饰面验收标准

（1）饰面前先确认电路改造已完工并已验收；

（2）石膏板接口倒V形缝、无通缝；

（3）自攻螺丝间距<200mm，螺钉距边15~20mm，螺钉钉帽沉入石膏板0.5~1.0mm；

（4）平整度<3mm，石膏板压向由大面积压小面积。

（四）家具验收标准

1.柜体结构验收标准

（1）吊柜柜体压向侧板压横板，推拉门柜体顶板压侧板；

（2）竖板横板咬口正确，板材碰口连接密实；

（3）柜体的长度、高度超过2.4m，横竖板用柜门九厘板重叠；

（4）柜体必须固定牢固，检验垂直度≤2mm，方正（对角线无偏差）和水平，无毛刺、无露钉、无墨痕、无标签；

（5）检查背板是否用大芯板条加固，背板做防潮处理或用防潮膜隔离（靠厨、卫、外墙等处）；

（6）施工项目与预算、设计相符。

2.饰面验收标准

（1）饰面板、收口线条密实，无高低差；

（2）波音软片无破损，无气泡；

（3）饰面板无空鼓，无损伤，无明显纹路、颜色差异，无污渍，无透底；

（4）混油工艺、线条、饰面板接口平整且必须倒V形口，饰面板和线条收口必须拼角；

（5）收口线条在油漆工未进场前禁止刨平，以免缩水。

3.柜门验收标准

（1）平板柜门结构制作使用优质九夹板开条（宽度60mm）且正反面错位开槽，开槽间距均匀≤150mm，正反双层三夹板饰面；

（2）实色漆柜门不须线条收口，木质边框嵌玻璃式柜门，内外侧均用整张三夹板挖空，正面三夹板需遮盖住压玻璃的线条；

（3）柜门压制：夏天不少于7天，冬天不少于10天，隔两天翻面重复压制，柜门无变形；

（4）柜门安装调试后无变形，开启灵活；

（5）柜门与柜体结构、柜门与柜门之间的缝隙为2~3mm且均匀；

（6）柜门长度≥1m时，必须安装三个铰链，1.6m以上的装四个铰链。

4.抽屉验收标准

（1）施工项目与预算、设计相符，混油工艺抽屉面板无须线条收口；

（2）检查抽屉开启是否与柜门、轨道、碰磁等其他部件相冲突；

（3）轨道安装牢固（固定不少于12粒螺钉）推拉灵活。

5.五金安装

铰链、拉手等五金安装须牢固、整齐、方正、无损伤、无污渍。

6.注意事项

饰面板必须用纹钉固定，收口实木线条在油漆进场前禁止刨平，以免缩水。

（五）门、窗验收标准

1.门、窗套

（1）门、窗洞修正用石膏板封平，门窗套结构牢固且对角线长度差≤3mm；

（2）门、窗套用材、款式与预算、设计相符；

（3）门窗结构表面平整度≤2mm，正侧面垂直度、水平度≤2mm，门窗套侧板与顶板、门套线与门脸成90°；

（4）门窗套饰面板拼角、接缝密实，无空鼓，无损伤，无明显纹路、颜色差异，无污渍，无透底；

（5）混油工艺、线条、面板接口平整且必须倒V形口，压向由大面积压小面积；

（6）厨卫门套必须做在门坎石上面；新砌墙体和门套结构板后必须做防潮处理；

（7）单面门套必须保证原有门框所露的宽度一致，门套线对称；

（8）实木线条超过50mm宽、8mm厚，线条的背面直向横中抽槽，以免变形。

2.门、窗页验收标准

（1）门页结构用大芯板开条（30mm）制作成网架200mm×200mm双面双层三夹板贴面；

（2）门合页，锁具安装处须加固，内部木结构密实，房门厚度控制在42~46mm之间；

（3）木质边框嵌玻璃式门、窗页，内外侧均用整张三夹板挖空，正面三夹板须遮盖住压玻璃的线条；

（4）门窗页饰面板拼角、接缝密实，无空鼓，无损伤，无明显纹路、颜色差异，无污渍，无透底。

3.门、窗安装标准

（1）门页安装牢固、开启灵活，合页螺钉齐全；

（2）门页与门套掩边边框相吻合，缝隙<2mm且均匀，无变形；

（3）平开房门与门框的缝隙在2.5~3mm之间，门页下口离地5~8mm，且缝隙均匀，锁把手距地高度900mm左右，无松动，开启灵活；

（4）推拉门窗页与上边框间隙在2~4mm之间，与侧框的间隙在2~3mm之间，与下框的间隙在8~10mm之间，且缝隙均匀；

（5）推拉门，窗页的安装牢固，推拉灵活，便于拆装；

（6）锁具拉手安装牢固、整齐，门吸安装牢固且吻合好。

4.注意事项

饰面板必须用纹钉固定，收口实木线条在油漆进场前禁止刨平，以免缩水。

（六）墙面装饰验收标准

1.石膏板

（1）石膏板接口倒V形缝、无通缝；

（2）自攻螺丝间距<200mm，螺钉距边15~20mm，螺钉钉帽沉入石膏板0.5~1.0mm；

（3）平整度<3mm、垂直度<3mm，阴阳角的方正度<3mm，石膏板压向大面积压小面积；

（4）施工项目与预算、设计、客户要求相符。

2.饰面板验收标准

（1）饰面须拼角密实，顺直，无空鼓，无损伤，无明显纹路、颜色差异，无污渍，无透底；

（2）混油工艺，线条，饰面板接口须平整且必须倒V形口；

（3）做清漆、擦色、水性漆饰面用纹钉固定，平整度<3mm、垂直度<3mm，阴阳角的方正度<3mm；

（4）施工项目与预算、设计、客户要求相符。

3.软包验收标准

（1）墙面必须进行防潮处理，结构安装牢固；

（2）接缝严密，花纹吻合，无翘边，无褶皱，无破损，无污渍；

（3）施工项目与预算、设计、客户要求相符。

4.注意事项

大面积的木饰墙和软包应特别注意防火要求，所使用材料必须进行防火处理。

（七）地面装饰验收标准

1.木地台验收标准

40mm×60mm木方制作成300mm×300mm网格，大芯板衬底，周围和板缝拼接处留伸缩缝，平整度<3mm，水平度<3mm，安装牢固，脚踏无声响。地台内需注意防虫防蛀。

2.木地板验收标准

（1）龙面骨骨架平整度<3mm，水平度<5mm，安装牢固；

（2）地龙内必须做防虫防潮处理。地板与墙周围必须留8~10mm伸缩缝，地板之间必须预留0.5~1.0mm伸缩缝；

（3）无破损，无明显纹路，无颜色差异；

（4）紧固件锚入现浇楼板深不得超过板厚的2/3，在预置空心楼板上不得打洞固定。

3.楼梯验收标准

（1）楼梯结构、扶手、脚踏板、安装必须安全、牢固。

（2）踏步水平度≤2mm，每步台阶高度、宽度均匀，脚踏面与侧面成90°。

（八）玻璃验收标准

1.下单

（1）必须注明规格、类型、数量、开孔位置、磨边情况、安装位置等，并附图，必须考虑其安全性及是否方便上楼，下单尺寸是否精准。

（2）异形玻璃需制作模板。

2.安装标准

（1）水银镜用玻璃胶固定时，背面必须进行覆膜处理；

（2）安装牢固，无破损，便于更换；

（3）直接安装在墙上时，必须与墙面相距 3~5mm，背面必须做防潮处理；

（4）玻璃胶应密实、光滑、顺直、均匀；

（5）表面无划痕、无色差、无污渍；

（6）真空玻璃内不能有水蒸汽和灰尘。

四、镶贴工质量验收标准

（一）材料验收

1.墙地砖验收标准

（1）材料的品种、规格、颜色、数量符合设计、客户要求；

（2）墙地砖无缺棱、破损现象；

（3）墙地砖表面的平整度≤1mm；

（4）对角线、长、宽偏差是否影响施工质量及瓷砖的渗水程度。

2.水泥验收标准

水泥是32.5等级的黑色水泥，已过安定期并未过保质期。

（二）前工序检查和验收

1.水电路的检查和验收

（1）水电隐蔽工程已验收合格；

（2）水电补槽后无空鼓现象；

（3）出水口凸出墙面一致或在同一水平线上，同一房间插座高低差≤5mm。

2.原墙处理验收标准

（1）表面光滑的基层。

凿毛深度通常为5~10mm，凿毛的间距为30mm左右。

（2）烟道。

挂钢丝网粉刷处理。

（3）砼墙面。

模板隔离剂清洗干净，墙面上抹灰拉毛。

（4）旧建筑厨、厕墙面。

彻底铲除或清洗油渍等污垢，凿至墙面基层。

（5）墙面空鼓。

将空鼓的地方切断铲除。

（6）888墙面。

铲除888，如墙面是沙灰层应凿至墙面基层，如果是水泥灰墙面应在墙面上抹灰拉毛。

（三）砌筑验收标准

1.砌墙验收标准

（1）心墙与砼的搭接：用膨胀钩固定在砼内，用300mm钢筋绑扎在钩上与墙体连接。

（2）包下水管：采用预制结构，保持一个阴角和一个阳角为90°。

（3）新老墙搭接：必须铲除涂表层，每5层砖有马牙槎并设置拉结钢筋，钢筋长度大于200mm间距为500mm。

（4）新墙上不砌筑须用“蜈蚣角”砌筑法。

（5）新砌墙垂直度和平整度控制在5mm以内。

（6）新开门洞必须倒制过梁。

2.粉墙验收标准

（1）抹灰后垂直度和平整度控制在4mm以内。
（2）新旧墙搭接处加钢丝网再粉墙。

3.找平验收标准

平整度不超过±2mm，找平层须压光。

（四）防水验收标准

1.高度

≥300mm，浴室淋浴墙面建议不得低于1800mm，墙背面是柜体的建议不得低于1800mm。

2.防水层

基层清理干净，全部找平，涂膜要求满涂，厚度均匀一致，封闭严密，无起鼓、开裂、翘边等缺陷。

3.蓄水试验

水面高出标准地20mm，48小时无渗透。

（五）地面砖（大理石）验收标准

1.预排

（1）与客户商定主轴线位置一致。
（2）非整砖和收口处须铺贴在不显眼地方。
（3）拼花铺贴需现场放样并客户认可。
（4）厨房、卫生间、阳台比客厅低20~30mm。

2.清理

大地砖的背面须清理（用湿布清理）。

3.铺贴

（1）平整度≤2mm，直线度≤2mm，缝隙宽度一致，四角高低差≤0.5mm，没有缺棱掉角和开裂、空鼓等缺陷。
（2）勾缝：缝隙大小均匀、饱满，颜色一致，无污染。

4.泛水坡度

（1）主卫、次卫地面砖为10mm/m，地漏比瓷砖低2mm，蹲便器比瓷砖低2~4mm（最低处）。

（2）厨房、阳台、洗手间为5mm/h，地漏位置最低，比瓷砖低2mm。

5.保护

（1）洒水湿润保养。
（2）把地面清洁后用白色彩条布保护。

（六）墙面砖验收标准

1.预排

（1）压向正确：测压正、墙压地。
（2）非整砖大于等于1，不小于整砖的1／3，在次要部位或阴角处。腰线一般平窗台，窗户、门洞边≥100mm即可，腰线和花砖定位必须与业主商定。
（3）出水口和底盒不得在腰线和花片上，单孔不能同时破坏两块以上瓷砖。

2.泡砖

不冒水泡为准、摸有湿润感。

3.铺砖

（1）垂直度≤2mm，平整度≤3mm，四角高低差≤0.5mm，阴阳角方正度≤3mm。1m以内崩棱不得超过两处，单砖空鼓面积不大于400mm^2。
（2）勾缝：缝隙大小均匀、饱满，颜色一致，无污染。

4.马赛克的铺贴

平整度控制在3~5mm以内，垂直度3mm以内，表面平整，接缝均匀，无划痕。

5.踢脚线的铺贴

平整度在3mm以内，高低差≤0.5mm，上口直线度≤2mm，与大地面砖对缝，无空鼓。

6.木结构墙面铺贴

内部清漆涂刷两遍，钉硅钙板挂钢丝网、钉与钉的间距为150mm×150mm。水泥砂浆粉刷。

7.保护

（1）阳角处必须保护。
（2）墙砖铺贴完清理瓷砖表面后，立即用管线警示线在有管线的位置做记号。

（七）注意事项

（1）环境温度低于0℃禁止施工，低于5℃需做防冻处理。
（2）切割L字形玻化砖须在交接处用电钻钻孔。
（3）异色勾缝需贴分色纸对砖进行保护。
（4）文化石铺贴完成后需保护，防止砖面污染。

五、裱工质量验收标准

（一）前道工序的验收

1.清漆型

饰面板不能有透底、挖补、色差很大等质量问题和板材污染。

2.墙面验收

检查开裂、平整度、空鼓和污渍是否明显，和原房检测表是否相符。

3.有色漆型

色漆型推拉门、推拉窗、凹凸门饰面三夹板须整张挖空；色漆型饰面压向是夹板压收口线；色漆型饰面三夹板的拼角处及接口处是倒口形成V形缝。

无射钉裸露。

（二）材料验收

1.墙面材料

与预算表品牌和型号相符；颜色等与设计图纸相符；未过保质期。

2.油漆材料

与预算表品牌和型号相符；颜色等与设计图纸相符；未过保质期。

（三）半成品和成品保护标准

五金件、半成品

涂裱工是否将铰链、合页、磁碰、拉手以及门把手保护好并已经和相应工种做好交接。

（四）内部清漆涂刷验收标准

1.上道工序的验收

检查收口线无下凹；检查圆钉等不外露；检查大芯板和柜门九夹板是否脱皮起泡；特别是大面积大芯板和九夹板是否有损伤、划伤。

2.素材打磨

板材上无铅笔印、锈迹、污渍、灰尘、乳白胶和板材商标等；面板表层无磨伤、磨透；钉眼无扩大。

3.刷清底

薄刷；无严重流挂、橘皮。

4.补色灰

底灰颜色与板材颜色相近；打磨后保持面板干净。

5.刷“水晶清面”

涂层厚度一致，光泽均匀；每个涂刷面通顺，无干刷、漏刷、流坠、流挂等现象。

6.成品保护

地面、窗台、清扫干净并洒水，湿度适中；完成48小时后用报纸或者防潮膜进行全部封闭保护。

（五）饰面清漆涂刷验收标准

1.上道工序的验收

饰面板无透底、挖补、色差很大等现象，饰面板无污渍。业主有对饰面板颜色的认可记录；冬季施工时饰面板背面有薄刷一遍清底漆。饰面板收口处线无下凹；饰面板上的纹钉无裸露，与基层无脱胶，“拼角”的制作到位、吻合，无损伤；特别是大面积饰面板无损伤、无划伤。

2.素材打磨

饰面板无铅笔印、锈迹、污渍、灰尘、乳白胶等污染，无板材商标等。打磨后饰面板表层无磨伤、磨透，“拼角”处无磨损。打磨后钉眼无扩大；饰面板表面干净。

3.清底

薄刷；无严重流挂、橘皮。

4.补色灰

底色灰和饰面板颜色相符；1m处看不到钉眼。

5.清底

钉眼颜色保持一致，饰面板表面干净。

6.打磨

打磨后检查必须无亮点、平整、无挡手感。

7.清面

（1）施工房间湿度适中、无扬尘。

（2）涂层厚度一致，无刷痕、雾化、流挂等现象，手感好，保持光泽均匀。

8.成品保护

地面、窗台、清扫干净并洒水，超过80cm的柜门不能直立，应横向摆放。施工后48小时内应该将保护用的报纸、纸胶带清除。

9.验收标准

颜色均匀一致，1m处看不到眼钉，木纹棕眼刮平，木纹清楚、无刷纹、无裹棱、无流坠、无皱皮，光泽均匀一致；涂层与其他装饰材料和设备衔接处应吻合，界面应清晰；手摸时涂膜应光滑、细腻、无颗粒、无挡手感。

（六）墙面漆处理验收标准

1.基础验收

应检查墙面、顶面无裂缝；墙面、顶面平整度必须用2m铝合金靠尺检查；墙、顶面无空鼓、污渍；石膏板面木工必须用自攻螺丝加固，并且接缝之间须留3~5mm的V间缝；电工线槽补灰、电线盒应稍低于墙面，线槽补灰后，不能有空鼓现象。

2.平整度修整

墙面、顶面平整度≥20mm由镶贴工补平；平整度≤20mm，由涂裱施工补平。

3.准备辅料

辅料应该有801胶、双飞粉、白水泥、半熟石膏粉、白乳胶，分别检查生产厂家和预算表是否相符、是否过期。

4.裂缝处理

凡是夹板需做墙漆的地方，必须先薄刷一道清底漆；自攻螺丝用铁红防锈漆处理，以防返锈；新开线管槽须贴专用纸带或的确良布。

5.阴阳角

阴角的“直度”应在3mm以内，阴阳角方正度≤3mm。（可以用专用阳角线）

6.基层抹灰

平整度≤4mm。

7.打磨

用200W白炽灯或碘钨灯侧光照射墙面施工，无刮痕、无波浪、无砂眼，平整度≤3mm。

8.制作色样

对照图纸及材料清单，对比墙漆色号与所采购墙漆色号是否一致；客户是否认可并在施工日记上签字、备案。

9.注意事项

室内温度低于15℃、墙面温度低于10℃、湿度大于85%时禁止施工；不能在阳光直接照射下施工。

10.验收标准

颜色分界线分明，直线偏差±1mm；不同颜色不能混色，墙漆膜必须厚实均匀、无污染、颜色一致、手感好，不能出现明显刷纹、流坠、漏底、起泡、开裂、粉化、剥落。

（七）有色漆处理验收标准

1.上道工序的验收

色漆型推拉门、推拉窗、凹凸门饰面三夹板须整张挖空。色漆型饰面压向必须夹板压收口线；色漆型饰面三夹板的“拼角”处及接口处必须倒口形成V形缝。无射钉裸露。

2.嵌、刮腻子

是否薄刷清底；原子灰是否干透；原子灰不可厚刮、抛灰、残留余灰，阴角不可变圆，原子灰打磨须木纹，棱角处可稍微倒边。

3.底漆

同一成品、同一遍油漆一次调漆；底漆处理不宜太厚，填平遮底即可；地面无灰，施工时有排风扇。

4.打磨

打磨后检查必须无亮点、平整，无挡手感，边、棱、角都未磨透涂膜；表面干透。

5.面漆

涂层颜色一致，光泽均匀，柜门收口线油漆也应该与面漆一样，有丰满度、不流坠、不裹棱；半成品不能出现混色、杂色、雾化等现象。

6.验收标准

膜颜色均匀一致，光泽均匀；无流坠、皱皮、裹棱、雾化、透底，色漆衔接处应相吻合，界面应清晰。涂膜应光滑、细腻。

7.成品保护

每一遍油漆前，地面、窗台应清扫干净并洒水，无尘土飞扬；完成48小时后用报纸或者防潮膜进行全部封闭保护。

（八）有色透明施工验收标准

1.基材验收

饰面板上不能粘有乳白胶、油渍、蜡渍等成膜物质；饰面板用纹钉固定；木工饰面最好采用“拼角”工艺，尽量少用线条；人造板不能进行有色透明漆施工。

2.素材处理

饰面板平整、光滑；板材纹路清晰、无灰尘。

3.底着色

饰面板薄刷清底，颜色均匀；符合设计要求（开放或封闭式）。

4.清底

涂层薄须涂刷均匀。

5.补色灰

（1）嵌补钉眼采用点补；严禁大面刮灰；无明显色差。
（2）打磨后木纹棕眼无灰尘，饰面板表面干净、平整。

6.面修色

（1）比色板颜色弱浅。
（2）漆膜未磨穿或未磨透面修色；板材毛细孔内无灰尘。

7.清面

清面用200~300目过滤网过滤，清面喷涂必须薄喷。

8.成品保护

对已经完工的台面等成品要用防潮膜和报纸等硬物包裹好做好成品保护。

（九）水性漆处理

1.上道工序的验收

饰面板上不能涂刷清底；饰面板上不能沾乳白胶、油渍、腊渍等成膜物质；饰面板不能用射钉固定，必须用纹钉；木工饰面最好采用“拼角”工艺，尽量少用线条。气温在零摄氏度以下不能进行水性漆的施工。

2.白坯打磨

白坯表面干净无灰尘。

3.第一遍水性漆涂饰

无明显刷痕、木纹棕里清晰可见。

4.补钉眼灰

钉眼1m处无明显差别。

5.第二遍水性漆涂饰

把剩余的水性漆进行过滤。

6.打磨

全部干燥后，再用砂纸顺着木纹打磨。

7.第三遍涂饰

与第二遍相同，并获成功。

8.罩面漆

表面光滑无杂粒，涂层均匀且不过厚。

9.成品保护

同有色透明漆一样做好保护，严禁完工后的水性漆上压任何重物。

（十）产品验收标准

1.墙面部分

阴阳角顺直，平整度≤3mm，无明显砂眼、波浪，无流挂，分色清晰，无刷痕，无毛刺。

2.油漆部分

无透底，无流挂，无明显钉眼，无毛刺，无划痕，漆体饱满。

参考文献

［1］鸿扬集团工程部，鸿扬集团产品研发中心. 项目施工标准图集.中国专利，2012.

［2］郭谦.室内装饰材料与施工［M］.北京：中国水利出版社，2001.

［3］陈祖建.室内装饰工程施工技术［M］.北京：北京大学出版社，2012.

［4］涂华林.室内装饰材料与施工技术［M］.武汉：武汉理工大学出版社，2008.

［5］陆立颖，张晓川，王斌等.建筑装饰材料与施工工艺［M］.上海：东方出版中心，2008.

［6］建筑装饰构造节点图集编委会.建筑节点构造图集内装修工程.北京：中国建筑工业出版社，2010.

［7］陆立颖.建筑装饰材料与施工工艺.上海：东方出版中心，2013.

［8］杨天佑.室内吊顶装饰系统材料与产品.广州：广东科技出版社，2002.

［9］肖绪文，王玉岭.建筑装饰装修工程施工操作工艺手册.北京：中国建筑工业出版社，2012.

［10］蔡红.建筑装饰装修构造.北京：机械工业出版社，2007.

［11］张玉明，马品磊.建筑装饰材料与施工工艺.济南：山东科技大学出版社，2005.

［12］张秋梅，王超，董文英，许洪超.装饰材料与施工.长沙：湖南大学出版社，2011.

［13］康海飞.室内设计资料图集.北京：中国建筑工业出版社，2009.

［14］刘峰，刘元喆.装饰装修工程施工技术.北京：化学工业出版社，2009.

［15］李书田.建筑装饰装修工程施工技术与质量控制.北京：机械工业出版社，2009.

［16］刘鉴秾.建筑装饰施工组织.北京：机械工业出版社，2008.

［17］陈雪杰，周凯，李延银.室内装饰材料.北京：中国轻工业出版社，2009.